"十三五"国家重点出版物出版规划项目

名校名家基础学科系列
Textbooks of Base Disciplines from Top Universities and Experts

微积分（经济类）

张倩伟　张伦传　编

U0352302

机械工业出版社

本书是经济类微积分教材,根据高等学校经济类专业微积分课程的教学基本要求编写,全书共 9 章,主要内容包括函数、极限与连续、导数与微分、微分中值定理与导数的应用、不定积分、定积分及其应用、多元函数微分学、无穷级数、微分方程与差分方程.

　　本书在编排上注重突出经管类数学课程的教学特点,在强化概念的基础上,注重应用技能的培养,以期帮助学生利用数学工具解决本专业学习过程中遇到的实际问题.本书可以作为高等本科院校经管类专业微积分课程的教材.

图书在版编目(CIP)数据

微积分:经济类/张倩伟,张伦传编 . —北京:机械工业出版社,2020. 8
"十三五"国家重点出版物出版规划项目　名校名家　基础学科系列
ISBN 978-7-111-66086-6

Ⅰ.①微… Ⅱ.①张… ②张… Ⅲ.①微积分 – 高等学校 – 教材 Ⅳ.①O172

中国版本图书馆 CIP 数据核字(2020)第 123015 号

机械工业出版社(北京市百万庄大街 22 号　邮政编码 100037)
策划编辑:汤　嘉　责任编辑:汤　嘉　张　超
责任校对:王　欣　封面设计:鞠　杨
责任印制:常天培
北京盛通商印快线网络科技有限公司印刷
2021 年 1 月第 1 版第 1 次印刷
184mm×260mm · 14. 5 印张 · 356 千字
标准书号:ISBN 978-7-111-66086-6
定价:39. 00 元

电话服务　　　　　　　　　网络服务
客服电话:010-88361066　　机 工 官 网:www.cmpbook. com
　　　　　010-88379833　　机 工 官 博:weibo. com/cmp1952
　　　　　010-68326294　　金 书 网:www. golden- book. com
封底无防伪标均为盗版　机工教育服务网:www. cmpedu. com

前　　言

　　本书是"十三五"国家重点出版物出版规划项目系列教材中的一本. 微积分（经济类）是高等学校经管类等专业的一门重要的基础课程，同时也是硕士研究生入学考试的必考科目. 编者根据教育部制定的课程教学基本要求，并结合在中国人民大学多年微积分课程教学的实践与经验，编写了本书.

　　在编写过程中，编者参考了国内外的经典教材，以及最新出版的一些包含新技术的相关教材. 结合同类教材在教材体系、内容安排和例题选配等方面的优点以及国外教材案例多版式实用的特点，编者对本书的体系内容和版式进行了一些新的安排，尽量做到难易适中，并将微积分在经济方面的应用穿插在教材中，使得学生在理解微积分中的概念、理论与方法的同时，可以结合应用实例深化理解. 同时每章章前设计了导读，帮助学生对本章内容有一个大概的了解，对于难点，读者可以进一步扫描二维码学习相关的补充内容，一些较为复杂定理的详细证明也可以扫描二维码进行查找. 书籍页边栏设有注释，会提出一些需要注意的问题，引导学生自主学习，深入思考. 本书章节结尾有对应的练习和习题，其中练习部分可以作为课程学习成效的检验，习题部分是根据历年研究生入学考试重要知识点提炼出的典型问题，对学生学习起到进一步提高的作用.

　　由于编者水平有限，加之编写时间仓促，本书不足之处在所难免，恳请广大读者给予批评指正.

编者

目　　录

第 1 章

函　数

微积分是高等数学中重要的基础课程. 它以函数为分析对象, 基于极限思想, 着重研究函数的可微性、可积性等问题.

本章我们对微积分的基本研究对象——函数进行回顾, 梳理函数的相关知识, 供读者参考.

1.1　基本概念与常用符号

1. 常量与变量

自然界中, 事物运动的绝对性与静止的相对性普遍存在. 在某一过程中, 不断变化的量称为**变量**; 反之, 保持不变的量则称为**常量**. 常量可以看成特殊的变量. 函数便是变量与变量之间的某种对应关系.

2. 集合

具有某种共同属性的事物的全体称为**集合**. 集合中的事物称为集合中的**元素**.

常用的数集及其符号表示如下:

自然数集: $\{0,1,2,\cdots,n,\cdots\}$, 通常用 $\mathbf{N}$ 表示;

正整数集: $\{1,2,\cdots,n,\cdots\}$, 通常用 $\mathbf{N}_+$ 表示;

整数集: $\{0,\pm 1,\pm 2,\cdots,\pm n,\cdots\}$, 通常用 $\mathbf{Z}$ 表示;

有理数集: $\left\{\dfrac{p}{q}\,\middle|\,p,q\text{ 为互质的整数}, q\neq 0\right\}$, 通常用 $\mathbf{Q}$ 表示;

实数集合: $\{x\,|\,x\text{ 为实数}\}$, 通常用 $\mathbf{R}$ 表示.

3. 区间与邻域

区间是数集常用的一种表述形式, 它大致可以分成有限区间和无穷区间两大类. 假设 a,b 均为实数, 并且 $a<b$, 则以下区间均为有限区间:

开区间 $(a,b)=\{x\,|\,a<x<b\}$;

闭区间 $[a,b]=\{x\,|\,a\leqslant x\leqslant b\}$;

半开半闭区间 $(a,b]=\{x\,|\,a<x\leqslant b\}$;

半闭半开区间 $[a,b)=\{x\,|\,a\leqslant x<b\}$.

1

以下区间均为无穷区间：

开区间$(a, +\infty) = \{x \mid a < x < +\infty\}$，$(-\infty, b) = \{x \mid -\infty < x < b\}$，$(-\infty, +\infty) = \{x \mid -\infty < x < +\infty\} = R$

半开半闭区间$[a, +\infty) = \{x \mid a \leqslant x < +\infty\}$

半闭半开区间$(-\infty, b] = \{x \mid -\infty < x \leqslant b\}$

符号$+\infty$，$-\infty$分别表示"正无穷"和"负无穷"，符号∞，表示"无穷大"，它是$+\infty$，$-\infty$的统称．

邻域也是表示集合的常用方式．设$\delta > 0$，点x_0的δ邻域记为$\cup(x_0, \delta)$，它表示以点x_0为中心，到x_0的距离小于δ的全体点的集合，其中δ称为邻域的半径．

例如，$\cup(x_0, \delta) = \{x \mid x_0 - \delta < x < x_0 + \delta\} = \{x \mid |x - x_0| < \delta\} = (x_0 - \delta, x_0 + \delta)$．

x_0点的δ去心邻域为区间：$(x_0 - \delta, x_0) \cup (x_0, x_0 + \delta)$，表示在$\cup(x_0, \delta)$中将点$x_0$排除在外，记为$\mathring{\cup}(x_0, \delta)$，即

$$\mathring{\cup}(x_0, \delta) = \cup(x_0, \delta) \setminus \{x_0\} = \{x \mid 0 < |x - x_0| < \delta\}$$
$$= (x_0 - \delta, x_0) \cup (x_0, x_0 + \delta)$$

其中$(x_0 - \delta, x_0)$称为x_0点的δ**左邻域**，记为$\cup^-(x_0, \delta)$；$(x_0, x_0 + \delta)$称为x_0点的δ**右邻域**，记为$\cup^+(x_0, \delta)$．

思考 x_0点的δ邻域$\cup(x_0, \delta)$和区间$(x_0 - \delta, x_0 + \delta)$是否始终等价？

4. 常用符号

以下给出在微积分中常用的逻辑符号．

符号"$\Leftrightarrow$"表示"等价"，即"充分必要"；

符号"$\Rightarrow$"表示"推得"，即"如果…，那么…"；

符号"$\in$"表示"属于"；

符号"$\forall$"表示"任意"；

符号"$\exists$"表示"存在"．

例如，"$\exists M \in \mathbf{R}$，对于$\forall x \in A$，有$x \leqslant M \Leftrightarrow$集合$A$有上界$M$"，表示"存在一个实数$M$，使得对于集合$A$中的任意元素$x$，有$x \leqslant M$的充分必要条件是集合$A$以$M$为上界．"

1.2 函数

1.2.1 函数的定义

定义1.1 设集合D为实数集$\mathbf{R}$的一个非空子集，如果对于D中任意给定的数x，按照某种对应关系f，都存在$\mathbf{R}$中唯一的数y与之对应，那么这种对应关系f称为**函数**，记为$y = f(x)$．其中，x称为**自变量**，y称为**因变量**，自变量的取值范围称为函数的**定义域**（记为D_f），因变量的取值范围称为函数的**值域**（记为R_f）．

由函数的定义可知，定义域和对应关系决定了一个函数的本

质. 因此,当且仅当两个函数的定义域和对应关系都相同时,这两个
函数即为相同函数. 至于自变量和因变量用什么字母表示,只是形
式问题,根据需要确定即可.

1.2.2 函数的几何性质

这里我们介绍几种今后常用的函数的几何性质:单调性、有界
性、奇偶性和周期性.

1. 单调性

设函数 $y = f(x)$ 的定义域为 D. 对于任意的 $x_1, x_2 \in D$,且 $x_1 <$
x_2,总有 $f(x_1) \leqslant f(x_2)$,则称 $f(x)$ 在 D 内是**单调递增函数**(简称单
增);若总有 $f(x_1) \geqslant f(x_2)$,则称 $f(x)$ 在 D 内是**单调递减函数**(简称
单减). 特别地,当 $x_1 < x_2$ 时,有 $f(x_1) < f(x_2)$(或 $f(x_1) > f(x_2)$),
则称 $f(x)$ 在 D 内是**严格单调递增(或递减)函数**. 单调递增函数和
单调递减函数统称为**单调函数**.

一般而言,一个函数在定义域的某些区间上是递增的,而在另
外一些区间上是递减的,相应的区间称为函数的单调递增或单调递
减区间.

例如,函数 $y = x^2$(如图 1-1 所示),在 $[0, +\infty)$ 上单调递增,
在 $(-\infty, 0]$ 上单调递减,相应的 $[0, +\infty)$ 和 $(-\infty, 0]$ 分别为 $y =$
x^2 的单调递增和单调递减区间. 单调递增区间和单调递减区间统称
为**单调区间**.

从几何角度来看,单调递增和单调递减函数对应的图像分别为
单调上升和单调下降的(见图 1-1).

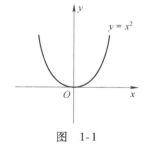

图　1-1

2. 有界性

设函数 $y = f(x)$ 的定义域为 D. 若存在一个实数 A,使得对任意
$x \in D$,有 $f(x) \leqslant A$,则称 $f(x)$ 在 D 上有**上界**;若存在一个实数 B,使
得对任意 $x \in D$,有 $f(x) \geqslant B$,则称 $f(x)$ 在 D 上有**下界**;若存在一个
正数 $M > 0$,使得对任意 $x \in D$,有 $|f(x)| \leqslant M$,则称 $f(x)$ 在 D 上
有界.

注意　说一个函数是
单调递增(或递减)函数,
必须注明相应的单调区间.

函数 $f(x)$ 在 D 上有界,意味着 $f(x)$ 在 D 上既有上界又有下界.
从几何角度而言,函数 $f(x)$ 的图像介于直线 $y = -M$ 和 $y = M$ 之间.

例如,正弦函数 $y = \sin x$ 在 $(-\infty, +\infty)$ 上有界,因为 $|\sin x| \leqslant$
1,其图像介于 $y = -1$ 和 $y = 1$ 之间. 其中 $y = -1$ 为 $\sin x$ 的一个下
界,$y = 1$ 为 $\sin x$ 的一个上界.

思考　有界函数的
"界"是否唯一呢?

3. 奇偶性

设函数 $f(x)$ 的定义域 D 是关于原点对称的区间(即若 $x \in D$,

则必有 $-x \in D$),如果对任意 $x \in D$,都有 $f(-x) = f(x)$,则称 $f(x)$ 为**偶函数**;如果对任意 $x \in D$,都有 $f(-x) = -f(x)$,则称 $f(x)$ 为**奇函数**.

例如,$y = x^2, x \in (-\infty, +\infty)$ 是偶函数,因为 $f(-x) = (-x)^2 = x^2 = f(x)$. 函数 $y = x^3, x \in (-\infty, +\infty)$ 是奇函数,因为 $f(-x) = (-x)^3 = -x^3 = -f(x)$. 函数 $y = x^3 + 1, x \in (-\infty, +\infty)$ 则为非奇非偶函数.

显然,从几何角度来看,若 $y = f(x)$ 为偶函数,其图像关于 y 轴对称;若 $y = f(x)$ 为奇函数,则图像关于原点对称.

4. 周期性

设函数 $f(x)$ 的定义域为 D. 若存在一个非零常数 T ,使得对任意 $x \in D$,有 $x + T \in D$,且满足

$$f(x + T) = f(x)$$

成立,则称 $y = f(x)$ 为**周期函数**,满足上式的最小正数 T ,称为 $\boldsymbol{f(x)}$ **的最小正周期**,简称 $\boldsymbol{f(x)}$ **的周期**.

通常我们所说的周期指最小正周期(也称基本周期). 例如,$y = \sin x$ 和 $y = \cos x$ 的周期是 2π,$y = \tan x$ 和 $y = \cot x$ 周期是 π.

从几何角度来看,周期函数的图像可看作是由长度为 $|T|$ 的图像片段,向左、右两侧平移 $|T|$ 的整数倍形成的.

思考 每个周期函数都存在最小正周期吗?

1.2.3 分段函数与隐函数

1. 分段函数

通常,函数在其定义域上由一个表达式给出,但有的函数在定义域的不同部分需要由不同的表达式来描述,即所谓的分段函数.

例如,$f(x) = \begin{cases} x^2, & x \in [-1,1] \\ 2x, & x \in (1,3] \end{cases}$

整个函数定义在区间 $[-1,3]$ 上,其图形由图 1-2 给出.

下面介绍几种特殊的分段函数.

例 1.1 **符号函数**

$$y = \operatorname{sgn} x = \begin{cases} 1, & x > 0, \\ 0, & x = 0, \\ -1, & x < 0. \end{cases}$$

符号函数的定义域为 $(-\infty, +\infty)$,函数图形如图 1-3 所示. 由符号函数的定义可知,对于任意实数 x ,都有 $x = |x| \operatorname{sgn} x$.

例 1.2 **取整函数**

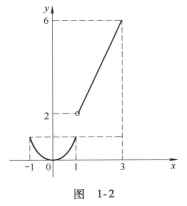

图 1-2

设 x 为任意实数,用 $y=[x]$ 表示不超过 x 的最大整数,称 $[x]$ 为**取整函数**. 显然,$y=[x]$ 的定义域为 $(-\infty,+\infty)$,值域为整数集 **Z**. 函数图形如图 1-4 所示,呈阶梯状,又称为阶梯形曲线.

由取整函数的定义可知:

$$[0.5]=0,[-0.2]=-1,[3.2]=3,[-2.3]=-3.$$

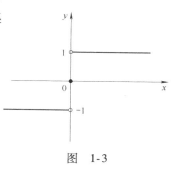

图　1-3

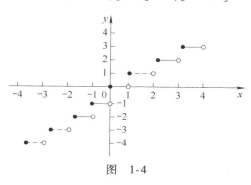

图　1-4

狄利克雷(Dirichlet)函数

$$D(x)=\begin{cases}1, & x\text{ 为有理数},\\ 0, & x\text{ 为无理数}.\end{cases}$$

狄利克雷函数的性质比较特殊:它在任何区间上都没有单调性;它是有界函数,$|D(x)|\leqslant 1$;它是偶函数,即 $D(-x)=D(x)$;它是周期函数,任何非零有理数均为其周期,由于没有最小的正有理数,故 $D(x)$ 没有最小正周期;我们无法画出 $D(x)$ 的图像,可以直观想象:它的图像上有无数个点稠密地分布在 x 轴上,也有无数多个点,稠密地分布在直线 $y=1$ 上.

2. 隐函数

前面我们给出的函数,如 $y=2x+1$,其中自变量 x 和因变量 y 之间的关系用自变量 x 的代数式 $2x+1$ 表示,这样的以 $y=f(x)$ 形式给出的函数,称为**显函数**. 如果我们将 $y=2x+1$,改写成 $2x-y+1=0$,此时 x 与 y 的关系隐藏在一个二元方程中,那么由这个方程确定的函数关系即为隐函数.

一般地,如果函数 $y=f(x)$ 满足方程 $F(x,y)=0$,即 $F(x,f(x))=0$,则称 y 是方程 $F(x,y)=0$ 所确定的 x 的**隐函数**.

例如,方程 $x^2+y=4$ 确定了一个隐函数 $y=4-x^2$.

通常,即便知道 y 是由方程 $F(x,y)=0$ 所确定的 x 的隐函数,也不一定能够从方程 $F(x,y)=0$ 中将 y 解出来. 例如,$e^{xy}-xy=0$ 确定了一个隐函数 $y=y(x)$,但是 $y(x)$ 的具体表达式却难以用显函数形式给出.

> **注意**　分段函数是一个函数而不是多个函数;分段函数的定义域是分段函数各段定义域的并集.

1.2.4　复合函数

设有两个函数

$$y = f(u), \quad u \in D,$$
$$u = g(x), \quad x \in X.$$

记 R_g 为函数 $u = g(x)$ 的值域，若 $R_g \cap D \neq \varnothing$，则 $y = f[g(x)]$ 有意义，称 $y = f[g(x)]$ 为函数 f 与函数 g 的**复合函数**，称 u 为**中间变量**.

例如，$y = \arcsin u$ 与 $u = \ln x$ 复合得到 $y = \arcsin \ln x$，定义域为 $\left[\dfrac{1}{e}, e \right]$.

注：当且仅当 $R_g \cap D \neq \varnothing$ 时，函数 f 和 g 才能进行复合. 例如，若 $y = f(u) = \arcsin u$，而 $u = g(x) = 2 + x^2$，则 $f[g(x)] = \arcsin(2 + x^2)$ 不成立. 因为 $D = [-1, 1]$，而 $R_g = [2, +\infty)$，$R_g \cap D = \varnothing$，从而 f 与 g 不能形成复合函数.

函数的复合可以由两个函数复合推广至任意有限个函数复合，只要复合后的函数有意义即可. 例如，$y = f(u)$，$u = g(v)$，$v = h(x)$，在能够复合的情况下，可以得到复合函数

$$y = f[g(h(x))].$$

特别地，形如 $[f(x)]^{g(x)}$ $(f(x) > 0$ 且 $f(x) \neq 1)$ 的函数称为**幂指函数**. 幂指函数在形式上兼具幂函数和指数函数的特点，但它既不是幂函数也不属于指数函数，因为它的底数部分和指数部分都是自变量 x 的函数表达式.

由于幂指函数 $[f(x)]^{g(x)} = e^{g(x) \ln f(x)}$，故幂指函数可化为复合函数进行处理. 例如，$y = x^x$，可以写成 $y = e^{x \ln x}$.

1.2.5 反函数

若在一个函数关系式中，自变量与因变量之间形成一一对应的关系，则可以得到如下定义的反函数.

定义 1.3 设 $y = f(x)$ 定义域为 D_f，值域为 R_f，如果对于任意的 $y \in R_f$，在 D_f 中都存在唯一的 x 与 y 对应，则函数 $y = f(x)$ 有反函数，并将 f 的反函数记为 f^{-1}，称 $x = f^{-1}(y)$ 为 $y = f(x)$ 的**反函数**.

通常，我们习惯用 x 表示自变量，y 表示因变量. 因此，$y = f(x)$ 的反函数通常记为 $y = f^{-1}(x)$. 但需要注意的是，函数 $y = f(x)$ 与 $x = f^{-1}(y)$ 的图像是相同的，而 $y = f(x)$ 与 $y = f^{-1}(x)$ 的图像则关于直线 $y = x$ 对称.

例如，$y = x^3$，$x \in (-\infty, +\infty)$ 有反函数 $x = \sqrt[3]{y}$，也可以说 $y = x^3$ 的反函数为 $y = \sqrt[3]{x}$. 其中，$y = x^3$ 与 $x = \sqrt[3]{y}$ 图像相同，而 $y = x^3$ 与 $y = \sqrt[3]{x}$ 的图像关于直线 $y = x$ 对称.

根据反函数的定义 1.3，并不是所有的函数都有反函数. 例如，$y = x^2$，$x \in (-\infty, +\infty)$ 就没有反函数. 同理，正弦函数 $y = \sin x$，在 $(-\infty, +\infty)$ 上没有反函数. 但是，由于 $y = \sin x$ 在区间 $\left[k\pi - \dfrac{\pi}{2}, k\pi + \dfrac{\pi}{2} \right]$ (k 为任意整数) 上严格单调，因此在这些区间

上,$y = \sin x$ 存在反函数. 特别地,将 $y = \sin x$,$x \in \left[-\dfrac{\pi}{2},\dfrac{\pi}{2} \right]$ 上的反

函数记为 $y = \arcsin x$,$x \in [-1,1]$.

函数 $y = f(x)$ 存在反函数的充要条件是对任意的 x_1,$x_2 \in D_f$,如果 $x_1 \neq x_2$,则必有 $f(x_1) \neq f(x_2)$. 可见,**严格单调的函数存在反函数**.

注意 讨论一个函数的反函数问题需要说明所讨论的区间(如上述 $y = \sin x$ 的反函数问题).

1.3 基本初等函数

初等数学中六类函数:常函数、幂函数、指数函数、对数函数、三角函数和反三角函数统称为**基本初等函数**. 由基本初等函数经过有限次四则运算和有限次复合所得到的可以用一个解析式表示的函数称为**初等函数**. 初等函数是微积分的主要研究对象.

1. 常函数:$y = C$(C 为常数)

常函数 $y = C$,其定义域为 $(-\infty , +\infty)$. 表示对于任意的 $x \in (-\infty , +\infty)$,对应的函数值 y 均为 C,其图像是一条水平直线,如图 1-5 所示.

2. 幂函数:$y = x^{\mu}$(μ 为常数)

幂函数 $y = x^{\mu}$,其定义域随 μ 的不同而变化. 例如,当 μ 为正整数时,定义域为 $(-\infty , +\infty)$;当 μ 为负整数时,定义域为 $(-\infty ,0) \cup (0 , +\infty)$. 但不论 μ 取何值,$y = x^{\mu}$ 都在 $(0 , +\infty)$ 上有定义,并且图形都过 $(1,1)$ 点.

以 $y = x^2$,$y = \sqrt{x}$,$y = x$,以及 $y = \dfrac{1}{x}$ 四个函数为例,它们的图像如图 1-6 所示.

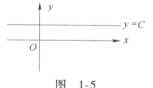

图 1-5

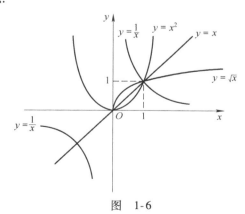

图 1-6

由图 1-6 可见,当 $\mu > 0$ 时,$y = x^{\mu}$ 在区间 $(0 , +\infty)$ 上单调递增;当 $\mu < 0$ 时,$y = x^{\mu}$ 在区间 $(0 , +\infty)$ 上单调递减.

3. 指数函数与对数函数

指数函数 $y = a^x$($a > 0$ 且 $a \neq 1$),对数函数 $y = \log_a x$($a > 0$ 且 $a \neq 1$). 由定义 1.3 可知,$y = a^x$ 与 $y = \log_a^x$ 互为反函数.

指数函数与对数函数的相关信息由表 1-1 给出.

以 $a = \mathrm{e}(\mathrm{e} = 2.71828\cdots)$ 为底的对数函数,一般记为 $y = \ln x$,称为**自然对数**,以 $a = 10$ 为底的对数函数 $\log_{10}x$ 常简记为 $y = \lg x$.

4. 三角函数与反三角函数

三角函数有六种:正弦函数 $y = \sin x$,余弦函数 $y = \cos x$,正切函数 $y = \tan x$,余切函数 $y = \cot x$,正割函数 $y = \sec x$,余割函数 $y = \csc x$. 常用的反三角函数有四种:反正弦函数 $y = \arcsin x$,反余弦函数 $y = \arccos x$,反正切函数 $y = \arctan x$,反余切函数 $y = \text{arccot}x$.

下面我们将常用的正(余)弦函数,正(余)切函数及其相应的反函数的相关信息分别由表 1-2 ~ 表 1-5 给出.

表 1-1 指数函数与对数函数

函数	指数函数 $y = a^x (a > 0$ 且 $a \neq 1)$	对数函数 $y = \log_a^x (a > 0$ 且 $a \neq 1)$
定义域	$(-\infty, +\infty)$	$(0, +\infty)$
值域	$(0, +\infty)$	$(-\infty, +\infty)$
图像	(图)	(图)
性质	当 $a > 1$ 时,$y = a^x$ 单调递增; 当 $0 < a < 1$ 时,$y = a^x$ 单调递减.	当 $a > 1$ 时,$y = \log_a x$ 单调递增; 当 $0 < a < 1$ 时,$y = \log_a x$ 单调递减.

表 1-2 正弦函数与反正弦函数

函数	正弦函数 $y = \sin x$	反正弦函数 $y = \arcsin x$
定义域	$(-\infty, +\infty)$	$[-1, 1]$
值域	$[-1, 1]$	$\left[-\dfrac{\pi}{2}, \dfrac{\pi}{2}\right]$
图像	(图)	(图)
性质	单调递增区间:$\left(-\dfrac{\pi}{2} + 2k\pi, \dfrac{\pi}{2} + 2k\pi\right)$, $k \in \mathbf{Z}$,单调递减区间:$\left(\dfrac{\pi}{2} + 2k\pi, \dfrac{3\pi}{2} + 2k\pi\right)$, $k \in \mathbf{Z}$;周期为 2π;奇函数,图像关于原点对称	在定义域 $[-1, 1]$ 上单调递增;奇函数,图像关于原点对称.

表 1-3 余弦函数与反余弦函数

函数	余弦函数 $y = \cos x$	反余弦函数 $y = \arccos x$
定义域	$(-\infty, +\infty)$	$[-1, 1]$
值域	$[-1, 1]$	$[0, \pi]$
图像		
性质	单调递增区间:$(-\pi + 2k\pi, 2k\pi), k \in \mathbf{Z}$,单调递减区间:$(2k\pi, \pi + 2k\pi), k \in \mathbf{Z}$;周期为 2π;偶函数,图像关于 y 轴对称	在定义域 $[-1, 1]$ 上单调递减

表 1-4 正切函数与反正切函数

函数	正切函数 $y = \tan x$	反正切函数 $y = \arctan x$
定义域	$\left\{ x \mid x \neq k\pi + \dfrac{\pi}{2}, k \in \mathbf{Z} \right\}$	$(-\infty, +\infty)$
值域	$(-\infty, +\infty)$	$\left(-\dfrac{\pi}{2}, \dfrac{\pi}{2} \right)$
图像		
性质	单调递增区间:$\left(-\dfrac{\pi}{2} + k\pi, \dfrac{\pi}{2} + k\pi \right), k \in \mathbf{Z}$;周期为 π;奇函数,图像关于原点对称	单调递增区间 $(-\infty, +\infty)$;奇函数,图像关于原点对称

表 1-5 余切函数与反余切函数

函数	余切函数 $y = \cot x$	反余切函数 $y = \text{arccot} x$
定义域	$\{ x \mid x \neq k\pi, k \in \mathbf{Z} \}$	$(-\infty, +\infty)$
值域	$(-\infty, +\infty)$	$(0, \pi)$
图像		
性质	单调递减区间:$(k\pi, \pi + k\pi), k \in \mathbf{Z}$;周期为 π;奇函数,图像关于原点对称	单调递减区间 $(-\infty, +\infty)$

三角函数中另外两个函数为正割函数和余割函数.

正割函数　$y = \sec x = \dfrac{1}{\cos x}, x \in \left\{ x \mid x \neq k\pi + \dfrac{\pi}{2}, k \in \mathbf{Z} \right\}$，周期为 2π.

余割函数　$y = \csc x = \dfrac{1}{\sin x}, x \in \left\{ x \mid x \neq k\pi, k \in \mathbf{Z} \right\}$，周期为 2π.

1.4 参数方程与极坐标方程

1. 参数方程

自变量 x 与因变量 y 之间有时难以写出直接关系,而是需要通过某个参数建立关联. 例如,平面上质点运动的轨迹为一条曲线,但曲线方程难以由 x,y 直接反映,而是需要通过 x,y 与时间 t 的关系来体现,从而得到曲线的参数方程.

定义1.4　一般地,在平面直角坐标系中,如果曲线 C 上任意一点的坐标 x,y 都是某个变量 t 的函数,即

$$\begin{cases} x = f(t), \\ y = g(t), \end{cases} \quad t \in D. \tag{1}$$

并且对于任意 $t \in D$,由方程组(1)所确定的点 $P(x,y)$ 都在这条曲线 C 上,那么方程组(1)称为这条曲线的**参数方程**,变量 t 叫做参变量,简称**参数**.

相对于参数方程,直接建立曲线上点的坐标 x,y 之间关系的方程 $y = f(x)$ 或 $F(x,y) = 0$ 称为曲线的**普通方程**. 普通方程和参数方程是同一曲线的两种不同表达形式,两者之间可以相互转化.

例如,平面上以原点为圆心,半径为 2 的圆的曲线方程可以记为

$$x^2 + y^2 = 4.$$

也可以用参数方程表示为

$$\begin{cases} x = 2\cos\theta, \\ y = 2\sin\theta, \end{cases} \quad \theta \in [0, 2\pi].$$

其中 θ 为参数,如图 1-7 所示.

2. 极坐标方程

极坐标方程是在极坐标系下建立的体现变量 x 与 y 之间关系的方程形式. 首先我们介绍极坐标系.

与平面直角坐标系一样,极坐标系也是常用的坐标系之一.

在平面上选定一点 O,称为**极点**,由 O 引一条射线 Ox(通常选取与直角坐标系中 x 轴正方向相同的方向),称为**极轴**,取定长度单位,并规定从极轴逆时针转动的方向为正,就构成了**极坐标系**.

如图 1-8 所示,在极坐标系下,平面上的任意点 P 可由 r 和 θ 来唯一确定,即平面上点 P 的坐标为 (r, θ). 其中,r 表示从极点 O

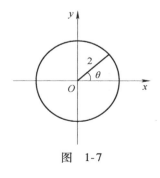

图　1-7

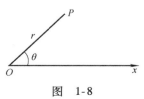

图　1-8

到点 P 的有向距离, r 称为**极半径**; θ 表示从极轴出发,沿逆时针方向转动到 $\overrightarrow{OP}$ 的角度, θ 称为**极角**. 有序数组 (r,θ) 称为点 P 的**极坐标**.

将平面直角坐标系的原点作为极坐标系的极点,将 x 轴正半轴作为极轴,如图 1-9 所示,则直角坐标与极坐标关系如下:

$$\begin{cases} x = r\cos\theta, \\ y = r\sin\theta. \end{cases}$$

并且有 $x^2 + y^2 = r^2, \tan\theta = \dfrac{y}{x}(x \neq 0)$.

在极坐标系中,关于极半径 r 和极角 θ 的方程 $r = f(\theta)$ 或 $F(r,\theta) = 0$ 称为极坐标方程.

将圆的直角坐标方程 $(x-2)^2 + y^2 = 4$ 化为极坐标方程.

解 圆的直角坐标方程化为
$$x^2 + y^2 = 4x.$$
将 $x = r\cos\theta, y = r\sin\theta$ 代入上式,有
$$r^2 = 4r\cos\theta.$$
即圆的极坐标方程为
$$r = 4\cos\theta.$$

将直线坐标系下的直线方程 $y = 2x$ 和抛物线方程 $y = x^2$ 转化为极坐标方程.

解 将 $x = r\cos\theta, y = r\sin\theta$ 分别代入 $y = 2x$ 和 $y = x^2$ 中,得
$$r\sin\theta = 2r\cos\theta, r\sin\theta = r^2\cos^2\theta$$
即相应的极坐标方程分别为
$$\theta = \arctan 2 \text{ 和 } r = \tan\theta\sec\theta.$$

已知点 A 在直角坐标系下的坐标为 $(\sqrt{3}, -1)$,求该点相应的极坐标.

解 $r = \sqrt{(\sqrt{3})^2 + (-1)^2} = 2, \tan\theta = \dfrac{-1}{\sqrt{3}}, \theta = -\dfrac{\pi}{6}$.

所以 A 点在极坐标系下的极坐标为 $A\left(2, -\dfrac{\pi}{6}\right)$.

注意 点的极坐标不唯一,比如 $P(r,\theta)$ 与 $P(r, 2k\pi + \theta), k \in \mathbf{Z}$ 都表示平面上同一个点. 因此,通常规定极角取值范围为 $0 \leq \theta < 2\pi$ 或 $-\pi \leq \theta < \pi$.

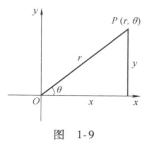

图 1-9

1.5 经济学中的几种常用函数

1. 需求函数与反需求函数

经济学中,对于变量之间关系的分析,通常基于数学模型来完成.

商品需求量受很多因素影响,在这些影响因素中,商品价格最

为重要. 因此, 通常假设商品的需求量 Q_d 是价格 P 的函数, 即需求函数为

$$Q_d = f(P).$$

其中, P 是商品价格, Q_d 是在价格 P 下消费者购买的商品数量, 即需求量.

一般情况下, 若不考虑其他因素 (如消费者收入等), 需求量 Q_d 是价格 P 的单调递减函数. 即商品价格越高, 需求量越少; 反之, 价格越低, 则对该商品的需求量越多.

需求函数的反函数, 即为反需求函数, 它体现的是需求量变动对商品价格的反作用. 反需求函数又称价格函数, 即

$$P = f^{-1}(Q_d) \text{ 或 } P = P(Q).$$

其中 Q 为商品销售量.

2. 供给函数

假设商品的供给量是价格 P 的函数, 得到商品的供给函数为:

$$Q_S = g(P).$$

其中, P 是商品价格, Q_S 是在价格 P 下, 生产者供给市场的商品量, 即供给量.

通常, 商品的供给量 Q_S 与价格 P 的关系是: 涨价使供给量增加, 降价则供给量减少. 从而供给函数是价格 P 的单调递增函数.

3. 总收益函数、总成本函数与总利润函数

总收益是指生产者销售一定数量的商品所得的全部收入, 即商品价格 P 与销售量 Q 的乘积, 记作 R. 根据反需求函数 $P = P(Q)$ 可知, 总收益是销售量 (或需求量) Q 的函数, 即

$$R(Q) = P(Q) \cdot Q.$$

总成本是指生产一定数量的产品, 所需的全部投入的费用总额. 一般地, 总成本由固定成本和可变成本两部分构成. 固定成本与产品产量无关, 它包括设备费用、厂房费用以及一般管理费用等. 可变成本随产品产量增加而增加. 比如原材料、水电费用支出以及工人工资等都属于可变成本. 总成本是产量 Q 的函数, 即

$$C(Q) = C_0 + C_1(Q).$$

其中 C_0 为固定成本, C_1 为可变成本.

总利润为总收益与总成本之差, 总利润函数表示为

$$L(Q) = R(Q) - C(Q).$$

例1.7 某企业生产产品, 其固定成本为 500 元, 单位产品的可变成本为 20 元, 市场需求函数为 $Q = 100 - P$, 求总利润函数.

解 由题意知

$$C_0 = 500, C_1(Q) = 20Q.$$

所以

$$C(Q) = 500 + 20Q,$$

由需求函数 $Q = 100 - P$, 则反需求函数为 $P = 100 - Q$

总收益函数为
$$R(Q) = Q(100 - Q) = 100Q - Q^2.$$
从而总利润函数为
$$L(Q) = R(Q) - C(Q) = 100Q - Q^2 - (500 + 20Q)$$
$$= -Q^2 + 80Q - 500.$$

某种商品每台售价 500 元时，每月可销售 1000 台，每台降价为 400 元时，每月可增销 200 台. 试写出该商品的线性需求函数.

解 设该商品的线性需求函数为
$$Q_d = a + bP$$
其中 Q_d 为需求量，P 为单位售价. 由题设可知
$$\begin{cases} a + 500b = 1000, \\ a + 400b = 1200. \end{cases}$$
解得 $a = 2000$，$b = -2$，从而所求的线性需求函数为
$$Q_d = 2000 - 2P.$$

综合习题 1

1. 求下列函数的定义域：

(1) $f(x) = \dfrac{1}{1 - x^2} + \sqrt{x + 2}$；

(2) $f(x) = \sqrt{x^2 - 5x + 4}$；

(3) $f(x) = \ln(2x + 1) - \sqrt{\dfrac{1 - x}{1 + x}}$；

(4) $f(x) = \arccos \dfrac{x^2 - 3}{2}$；

(5) $f(x) = \sqrt{\sin x}$；

(6) $f(x) = \begin{cases} 2x, & x < 0, \\ 4 - x^2, & 0 \leqslant x \leqslant 2, \\ x + 3, & x > 2; \end{cases}$

2. 设 $f(x) = \dfrac{x}{1 - 2x}$，求 $f(1 + x^2)$ 和 $f(f(x))$.

3. 已知 $f\left(x + \dfrac{1}{x}\right) = x^2 + \dfrac{1}{x^2} + 1$，求 $f(x)$.

4. 设 $f(x) = \begin{cases} x^2, & 0 \leqslant x \leqslant 1 \\ 3x, & 1 < x \leqslant 2 \end{cases}$，$g(x) = e^x$，求 $f(g(x))$；

5. 判断下列函数的奇偶性：

(1) $f(x) = -\dfrac{|x|}{x}$；

(2) $f(x) = \dfrac{e^x + e^{-x}}{2}$；

(3) $f(x) = \lg \dfrac{1 - x}{1 + x}$；

(4) $f(x) = \dfrac{\sin x}{x}$；

(5) $f(x) = \cos\ln x$;　　　　　(6) $f(x) = x^2 - x + 1$.

6. 求下列函数的反函数及反函数的定义域:

(1) $y = \lg(x + 2) + 1$;

(2) $y = 2\sin 3x , D_f = \left[-\dfrac{\pi}{6} , \dfrac{\pi}{6} \right]$;

(3) $y = \begin{cases} 2x + 1 , & x \geqslant 0 , \\ x^3 , & x < 0 ; \end{cases}$

(4) $y = \begin{cases} x - 1 , & x < 0 , \\ x^2 , & x \geqslant 0 . \end{cases}$

7. 将下列函数分解成基本初等函数的复合或者四则运算:

(1) $y = \arccos\sqrt{x}$;　　　　　(2) $y = \ln\sin^2 x$;

(3) $y = \sqrt{\ln\sqrt{x + 2}}$;　　　　(4) $y = (1 + \cos x)^5$.

8. 将下列直角坐标方程与极坐标方程相互转化:

(1) $\dfrac{x^2}{9} + \dfrac{y^2}{4} = 1$;　　　　(2) $(x - 2)^2 + (y - 3)^2 = 13$

(3) $r\cos\theta + r\sin\theta = 2$;　　　(4) $r = \sin\theta$.

9. 某商场以每件 5 元的价格出售某种商品,若顾客一次购买 100 件以上,则超出 100 件的商品以每件 4 元的优惠价格出售. 试将一次成交的销售收入 R 表示成销售量 x 的函数.

第 2 章
极限与连续

上一章对函数的相关知识进行了回顾. 从本章开始,我们正式进入对微积分基本思想和理论方法的学习.

本章主要介绍极限及函数的连续性. 极限思想是微积分的基本思想. 后面我们要学习到的一些重要概念,如连续、导数以及定积分都是借助于极限定义的.

本章内容及相关知识点如下:

极限与连续	
内容	知识点
数列极限	(1)数列极限的描述性定义及 $\varepsilon - N$ 严格数学定义; (2)数列极限的几何意义; (3)数列极限的性质; (4)夹逼定理; (5)数列极限 $\lim\limits_{n\to\infty}\left(1+\dfrac{1}{n}\right)^n = \mathrm{e}$
函数极限	(1)函数极限的 $\varepsilon - X, \varepsilon - \delta$ 严格数学定义; (2)左、右极限的概念; (3)函数极限的运算法则; (4)函数极限的性质; (5)两个重要极限: $\lim\limits_{x\to 0}\dfrac{\sin x}{x}=1$; $\lim\limits_{x\to\infty}\left(1+\dfrac{1}{x}\right)^x = \mathrm{e}$
无穷大量与无穷小量	(1)无穷大量与无穷小量的定义; (2)无穷小量的运算性质(定理2.11—定理2.14); (3)常用的等价无穷小量
函数的连续性	(1)函数在一点连续的定义; (2)初等函数的连续性; (3)函数间断点的类型; (4)闭区间上连续函数的性质
经济应用	(1)连续复利 (2)贴现

2.1 数列极限

2.1.1 数列极限的概念

所谓数列,即按照一定顺序排成的一列数:
$$x_1,x_2,\cdots,x_n,\cdots$$
其中 x_n 表示该数列的 n 项.如果从 x_n 的表达式中可以推断出数列中的其他项,那么 x_n 称为该数列的一般项或通项,数列简记为 $\{x_n\}$.

微积分中的数列泛指无穷数列.显然数列 $\{x_n\}$ 对应于数轴上的无穷点列,随着 n 的不同,x_n 对应数轴上的不同点,形成了项数 n 与项 x_n 之间的对应关系.因此,数列 $\{x_n\}$ 可以看成特殊的函数
$$x_n=f(n),n=1,2,3,\cdots$$
例如,
$$\frac{1}{2},\frac{1}{4},\frac{1}{8},\cdots,\frac{1}{2^n},\cdots$$
$$1,-1,1,-1,\cdots,(-1)^{n+1},\cdots$$
$$2,4,6,\cdots,2n,\cdots$$
都是数列.

数列作为特殊的函数,其自变量 n 的变化过程是从 1 开始,不断增大,以至无穷.我们将这种变化过程记为 $n\to\infty$.对于数列 $\{x_n\}$,当 $n\to\infty$ 时,x_n 变化趋势的问题,即为数列的极限问题.

例如,上述数列 $\left\{\dfrac{1}{2^n}\right\}$,当 $n\to\infty$ 时,x_n 无限接近于 0;数列 $\{(-1)^{n+1}\}$,当 $n\to\infty$ 时,x_n 将交替取值 1 和 -1;数列 $\{2n\}$,当 $n\to\infty$ 时,x_n 也趋近于 ∞.

下面我们首先给出数列极限的描述性定义.

定义 2.1 当数列 $\{x_n\}$ 的项数 n 无限增大时,即当 $n\to\infty$ 时,若它的一般项 x_n 无限接近于某个确定的常数 a,则称数列 $\{x_n\}$ **极限存在**,极限值为 a,或称数列 $\{x_n\}$ **收敛于** a,记作
$$\lim_{n\to\infty}x_n=a \text{ 或 } x_n\to a \quad (n\to\infty).$$

若当 n 无限增大时,它的一般项 x_n 不趋近于任何确定的常数,则称数列 $\{x_n\}$ 的**极限不存在**,或称数列 $\{x_n\}$ **发散**.

特别地,如果数列 $\{x_n\}$ 的极限不存在,且发散为 ∞,则可以记为 $\lim\limits_{n\to\infty}x_n=\infty$.

例如,数列 $\{2n\}$ 的极限为 $\lim\limits_{n\to\infty}2n=\infty$.

在定义 2.1 中,对于 x_n 无限接近于 a 并没有给出细致的刻画.怎样的"接近"程度才算是"无限接近"呢?为此,我们从几何角度

加以分析. x_n 与 a 的接近程度可以用它们之间的距离 $|x_n-a|$ 来体现. x_n 无限接近于 a, 意味着 $|x_n-a|\to 0$, 即 $|x_n-a|$ 越来越小以至于可以任意小. 因此, 对预先给定的任意小的正数 ε, 在 $n\to\infty$ 的过程中, 总能找到某一项 N(N 与预先给定的正数 ε 有关), 使得对第 N 项之后无穷多项 x_n 与 a 的距离小于 ε, 即 $|x_n-a|<\varepsilon$. 从而可以得到数列极限的严格数学定义.

（数列极限的 $\varepsilon-N$ 定义） 数列 $\{x_n\}$ 及常数 a, 如果对于任意给定的正数 ε, 都存在正整数 N, 当 $n>N$ 时, 有 $|x_n-a|<\varepsilon$, 那么称常数 a 为数列 $\{x_n\}$ 的极限, 或称数列 $\{x_n\}$ 收敛于 a, 记为

$$\lim_{n\to\infty} x_n = a \ \text{或} \ x_n\to a(n\to\infty).$$

如果 $\{x_n\}$ 没有极限, 则称数列 $\{x_n\}$ 是发散的.

用数学符号可以将定义 2.2 描述如下:

$$\lim_{n\to\infty} x_n = a \Leftrightarrow \forall\,\varepsilon>0, \exists N(N\in\mathbf{N}_+), \text{当} \ n>N \ \text{时, 有}$$

$$|x_n-a|<\varepsilon.$$

根据定义 2.2, 极限 $\lim_{n\to\infty} x_n = a$ 有明显的**几何意义**: 将数列 $\{x_n\}$ 在数轴上对应点标出, 对于任意给定的 $\varepsilon>0$, 相应的存在某一项 N, 使得该项之后的所有项(无穷多项)对应的点均落在区间 $(a-\varepsilon,a+\varepsilon)$ 的内部(如图 2-1 所示.)

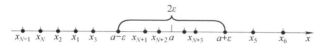

图 2-1

证明 $\lim\limits_{n\to\infty} \dfrac{2n-1}{n+1} = 2$.

证明 因为

$$\left|\frac{2n-1}{n+1}-2\right| = \frac{3}{n+1},$$

所以对于任意给定的正数 $\varepsilon>0$, 要使

$$\left|\frac{2n-1}{n+1}-2\right|<\varepsilon,$$

只要

$$\frac{3}{n+1}<\varepsilon,$$

即

$$n>\frac{3}{\varepsilon}-1.$$

故只要取正整数 $N=\left[\dfrac{3}{\varepsilon}-1\right]$(取整函数), 则当 $n>N$, 就有

$$\left|\frac{2n-1}{n+1}-2\right|<\varepsilon.$$

因此

$$\lim_{n \to \infty} \frac{2n-1}{n+1} = 2.$$

例 2.2 设 $x_n > 0$，且 $\lim_{n \to \infty} x_n = a > 0$，证明：$\lim_{n \to \infty} \sqrt{x_n} = \sqrt{a}$.

证明 任给 $\sqrt{a}\varepsilon > 0$，因为 $\lim_{n \to \infty} x_n = a$，所以存在正整数 N，使得当 $n > N$ 时，有 $|x_n - a| < \sqrt{a}\varepsilon$，从而有

$$\left| \sqrt{x_n} - \sqrt{a} \right| = \frac{|x_n - a|}{\sqrt{x_n} + \sqrt{a}} < \frac{|x_n - a|}{\sqrt{a}} < \frac{\sqrt{a}\varepsilon}{\sqrt{a}} = \varepsilon$$

因此，

$$\lim_{n \to \infty} \sqrt{x_n} = \sqrt{a}$$

注意 在利用定义 2.2 证明数列极限存在时，关键是寻找 N，N 与给定的 ε 相关，但 N 不唯一.

2.1.2 数列极限的四则运算

求解数列 $\{x_n\}$ 的极限时，可以将一般项 x_n 变形，直到能够观察出 x_n 的变化趋势为止. 在此过程中，如果利用数列极限的四则运算法则，则数列极限的求解将更为方便.

数列极限的四则运算法则：

设数列 $\{x_n\}$，$\{y_n\}$ 的极限均存在，分别为 $\lim_{n \to \infty} x_n = a$，$\lim_{n \to \infty} y_n = b$，那么

（1）$\lim_{n \to \infty} (Cx_n) = C \lim_{n \to \infty} x_n = Ca$，其中 C 为与 n 无关的常数；

（2）$\lim_{n \to \infty} (x_n \pm y_n) = \lim_{n \to \infty} x_n \pm \lim_{n \to \infty} y_n = a \pm b$；

（3）$\lim_{n \to \infty} (x_n y_n) = \lim_{n \to \infty} x_n \cdot \lim_{n \to \infty} y_n = ab$；

（4）若 $\lim_{n \to \infty} y_n = b \neq 0$，则 $\lim_{n \to \infty} \dfrac{x_n}{y_n} = \dfrac{\lim\limits_{n \to \infty} x_n}{\lim\limits_{n \to \infty} y_n} = \dfrac{a}{b}$.

例 2.3 计算下列数列的极限：

（1）$\lim_{n \to \infty} \dfrac{2n-1}{n+1}$；

（2）$\lim_{n \to \infty} \sqrt{n}\left(\sqrt{n+1} - \sqrt{n-1} \right)$；

（3）$\lim_{n \to \infty} \dfrac{4^n + 3^{n+1}}{2^{2n+1} - 3^{n+2}}$.

解 （1）$\lim_{n \to \infty} \dfrac{2n-1}{n+1} = \lim_{n \to \infty} \dfrac{2 - \dfrac{1}{n}}{1 + \dfrac{1}{n}} = 2$.

（2）$\lim_{n \to \infty} \sqrt{n}\left(\sqrt{n+1} - \sqrt{n-1} \right) = \lim_{n \to \infty} \sqrt{n} \cdot \dfrac{2}{\sqrt{n+1} + \sqrt{n-1}}$

$$= \lim_{n \to \infty} \frac{2}{\sqrt{1 + \dfrac{1}{n}} + \sqrt{1 - \dfrac{1}{n}}} = 1.$$

（3）$\lim\limits_{n\to\infty}\dfrac{4^n+3^{n+1}}{2^{2n+1}-3^{n+2}}=\lim\limits_{n\to\infty}\dfrac{1+3\left(\dfrac{3}{4}\right)^n}{2-9\left(\dfrac{3}{4}\right)^n}=\dfrac{1}{2}.$

2.1.3 数列极限的性质

（唯一性） 若数列 $\{x_n\}$ 极限存在,则极限值必唯一.

如果存在常数 $M>0$,使得数列 $\{x_n\}$ 满足:
$$|x_n|\leqslant M,n=1,2,\cdots$$
则称数列 $\{x_n\}$ 是**有界数列**,M 称为数列 $\{x_n\}$ 的一个界;如果对任何正数 M,至少有某一项 x_n 满足 $|x_n|>M$,则称 $\{x_n\}$ 为**无界数列**.

（有界性） 若数列 $\{x_n\}$ 极限存在,则数列 $\{x_n\}$ 必有界.

证明 因为数列 $\{x_n\}$ 极限存在,不妨设极限为 a,即 $\lim\limits_{n\to\infty}x_n=a$. 由定义 2.2 可知,对于任意 $\varepsilon>0$,存在正整数 N,当 $n>N$ 时,有 $|x_n-a|<\varepsilon$. 因此,$|x_n|<|a|+\varepsilon$. 若取 $M=\max\{|x_1|,|x_2|,\cdots,|x_N|,|a|+\varepsilon\}$,即 M 为 $|x_1|,|x_2|,\cdots,|x_N|,|a|+\varepsilon$ 中的最大者,那么,数列 $\{x_n\}$ 的所有项,均有
$$|x_n|\leqslant M,n=1,2,\cdots$$
从而 $\{x_n\}$ 有界.

（保号性） 设列 $\{x_n\}$,$\{y_n\}$ 均收敛,并且存在正整数 N,当 $n>N$ 时,$x_n\geqslant y_n$,那么
$$\lim\limits_{n\to\infty}x_n\geqslant\lim\limits_{n\to\infty}y_n$$
由该性质可以得到以下两个简单结论:

设数列 $\{x_n\}$ 收敛于 a,即 $\lim\limits_{n\to\infty}x_n=a$,并且存在正整数 N,当 $n>N$ 时,$x_n\geqslant b$(或 $x_n\leqslant b$),则必有 $a\geqslant b$(或 $a\leqslant b$).

设数列 $\{x_n\}$ 收敛于 a,即 $\lim\limits_{n\to\infty}x_n=a$,并且 $a>b$(或 $a<b$),那么存在正整数 N,当 $n>N$ 时有 $x_n>b$(或 $x_n<b$). 特别地,若 $\lim\limits_{n\to\infty}x_n=a>0$(或 $a<0$),则存在正整数 N,当 $n>N$ 时有 $x_n>0$(或 $x_n<0$).

注意 性质 2.2 的逆命题不一定成立. 即如果数列 $\{x_n\}$ 有界,那么数列 $\{x_n\}$ 的极限不一定存在. 例如,数列 $\{(-1)^{n+1}\}$ 是有界数列(1 为该数列的一个界),但是 $\{(-1)^{n+1}\}$ 极限不存在.

2.1.4 数列极限的存在性

本部分通过定理给出数列极限存在的判别方法.

数列 $\{x_n\}$ 极限存在的充分必要条件是对于任意自然数 k,数列 $\{x_{n+k}\}$ 的极限存在且两数列极限值相等. 即
$$\lim\limits_{n\to\infty}x_n=a\Leftrightarrow\lim\limits_{n\to\infty}x_{n+k}=a(k\in\mathbf{N})$$
定理 2.1 意味着一个数列极限存在与否,取决于该数列无穷多

项是否趋于某个确定常数,与数列前面的任意有限项无关. 也就是说,一个数列去掉、增加或改变前面任意有限项(从第 1 项至第 k 项),不会改变数列的收敛性以及极限值.

定理2.2 $\lim\limits_{n\to\infty} x_n = a$ 的充分必要条件是它的奇数列 $\{x_{2n-1}\}$ 和偶数列 $\{x_{2n}\}$ 都收敛到 a,即

$$\lim_{n\to\infty} x_n = a \Leftrightarrow \lim_{n\to\infty} x_{2n} = \lim_{n\to\infty} x_{2n-1} = a.$$

定理 2.2 的逆否命题常被用来判断数列极限不存在. 若一个数列 $\{x_n\}$ 的奇数列和偶数列极限存在但不相等,或者奇数列和偶数列至少有一个极限不存在,那么数列 $\{x_n\}$ 极限必不存在.

例如,数列 $\{(-1)^n\}$ 极限不存在,因为它的偶数列极限为 1,奇数列极限为 -1. 由定理 2.2 的逆否命题可知 $\{(-1)^n\}$ 极限不存在.

以上两个定理是数列极限存在的充要条件. 下面我们介绍数列极限存在的两个充分条件.

定理2.3 **(数列极限的夹逼定理)** 假设存在正整数 N,当 $n > N$ 时,数列 $\{x_n\}$,$\{y_n\}$,$\{z_n\}$ 满足不等式

$$y_n \leqslant x_n \leqslant z_n.$$

如果 $\lim\limits_{n\to\infty} y_n = \lim\limits_{n\to\infty} z_n$,那么数列 $\{x_n\}$ 收敛,并且有 $\lim\limits_{n\to\infty} x_n = a$.

该定理有较强的几何直观性(见图 2-2). 它意味着,如果一个数列 $\{x_n\}$ 的无穷多项被另外两个数列 $\{y_n\}$、$\{z_n\}$ 的无穷多项左、右两边"夹住",并且左、右两个数列又"逼近"同一个常数 a,那么数列 $\{x_n\}$ 的极限也为 a.

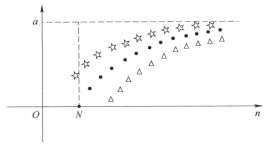

图 2-2

注:☆点列表示数列 $\{z_n\}$,·点列表示数列 $\{x_n\}$,△点列表示数列 $\{y_n\}$.

利用夹逼定理,可以计算一些特殊的数列极限.

例2.4 计算下列数列的极限

(1) $x_n = \dfrac{1}{n^2+1} + \dfrac{2}{n^2+2} + \cdots + \dfrac{n}{n^2+n}$;

(2) $x_n = (a_1^n + a_2^n + \cdots + a_m^n)^{\frac{1}{n}}$,其中 $a_i > 0$,$i = 1, 2, \cdots, m$(m 为正整数)

解 (1)由于

$$\frac{1}{n^2+n}+\frac{2}{n^2+n}+\cdots+\frac{n}{n^2+n}\leqslant x_n\leqslant\frac{1}{n^2+1}+\frac{2}{n^2+1}+\cdots+\frac{n}{n^2+1}$$

即

$$\frac{n(n+1)}{2(n^2+n)}\leqslant x_n\leqslant\frac{n(n+1)}{2(n^2+1)},$$

由于

$$\lim_{n\to\infty}\frac{n(n+1)}{2(n^2+n)}=\lim_{n\to\infty}\frac{n(n+1)}{2(n^2+1)}=\frac{1}{2}.$$

由定理 2.3 知

$$\lim_{n\to\infty}x_n=\frac{1}{2}.$$

（2）令 $A=\max\{a_1,a_2,\cdots,a_m\}$，即将 $a_1,\cdots,a_m$ 个正数中的最大者记为 A.

$$A=\sqrt[n]{A^n}\leqslant\sqrt[n]{a_1^n+a_2^n+\cdots+a_m^n}\leqslant\sqrt[n]{m\cdot A^n}=m^{\frac{1}{n}}\cdot A$$

由于 m 为独立于 n 的正整数,所以有

$$\lim_{n\to\infty}m^{\frac{1}{n}}\cdot A=A\cdot m^0=A$$

由定理 2.3 知

$$\lim_{n\to\infty}x_n=A=\max\{a_1,a_2,\cdots,a_m\}$$

特别地,对于具体的 a_i,可直接得出极限结果. 例如,

$$\lim_{n\to\infty}\sqrt[n]{5^n+100^n}=100;\lim_{n\to\infty}\sqrt[n]{3^n+5^n+6^n}=6$$

单调有界数列必有极限.

具体而言,单调递增有上界的数列必有极限;单调递减有下界的数列必有极限. 所谓单调递增数列,是指一个数列 $\{x_n\}$ 如果满足: $x_n\leqslant x_{n+1}$, $n=1,2,\cdots$,则称 $\{x_n\}$ 是单调递增数列,类似地可以定义单调递减数列. 单调递增数列和单调递减数列统称为单调数列.

由定理 2.4 可以得到数列的一个重要极限:

$$\lim_{n\to\infty}\left(1+\frac{1}{n}\right)^n=e.$$

瑞士数学家欧拉(L. Euler)最先用字母 e 表示这个极限,并一直沿用至今,e 是一个无理数,e = 2.71828…是自然对数的底. 对该极限的详细讨论可参见二维码.

思考　对于例 2.4 （1）,当 $n\to\infty$ 时,x_n 中的每一项极限都为 0,即 $\lim\limits_{n\to\infty}\frac{1}{n^2+1}=0$, $\lim\limits_{n\to\infty}\frac{2}{n^2+2}=0$, …, $\lim\limits_{n\to\infty}\frac{n}{n^2+n}=0$. 为何这些极限为 0 的项加在一起后,最终的极限却不等于 0 了呢?

练习 2.1

1. 求下列数列的极限:

（1）$\lim\limits_{n\to\infty}\dfrac{1+(-1)^n}{n}$;

（2）$\lim\limits_{n\to\infty}\dfrac{3\sqrt{n}+2}{1+4\sqrt{n}}$;

(3) $\lim\limits_{n \to \infty} \dfrac{2n}{n + \sqrt{n^2 - n}}$;

(4) $\lim\limits_{n \to \infty} \left[\dfrac{1}{1 \times 2} + \dfrac{1}{2 \times 3} + \cdots + \dfrac{1}{n(n+1)} \right]$.

2. 用夹逼定理计算下列极限：

(1) $\lim\limits_{n \to \infty} \dfrac{\sin nx}{n}, (x \in \mathbf{R})$;

(2) $\lim\limits_{n \to \infty} \left(\dfrac{n}{2n^2 + 1} + \dfrac{n}{2n^2 + 2} + \cdots + \dfrac{n}{2n^2 + n} \right)$;

(3) $\lim\limits_{n \to \infty} \left(\dfrac{1}{\sqrt{n^2 + 1}} + \dfrac{1}{\sqrt{n^2 + 2}} + \cdots + \dfrac{1}{\sqrt{n^2 + n}} \right)$.

3. 计算下列数列的极限：

(1) $\lim\limits_{n \to \infty} \left(1 + \dfrac{1}{2n} \right)^n$;

(2) $\lim\limits_{n \to \infty} \left(1 + \dfrac{1}{n} \right)^{2n-1}$.

2.2 函数极限

上一节我们介绍了数列极限. 本节我们将数列极限推广至一般的函数极限.

2.2.1 函数极限的概念

数列作为特殊的函数, 它仅定义在正整数集合上, 而一般函数的定义域则是实数集 $\mathbf{R}$ 的子集. 因此, 自变量由 n 变化到 x, 极限过程也就有了多样的变化形式.

1. $x \to \infty$ 时函数的极限

与 $n \to \infty$ (此处 ∞ 仅指 $+\infty$) 不同, $x \to \infty$ 既包含 $x \to +\infty$, 又包含 $x \to -\infty$. $x \to \infty$ 表示自变量 x 无限地远离坐标原点, 即 $|x|$ 无限增大的过程.

例如, 考察函数 $f(x) = \dfrac{1}{x}, x \in (-\infty, 0) \cup (0, +\infty)$, 当 $x \to \infty$ 时, $|x|$ 无限增大, $f(x) = \dfrac{1}{x}$ 无限接近于 0. 因此, 我们说当 $x \to \infty$ 时, 函数 $f(x) = \dfrac{1}{x}$ 的极限为 0, 记为 $\lim\limits_{x \to \infty} \dfrac{1}{x} = 0$.

对于函数 $\arctan x$, 当 $x \to +\infty$ 时, $\arctan x$ 无限接近于 $\dfrac{\pi}{2}$; 当 $x \to -\infty$ 时, $\arctan x$ 无限接近于 $-\dfrac{\pi}{2}$, 即 $\lim\limits_{x \to +\infty} \arctan x = \dfrac{\pi}{2}$, $\lim\limits_{x \to -\infty} \arctan x = -\dfrac{\pi}{2}$ (参见表 1-4 中的图形).

对于"无限接近",我们通过下述定义严格描述.

（函数极限 ε - X 定义）　函数 $f(x)$，$x \in D_f$ 及常数 A，如果对于任意给定的正数 ε，总存在 $X > 0$，当 $|x| > X$ 时，有 $|f(x) - A| < \varepsilon$，则称当 $x \to \infty$ 时，$f(x)$ 的极限是 A，记为 $\lim\limits_{x \to \infty} f(x) = A$，或 $f(x) \to A(x \to \infty)$. 特别地，若当 $x > X$ 时，有 $|f(x) - A| < \varepsilon$，称 $x \to +\infty$ 时，$f(x)$ 的极限是 A，记为 $\lim\limits_{x \to +\infty} f(x) = A$；若当 $x < -X$ 时，有 $|f(x) - A| < \varepsilon$，称 $x \to -\infty$ 时，$f(x)$ 的极限是 A，记为 $\lim\limits_{x \to -\infty} f(x) = A$.

2. $x \to x_0$ 时函数的极限

由于数列的自变量为 n，所以数列的极限过程只有 $n \to \infty$ 一种情形. 而一般函数 $f(x)$ 的自变量 x 既可以趋向于 ∞，也可以趋近于固定点 x_0.

$x \to x_0$ 包含两种情形：一种是 x 从 x_0 的右边无限接近 x_0 但又不等于 x_0，此时 $x > x_0$，记为 $x \to x_0^+$；另一种是 x 从 x_0 的左边无限接近 x_0 但又不等于 x_0，此时 $x < x_0$，记为 $x \to x_0^-$.

例如，考虑函数 $f(x) = e^{\frac{1}{x-1}}$. 当 $x \to 1^+$ 时，$x - 1 \to 0^+$，$\frac{1}{x-1} \to +\infty$，此时 $f(x)$ 极限不存在，发散为 $+\infty$，即 $\lim\limits_{x \to 1^+} e^{\frac{1}{x-1}} = +\infty$ [⊖]；当 $x \to 1^-$ 时，$x - 1 \to 0^-$，$\frac{1}{x-1} \to -\infty$，此时 $f(x)$ 极限为 0，即 $\lim\limits_{x \to 1^-} e^{\frac{1}{x-1}} = 0$.

下面给出 $x \to x_0$ 时 $f(x)$ 极限为 A 的严格数学定义.

（函数极限的 ε - δ 定义）　函数 $f(x)$，$x \in D_f$ 及常数 A，如果对任意给定的正数 ε，总存在 $\delta > 0$，当 $0 < |x - x_0| < \delta$ 时，有 $|f(x) - A| < \varepsilon$，则称当 $x \to x_0$ 时，$f(x)$ 的极限是 A，记为 $\lim\limits_{x \to x_0} f(x) = A$，或 $f(x) \to A(x \to x_0)$. 特别地，若当 $0 < x - x_0 < \delta$ 时，有 $|f(x) - A| < \varepsilon$，称 $x \to x_0^+$ 时，$f(x)$ 的极限是 A，记为 $\lim\limits_{x \to x_0^+} f(x) = A$；若当 $-\delta < x - x_0 < 0$ 时，有 $|f(x) - A| < \varepsilon$，称 $x \to x_0^-$ 时，$f(x)$ 的极限是 A，记为 $\lim\limits_{x \to x_0^-} f(x) = A$.

3. 左、右极限

在定义 2.5 中，当 x 从 x_0 点的右侧无限接近 x_0 但又不等于 x_0 时，$f(x)$ 的极限值 A，称为 $f(x)$ 在 x_0 点的**右极限**，即 $\lim\limits_{x \to x_0^+} f(x) = A$，记为 $f(x_0 + 0) = A$；当 x 从 x_0 点的左侧无限接近 x_0 但又不等于 x_0 时，$f(x)$ 的极限值 A，称为 $f(x)$ 在 x_0 点的**左极限**，即 $\lim\limits_{x \to x_0^-} f(x) = A$，

⊖　$\lim\limits_{x \to 1^+} e^{\frac{1}{x-1}} = +\infty$ 只是一种记法，它表示 $x \to 1^+$ 时，$e^{\frac{1}{x-1}}$ 发散为 $+\infty$，不能说 $x \to 1^+$ 时，$e^{\frac{1}{x-1}}$ 极限存在为 $+\infty$.

记为 $f(x_0-0)=A$. 左、右极限统称为**单侧极限**.

特别地,如果将 ∞ 视为一个特殊的"无穷远点",称 $\lim\limits_{x\to+\infty}f(x)=A$ 为 $f(x)$ 在无穷远点的右极限,$\lim\limits_{x\to-\infty}f(x)=A$ 为 $f(x)$ 在无穷远点的左极限.

定理 2.5

$$\lim_{x\to\infty}f(x)=A\Leftrightarrow\lim_{x\to+\infty}f(x)=\lim_{x\to-\infty}f(x)=A.$$

$$\lim_{x\to x_0}f(x)=A\Leftrightarrow\lim_{x\to x_0^+}f(x)=\lim_{x\to x_0^-}f(x)=A.$$

由定义 2.4 和 2.5 可知,上述定理显然成立. 可见,函数在某个极限过程下,**极限存在的充要条件是左、右极限存在且相等**. 这个结论不仅可以用来判断函数极限的存在性,而且可以用来分析分段函数在分界点处的极限情况.

例 2.5 证明极限 $\lim\limits_{x\to0}\dfrac{|x|}{x}$ 不存在.

证明 因为 $\lim\limits_{x\to0^+}\dfrac{|x|}{x}=\lim\limits_{x\to0^+}\dfrac{x}{x}=1$,$\lim\limits_{x\to0^-}\dfrac{|x|}{x}=\lim\limits_{x\to0^-}\dfrac{-x}{x}=-1$. 左、右极限存在但不相等,所以 $\lim\limits_{x\to0}\dfrac{|x|}{x}$ 不存在.

例 2.6 设函数 $f(x)=\begin{cases}1-x, & x<0, \\ x^2+1, & x\geqslant0,\end{cases}$ $f(x)$ 在 $x=0$ 点处的极限是否存在?

解 $\lim\limits_{x\to0^-}f(x)=\lim\limits_{x\to0^-}(1-x)=1$,$\lim\limits_{x\to0^+}f(x)=\lim\limits_{x\to0^+}(x^2+1)=1$
因为 $\lim\limits_{x\to0^+}f(x)=\lim\limits_{x\to0^-}f(x)=1$.
所以,$f(x)$ 在 $x=0$ 点的极限存在并且 $\lim\limits_{x\to0}f(x)=1$.

2.2.2 函数极限的运算法则

与数列极限的四则运算类似,对于函数极限有如下运算法则.
函数极限的四则运算法则:
设函数 $f(x),g(x)$ 在 $x\to X$ 下的极限均存在,分别为 $\lim\limits_{x\to X}f(x)=A,\lim\limits_{x\to X}g(x)=B$,那么
(1) $\lim\limits_{x\to X}[Cf(x)]=C\lim\limits_{x\to X}f(x)=CA$,其中 C 是与 x 无关的常数;
(2) $\lim\limits_{x\to X}[f(x)\pm g(x)]=\lim\limits_{x\to X}f(x)\pm\lim\limits_{x\to X}g(x)=A\pm B$;
(3) $\lim\limits_{x\to X}[f(x)g(x)]=\lim\limits_{x\to X}f(x)\cdot\lim\limits_{x\to X}g(x)=AB$;
(4) 若 $\lim\limits_{x\to X}g(x)=B\neq0$,则 $\lim\limits_{x\to X}\dfrac{f(x)}{g(x)}=\dfrac{\lim\limits_{x\to X}f(x)}{\lim\limits_{x\to X}g(x)}=\dfrac{A}{B}$.

说明 为方便起见记号"$x\to X$"表示六种极限过程 $x\to x_0^+$,$x\to x_0^-$,$x\to x_0$ 以及 $x\to+\infty$,$x\to-\infty$,$x\to\infty$ 中的任意一种.

计算下列函数的极限.

$(1) \lim\limits_{x \to +\infty} \left(\sqrt{x+10} - \sqrt{x} \right)$；　　$(2) \lim\limits_{x \to 1} \left(\dfrac{x}{x-1} - \dfrac{1}{x^2-x} \right)$；

解　$(1) \lim\limits_{x \to +\infty} \left(\sqrt{x+10} - \sqrt{x} \right)$

$$= \lim\limits_{x \to +\infty} \frac{\left(\sqrt{x+10} - \sqrt{x} \right)\left(\sqrt{x+10} + \sqrt{x} \right)}{\sqrt{x+10} + \sqrt{x}}$$

$$= \lim\limits_{x \to +\infty} \frac{10}{\sqrt{x+10} + \sqrt{x}} = 0.$$

$(2) \lim\limits_{x \to 1} \left(\dfrac{x}{x-1} - \dfrac{1}{x^2-x} \right) = \lim\limits_{x \to 1} \dfrac{(x-1)(x+1)}{(x-1) \cdot x} = \lim\limits_{x \to 1} \dfrac{x+1}{x} = 2.$

计算下列函数的极限

$(1) \lim\limits_{x \to 3} \dfrac{x^2-4x+3}{x^2-9}$；　　　　$(2) \lim\limits_{x \to \infty} \dfrac{2x^3+x^2-5}{5x^3-x+4}$；

$(3) \lim\limits_{x \to \infty} \dfrac{3x+9}{2x^2+3x-6}$；　　　　$(4) \lim\limits_{x \to \infty} \dfrac{2x^2+x-2}{5x+2}$.

解　$(1) \lim\limits_{x \to 3} \dfrac{x^2-4x+3}{x^2-9} = \lim\limits_{x \to 3} \dfrac{(x-1)(x-3)}{(x+3)(x-3)} = \lim\limits_{x \to 3} \dfrac{x-1}{x+3} = \dfrac{1}{3}$；

$(2) \lim\limits_{x \to \infty} \dfrac{2x^3+x^2-5}{5x^3-x^2+4} = \lim\limits_{x \to \infty} \dfrac{2 + \dfrac{1}{x} - \dfrac{5}{x^3}}{5 - \dfrac{1}{x} + \dfrac{4}{x^3}} = \dfrac{2}{5}$；

$(3) \lim\limits_{x \to \infty} \dfrac{3x+9}{2x^2+3x-6} = \lim\limits_{x \to \infty} \dfrac{\dfrac{3}{x} + \dfrac{9}{x^2}}{2 + \dfrac{3}{x} - \dfrac{6}{x^2}} = \dfrac{0}{2} = 0$；

$(4) \lim\limits_{x \to \infty} \dfrac{2x^2+x-2}{5x+2} = \lim\limits_{x \to \infty} \dfrac{2 + \dfrac{1}{x} - \dfrac{2}{x^2}}{\dfrac{5}{x} + \dfrac{2}{x^2}} = \infty.$

观察例 2.9 中的四个极限,它们都是多项式之比的形式. 在相应极限过程下,第(1)题中的分子、分母极限均为 0,称为"$\dfrac{0}{0}$"型极限. 这种极限在计算时,可以先消去使分子、分母极限为 0 的公因式(如($x-3$)),然后再根据极限运算法则进行求解. 第(2),(3),(4)题中当 $x \to \infty$ 时,分子、分母极限均为 ∞,称为"$\dfrac{\infty}{\infty}$"型极限. 这类极限可以先通过分子、分母除以 x 的最高次幂,再求解极限.

对于 $x \to \infty$ 时,多项式之比的极限,有如下结论:

$$\lim\limits_{x \to \infty} \frac{a_0 x^m + a_1 x^{m-1} + \cdots + a_m}{b_0 x^n + b_1 x^{n-1} + \cdots + b_n} = \begin{cases} 0, & m < n, \\ \dfrac{a_0}{b_0}, & m = n\,(a_0 b_0 \neq 0), \\ \infty, & m > n. \end{cases}$$

除四则运算外,函数还可以进行复合运算.

定理 2.6　（**复合函数的极限法则**）　若 $\lim\limits_{x\to x_0}g(x)=A$,并且当 $x\neq x_0$ 时,$g(x)\neq A$,又 $\lim\limits_{u\to A}f(u)=B$,则复合函数 $f[g(x)]$ 有

$$\lim\limits_{x\to x_0}f[g(x)]=B.$$

根据复合函数的极限法则,可以利用函数极限求数列极限.

定理 2.7　如果 $\lim\limits_{x\to +\infty}f(x)=A$,那么数列极限 $\lim\limits_{n\to\infty}f(n)=A$.

进一步地,复合函数的极限还有下面的关系:

定理 2.8　复合函数 $f[g(x)]$,令 $u=g(x)$,若 $f(u)$ 在 A 处有定义,且 $f(A)=B$,又 $\lim\limits_{x\to x_0}g(x)=A$,$\lim\limits_{u\to A}f(u)=B$,则 $\lim\limits_{x\to x_0}f[g(x)]=\lim\limits_{u\to A}f(u)=B=f(A)=f[\lim\limits_{x\to x_0}g(x)]$ 可见,在上述条件下,极限符号 "lim" 和函数 "f" 可以互换.

例 2.9　求极限 $\lim\limits_{x\to\frac{\pi}{2}}\sin\left(x-\dfrac{\pi}{4}\right)$

解　$\lim\limits_{x\to\frac{\pi}{2}}\sin\left(x-\dfrac{\pi}{4}\right)=\sin\left(\dfrac{\pi}{2}-\dfrac{\pi}{4}\right)=\dfrac{\sqrt{2}}{2}.$

注意　定理 2.6 是用变量替换求极限的理论基础,在极限 $\lim\limits_{x\to x_0}f[g(x)]$ 中令 $u=g(x)$,$x\to x_0$ 时,$u\to A$,则

$$\lim\limits_{x\to x_0}f[g(x)]=\lim\limits_{u\to A}f(u)=B.$$

思考　定理 2.6 中,条件 $x\neq x_0$ 时,$g(x)\neq A$ 是否能省去,为什么?

2.2.3　函数极限的性质

性质 2.4　（**唯一性**）　若极限 $\lim\limits_{x\to X}f(x)$ 存在,则极限值必唯一.

性质 2.5　（**局部有界性**）　若 $\lim\limits_{x\to X}f(x)=A$,则 $f(x)$ 在 $x\to X$ 所允许的某一邻域内有界.

以 $\lim\limits_{x\to x_0}f(x)=A$ 为例,局部有界性是指:存在 $M>0$,使得对任意的 $x\in\mathring{U}(x_0,\delta)$,有 $|f(x)|\leqslant M$. 以下我们给出简单证明.

因为 $\lim\limits_{x\to x_0}f(x)=A$,则对任意 $\varepsilon>0$,存在 $\delta>0$,当 $0<|x-x_0|<\delta$ 时,有 $|f(x)-A|<\varepsilon$. 不妨设 $\varepsilon=1$,则 $|f(x)|<|A|+1$. 取 $M=|A|+1$,则在 $0<|x-x_0|<\delta$ 内 $f(x)$ 满足 $|f(x)|\leqslant M$. 局部有界性得证.

性质 2.6　（**局部保号性**）　若 $\lim\limits_{x\to X}f(x)=A$,$\lim\limits_{x\to X}g(x)=B$,并且在极限过程 $x\to X$ 所允许的某一邻域内满足 $f(x)\geqslant g(x)$,则 $A\geqslant B$.

由该性质可得以下结论:

结论 3　设 $\lim\limits_{x\to X}f(x)=A$,如果在 $x\to X$ 所允许的某一邻域内有 $f(x)\geqslant B$（或 $f(x)\leqslant B$）,则在该邻域内有 $A\geqslant B$（或 $A\leqslant B$）.

结论 4　设 $\lim\limits_{x\to X}f(x)=A$,并且 $A>B$（或 $A<B$）,则在 $x\to X$ 所

26

允许的某一邻域内满足 $f(x)>B$(或 $f(x)<B$).

2.2.4 两个重要极限

在介绍函数的两个重要极限之前,我们先给出函数极限的夹逼定理. 这个定理在接下来的两个重要极限的证明中将会用到.

定理 (函数极限的夹逼定理) 若在极限过程 $x \to X$ 所允许的某一邻域内,函数 $f(x), g(x), h(x)$ 满足不等式

$$g(x) \leqslant f(x) \leqslant h(x),$$

并且

$$\lim_{x \to X} g(x) = \lim_{x \to X} h(x) = A,$$

则

$$\lim_{x \to X} f(x) = A.$$

重要极限一:
$$\boxed{\lim_{x \to 0} \frac{\sin x}{x} = 1}$$

证明 先证 $\lim\limits_{x \to 0^+} \dfrac{\sin x}{x} = 1$.

如图 2-3 所示,作单位圆,圆心 O 位于原点. 圆心角 $\angle AOB = x$. $(0 < x < \dfrac{\pi}{2})$. 作单位圆的切线 AC,得 $\triangle AOC$. 连接 AB,作 $\triangle AOB$ 的高线 BD. 由图 2-3 可以看出:

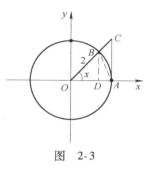

图 2-3

$\triangle AOB$ 的面积 < 扇形 AOB 的面积 $\angle$ $\triangle AOC$ 的面积.

而

$$\triangle AOB \text{ 的面积} = \frac{1}{2} OA \cdot BD = \frac{1}{2} \sin x;$$

$$\text{扇形 } AOB \text{ 的面积} = \frac{1}{2} OA^2 \cdot x = \frac{1}{2} x;$$

$$\triangle AOC \text{ 的面积} = \frac{1}{2} OA \cdot AC = \frac{1}{2} \tan x.$$

所以

$$\frac{1}{2} \sin x < \frac{1}{2} x < \frac{1}{2} \tan x,$$

从而

$$\sin x < x < \tan x,$$

即

$$1 < \frac{x}{\sin x} < \frac{1}{\cos x},$$

进而有

$$\cos x < \frac{\sin x}{x} < 1.$$

因为 $\lim\limits_{x \to 0^+} \cos x = 1$,由夹逼定理得

$$\lim_{x \to 0^+} \frac{\sin x}{x} = 1.$$

下面再证 $\lim\limits_{x \to 0^-} \dfrac{\sin x}{x} = 1$

令 $x = -t$,当 $x \to 0^-$ 时,$t \to 0^+$. 于是

$$\lim_{x\to 0^-}\frac{\sin x}{x}=\lim_{t\to 0^+}\frac{\sin(-t)}{-t}=\lim_{t\to 0^+}\frac{\sin t}{t}=1$$

所以
$$\lim_{x\to 0}\frac{\sin x}{x}=1.$$

$\lim\limits_{x\to 0}\dfrac{\sin x}{x}=1$ 为重要极限，原因在于很多极限都可以由它求出.

根据复合函数的极限法则，重要极限有一般形式：
$$\lim_{u(x)\to 0}\frac{\sin u(x)}{u(x)}=0.$$

例2.10 求下列极限

$(1)\lim\limits_{x\to 0}\dfrac{\sin kx}{x}$; $\qquad(2)\lim\limits_{x\to 0}\dfrac{\tan x}{x}$;

$(3)\lim\limits_{x\to 0}\dfrac{\tan 5x}{\sin x}$; $\qquad(4)\lim\limits_{x\to 0}\dfrac{\arcsin x}{x}$;

$(5)\lim\limits_{x\to 0}\dfrac{\arctan x}{x}$; $\qquad(6)\lim\limits_{x\to 0}\dfrac{1-\cos x}{x^2}$.

解 $(1)\lim\limits_{x\to 0}\dfrac{\sin kx}{x}=\lim\limits_{x\to 0}k\cdot\dfrac{\sin kx}{kx}=k\cdot\lim\limits_{x\to 0}\dfrac{\sin kx}{kx}=k.$

$(2)\lim\limits_{x\to 0}\dfrac{\tan x}{x}=\lim\limits_{x\to 0}\dfrac{\sin x}{\cos x}\cdot\dfrac{1}{x}=\lim\limits_{x\to 0}\dfrac{\sin x}{x}\cdot\lim\limits_{x\to 0}\dfrac{1}{\cos x}=1.$

$(3)\lim\limits_{x\to 0}\dfrac{\tan 5x}{\sin x}=\lim\limits_{x\to 0}\dfrac{\sin 5x}{\cos 5x\cdot\sin x}=$

$\qquad\lim\limits_{x\to 0}\left(\dfrac{\sin 5x}{5x}\cdot\dfrac{x}{\sin x}\cdot 5\cdot\dfrac{1}{\cos 5x}\right)=5.$

(4)令 $t=\arcsin x$，则 $x=\sin t$，因此
$$\lim_{x\to 0}\frac{\arcsin x}{x}=\lim_{t\to 0}\frac{t}{\sin t}=1.$$

(5)令 $t=\arctan x$，则 $x=\tan t$，因此
$$\lim_{x\to 0}\frac{\arctan x}{x}=\lim_{t\to 0}\frac{t}{\tan t}=1.$$

$(6)\lim\limits_{x\to 0}\dfrac{1-\cos x}{x^2}=\lim\limits_{x\to 0}\dfrac{2\sin^2\frac{x}{2}}{x^2}=\dfrac{1}{2}\lim\limits_{x\to 0}\dfrac{\sin^2\frac{x}{2}}{\left(\frac{x}{2}\right)^2}=\dfrac{1}{2}\lim\limits_{x\to 0}\left(\dfrac{\sin\frac{x}{2}}{\frac{x}{2}}\right)^2=\dfrac{1}{2}.$

重要极限二： $\boxed{\lim\limits_{x\to\infty}\left(1+\dfrac{1}{x}\right)^x=\mathrm{e}}$

证明 先证 $\lim\limits_{x\to +\infty}\left(1+\dfrac{1}{x}\right)^x=\mathrm{e}.$

不妨设 $x>1$，总存在自然数 n 和 $n+1$，使得 $n\le x\le n+1$，从而有
$$\left(1+\frac{1}{n+1}\right)^n\le\left(1+\frac{1}{x}\right)^x\le\left(1+\frac{1}{n}\right)^{n+1}.$$

当 $x \to +\infty$ 时，有 $n \to \infty$. 根据数列重要极限 $\lim\limits_{n \to \infty} \left(1 + \dfrac{1}{n}\right)^n =$ e 知，

$$\lim_{n \to \infty} \left(1 + \frac{1}{n+1}\right)^n = \lim_{n \to \infty} \left(1 + \frac{1}{n+1}\right)^{n+1} \Big/ \left(1 + \frac{1}{n+1}\right) = \frac{e}{1} = e,$$

$$\lim_{n \to \infty} \left(1 + \frac{1}{n}\right)^{n+1} = \lim_{n \to \infty} \left(1 + \frac{1}{n}\right)^n \cdot \left(1 + \frac{1}{n}\right) = e \cdot 1 = e.$$

由夹逼定理得 $\lim\limits_{x \to +\infty} \left(1 + \dfrac{1}{x}\right)^x = e.$

下面再证 $\lim\limits_{x \to -\infty} \left(1 + \dfrac{1}{x}\right)^x = e.$

作变量替换，令 $x = -t$，则有 $x \to -\infty$ 时，$t \to +\infty$，从而

$$\lim_{x \to -\infty} \left(1 + \frac{1}{x}\right)^x = \lim_{t \to +\infty} \left(1 + \frac{1}{-t}\right)^{-t} = \lim_{t \to +\infty} \left(\frac{t-1}{t}\right)^{-t} = \lim_{t \to +\infty} \left(\frac{t}{t-1}\right)^t$$

$$\lim_{t \to +\infty} \left(1 + \frac{1}{t-1}\right)^{t-1} \cdot \left(1 + \frac{1}{t-1}\right) = e \cdot 1 = e.$$

综上可知

$$\lim_{x \to \infty} \left(1 + \frac{1}{x}\right)^x = e$$

根据复合函数的极限法则，该重要极限有一般形式：

$$\lim_{u(x) \to \infty} \left[1 + \frac{1}{u(x)}\right]^{u(x)} = e \ \text{或} \ \lim_{v(x) \to 0} \left[1 + v(x)\right]^{\frac{1}{v(x)}} = e,$$

例 求下列极限

(1) $\lim\limits_{x \to \infty} \left(1 - \dfrac{1}{x}\right)^x$;

(2) $\lim\limits_{x \to 0} (1 - 2x)^{\frac{1}{x}}$;

(3) $\lim\limits_{x \to \infty} \left(\dfrac{x+a}{x-a}\right)^x$（$a$ 为非零常数）;

(4) $\lim\limits_{x \to a} \dfrac{\ln x - \ln a}{x - a}$（$a > 0$）.

解 (1) $\lim\limits_{x \to \infty} \left(1 - \dfrac{1}{x}\right)^x = \lim\limits_{x \to \infty} \left\{\left[1 + \left(-\dfrac{1}{x}\right)\right]^{-x}\right\}^{-1} = \dfrac{1}{e}$

(2) $\lim\limits_{x \to 0} (1 - 2x)^{\frac{1}{x}} = \lim\limits_{x \to 0} \left\{\left[1 + (-2x)\right]^{-\frac{1}{2x}}\right\}^{-2} = e^{-2}$

(3) $\lim\limits_{x \to \infty} \left(\dfrac{x+a}{x-a}\right)^x = \lim\limits_{x \to \infty} \left(\dfrac{x-a+2a}{x-a}\right)^x = \lim\limits_{x \to \infty} \left(1 + \dfrac{2a}{x-a}\right)^x$

$\qquad = \lim\limits_{x \to \infty} \left(1 + \dfrac{2a}{x-a}\right)^{\frac{x-a}{2a} \cdot 2a} \cdot \left(1 + \dfrac{2a}{x-a}\right)^a = e^{2a} \cdot 1 = e^{2a}$

(4) $\lim\limits_{x \to a} \dfrac{\ln x - \ln a}{x - a} = \lim\limits_{x \to a} \dfrac{\ln \frac{x}{a}}{x - a} = \lim\limits_{x \to a} \dfrac{1}{x - a} \ln \left(1 + \dfrac{x - a}{a}\right)$

$\qquad = \lim\limits_{x \to a} \ln \left(1 + \dfrac{x-a}{a}\right)^{\frac{1}{x-a}} = \lim\limits_{x \to a} \ln \left(1 + \dfrac{x-a}{a}\right)^{\frac{a}{x-a} \cdot \frac{1}{a}} = \ln e^{\frac{1}{a}} = \dfrac{1}{a}$

练习 2. 2

1. 计算下列极限

(1) $\lim\limits_{x\to 0}\dfrac{x^2+x}{x^3-x^2-2x}$;

(2) $\lim\limits_{x\to 0}\dfrac{\sqrt{1+x}-1}{x}$;

(3) $\lim\limits_{x\to 1}\left(\dfrac{1}{1-x}-\dfrac{3}{1-x^3}\right)$;

(4) $\lim\limits_{x\to\infty}(\sqrt{x^2+1}-\sqrt{x^2-1})$;

(5) $\lim\limits_{x\to\infty}\dfrac{3x^2+2x+1}{5x^2-x+2}$;

(6) $\lim\limits_{x\to -1}\dfrac{x+x^3+2}{x+1}$.

2. 设 $f(x)=\begin{cases}\sqrt{2x+7}, & 0<x\leqslant 1\\ a+\ln\sqrt{x}, & x>1\end{cases}$, 已知 $\lim\limits_{x\to 1}f(x)$ 存在, 求 a 的值.

3. 设函数 $f(x)=\begin{cases}e^{\frac{1}{x}}, & x<0,\\ 0, & x=0,\\ 2x-1, & 0<x\leqslant 3,\\ \dfrac{1}{x-3}, & x>3,\end{cases}$ 分别讨论函数在 $x=0$ 点及 $x=3$ 点处的极限是否存在, 若存在求极限值.

4. 计算下列函数的极限

(1) $\lim\limits_{x\to 1}\dfrac{\sin(x^2-1)}{x-1}$;

(2) $\lim\limits_{x\to 0}\dfrac{3x-\sin x}{5x+\sin x}$;

(3) $\lim\limits_{x\to 0}\dfrac{\sin(\sin x)}{x}$;

(4) $\lim\limits_{x\to 0}\dfrac{\tan x-\sin x}{\sin^3 x}$;

(5) $\lim\limits_{x\to 0}\left(1-\dfrac{3}{\sqrt{x}}\right)^{3\sqrt{x}}$;

(6) $\lim\limits_{x\to\frac{\pi}{2}}(1+\cot x)^{\tan x}$.

2.3 无穷大量与无穷小量

在求函数 $f(x)$ 极限的过程中, 当自变量 $x\to X$ 时, 函数值的变化趋势是我们关注的重点. 在这里, 有两种趋势具有特殊意义, 它们是无穷大和无穷小, 即函数在极限过程 $x\to X$ 下, 分别以 "∞" 和 "0" 为极限. 本节我们讨论以 "∞" 和 "0" 为极限的函数 $f(x)$ 及其性质.

2.3.1 无穷大量与无穷小量的概念及运算性质

为方便起见, 我们仍用记号 $x\to X$ 表示函数 $f(x)$ 的六种极限过程中的任意一种.

定义 2.6 对于函数 $f(x)$, 若 $\lim\limits_{x\to X}|f(x)|=+\infty$, 则称 $f(x)$ 为极限过程 $x\to X$ 下的**无穷大量**. 特别地, 若 $\lim\limits_{x\to X}f(x)=+\infty$, 称 $f(x)$

为极限过程 $x \to X$ 下的**正无穷大量**;若 $\lim\limits_{x \to X} f(x) = -\infty$,则称 $f(x)$ 为极限过程 $x \to X$ 下的**负无穷大量**.

例如,数列 $\{\sqrt{n}\}$,$\{n!\}$ 都是极限过程 $n \to \infty$ 下的无穷大量;函数 $\dfrac{1}{x}$ 是极限过程 $x \to 0$ 下的无穷大量;$\ln x$ 是极限过程 $x \to 0^+$ 下的无穷大量.

对于函数 $f(x)$,若 $\lim\limits_{x \to X} f(x) = 0$,则称 $f(x)$ 为极限过程 $x \to X$ 下的**无穷小量**. 记为

$$f(x) = o(1) \quad (x \to X).$$

例如,数列 $\left\{\dfrac{(-1)^n}{n}\right\}$,$\left\{\dfrac{1}{n!}\right\}$ 都是极限过程 $n \to \infty$ 下的无穷小量;函数 $\dfrac{1}{x}$ 是极限过程 $x \to \infty$ 时的无穷小量;函数 $\sin x$ 是极限过程 $x \to 0$ 时的无穷小量.

由定义 2.6 和定义 2.7,可以很自然地得到无穷大量与无穷小量之间的关系.

在同一极限过程中,若 $f(x)$ 为无穷大量,则 $\dfrac{1}{f(x)}$ 为无穷小量;若 $f(x)$ 为无穷小量,并且 $f(x) \neq 0$,则 $\dfrac{1}{f(x)}$ 为无穷大量.

例如: $\lim\limits_{x \to 1} \dfrac{1}{x-1} = \infty$,那么 $\lim\limits_{x \to 1} (x-1) = 0$. 即 $\dfrac{1}{x-1}$ 为 $x \to 1$ 时的无穷大量,则 $x-1$ 为 $x \to 1$ 下的无穷小量.

由定理 2.10 可知,关于无穷大量的问题都可转化为无穷小量来讨论. 因此,以下我们仅给出无穷小量的相关性质.

$\lim\limits_{x \to X} f(x) = A$ 的充分必要条件是 $f(x) = A + o(1)$ $(x \to X)$

证明　必要性. 由于 $\lim\limits_{x \to X} f(x) = A$,则 $\lim\limits_{x \to X} [f(x) - A] = 0$,即 $f(x) - A = o(1)(x \to X)$,从而有 $f(x) = A + o(1)(x \to X)$. 必要性得证.

充分性. 由于 $f(x) = A + o(1)(x \to X)$,即 $f(x) - A = o(1)(x \to X)$,那么 $\lim\limits_{x \to X} [f(x) - A] = 0$,从而有 $\lim\limits_{x \to X} f(x) = A$. 充分性得证.

在同一极限过程中,有限个无穷小量的代数和仍是无穷小量.

证明　仅就 $x \to \infty$ 时的情形加以证明. 设 $f(x) = o(1)$,$g(x) = o(1)(x \to \infty)$,即 $\lim\limits_{x \to \infty} f(x) = \lim\limits_{x \to \infty} g(x) = 0$. 所以,对任意 $\varepsilon > 0$,存在 X_1,X_2,当 $|x| > X_1$ 时有 $|f(x)| < \dfrac{\varepsilon}{2}$;当 $|x| > X_2$ 时,有 $|g(x)| < \dfrac{\varepsilon}{2}$. 取 $X = \max\{X_1, X_2\}$,当 $|x| > X$ 时,有

注意　由无穷大量的定义及上述举例可知

(1)无穷大量是变量,不能与很大的数(常量)混淆;

(2)对无穷大量的讨论必须指明极限过程(比如 $\dfrac{1}{x}$ 是 $x \to 0$ 时的无穷大量,但在 $x \to \infty$ 时,极限值为 0);

(3)无穷大量一定是相应极限过程下的无界变量(由定义 2.6 可知),但是无界变量未必是无穷大量.(反例请扫二维码).

注意　由无穷小量的定义及上述举例可知

(1)无穷小量不能与很小的数混淆;

(2)对无穷小量的讨论必须指明极限过程,脱离极限过程讨论某个函数是否是无穷小量没有意义.

$$|f(x) \pm g(x)| \leq |f(x)| + |g(x)| < \frac{\varepsilon}{2} + \frac{\varepsilon}{2} = \varepsilon$$

所以

$$f(x) \pm g(x) = o(1)(x \to \infty)$$

注意 无穷多个无穷小量的代数和未必是无穷小量.（反例请扫二维码）

定理 2.13 有界变量与无穷小量的乘积是无穷小量.

证明 设 $f(x) = o(1)(x \to X)$，$g(x)$ 是 $x \to X$ 时的有界变量，即存在 $M > 0$，使得

$$|g(x)| \leq M(x \to X).$$

从而 $\qquad 0 \leq |f(x)g(x)| \leq M|f(x)|(x \to X)$，

由于 $\lim\limits_{x \to X} f(x) = 0$，从而 $\lim\limits_{x \to X} M|f(x)| = 0$，由夹逼定理可知

$$\lim\limits_{x \to X} |f(x)g(x)| = 0.$$

因此 $f(x)g(x) = o(1)(x \to X)$

例如：$\lim\limits_{x \to 0} x\sin\frac{1}{x} = 0$，由于 $x \to 0$ 时，x 是无穷小量，$\sin\frac{1}{x}$ 是有界变量.

$$\lim\limits_{n \to \infty} \frac{\sin n!}{n} = 0，是由于 n \to \infty 时，\frac{1}{n} 是无穷小量，\sin n! 为有界变量.$$

思考 有界变量与无穷大量的乘积是无穷大量吗？（答案参见二维码）

2.3.2 无穷大量与无穷小量阶的比较

观察以下极限

$$\lim\limits_{x \to \infty} \frac{x^2}{x^3} = 0，\lim\limits_{x \to \infty} \frac{x^3}{x^2} = \infty，\lim\limits_{x \to \infty} \frac{3x}{x} = 3$$

上述三个极限在 $x \to \infty$ 时，x^3, x^2, x 及 $3x$ 均为无穷大量，但是它们比值的极限却不相同. 原因在于，它们在趋向于"∞"时速度"快慢"不同. 为了描述无穷大量和无穷小量分别趋向于 ∞ 和 0 的"快慢"程度，给出下述定义.

定义 2.8 设 $\lim\limits_{x \to X} f(x) = \infty$，$\lim\limits_{x \to X} g(x) = \infty$，那么

（1）若 $\lim\limits_{x \to X} \frac{f(x)}{g(x)} = 0$，则称 $f(x)$ 是 $g(x)$ 的低阶无穷大量，记作 $f(x) = o(g(x))(x \to X)$；

（2）若 $\lim\limits_{x \to X} \frac{f(x)}{g(x)} = \infty$，则称 $f(x)$ 是 $g(x)$ 的高阶无穷大量；

（3）若 $\lim\limits_{x \to X} \frac{f(x)}{g(x)} = C(C \neq 0)$，则称 $f(x)$ 是 $g(x)$ 的同阶无穷大量；

特别地，若 $\lim\limits_{x \to X} \frac{f(x)}{g(x)} = 1$，则称 $f(x)$ 是 $g(x)$ 的等价无穷大量，记作 $f(x) \sim g(x)(x \to X)$.

例如，$\lim\limits_{x \to \infty} x^2 + x = \infty$，$\lim\limits_{x \to \infty} 2x^2 + 5x = \infty$，$\lim\limits_{x \to \infty} x^3 + 3x = \infty$，并且有

$\lim\limits_{x \to \infty} \frac{x^2 + x}{x^3 + 3x} = 0$，$\lim\limits_{x \to \infty} \frac{2x^2 + 5}{x^2 + x} = 2$. 因此，$x^2 + x$ 是 $x^3 + 3x$ 在 $x \to \infty$ 时的

低阶无穷大量,$x^3 + 3x$ 是 $x^2 + x$ 在 $x \to \infty$ 时的高阶无穷大量,即 $x^2 + x = o(x^3 + 3x)(x \to \infty)$. $2x^2 + 5$ 与 $x^2 + x$ 是 $x \to \infty$ 时的同阶无穷大量.

设 $\lim\limits_{x \to X} f(x) = 0$,$\lim\limits_{x \to X} g(x) = 0$,且 $g(x) \neq 0$,那么

（1）若 $\lim\limits_{x \to X} \dfrac{f(x)}{g(x)} = 0$,则称 $f(x)$ 是 $g(x)$ 的高阶无穷小量,记作 $f(x) = o(g(x))(x \to X)$;

（2）若 $\lim\limits_{x \to X} \dfrac{f(x)}{g(x)} = \infty$,则称 $f(x)$ 是 $g(x)$ 的低阶无穷小量;

（3）若 $\lim\limits_{x \to X} \dfrac{f(x)}{g(x)} = C(C \neq 0)$,则称 $f(x)$ 是 $g(x)$ 的同阶无穷小量;特别地,若 $\lim\limits_{x \to X} \dfrac{f(x)}{g(x)} = 1$,则称 $f(x)$ 是 $g(x)$ 的等价无穷小量,记作 $f(x) \sim g(x)(x \to X)$.

例如:$\lim\limits_{x \to 0} \dfrac{x^2}{x} = 0$,则 x^2 是 x 在 $x \to 0$ 时的高阶无穷小量,即 $x^2 = o(x)(x \to 0)$;$\lim\limits_{x \to 0} \dfrac{\sin x}{x} = 1$,则 $\sin x$ 与 x 是 $x \to 0$ 时的等价无穷小量,即 $\sin x \sim x(x \to 0)$.

下面我们列出一些常见的等价无穷小量.

当 $x \to 0$ 时,有

（1）$x \sim \sin x \sim \tan x \sim \arcsin x \sim \arctan x$;

（2）$1 - \cos x \sim \dfrac{1}{2}x^2$;

（3）$x \sim \ln(1 + x) \sim e^x - 1$;

（4）$(1 + x)^\alpha - 1 \sim \alpha x$（$\alpha \neq 0$ 是常数）;

（5）$a^x - 1 \sim x \ln a$（$a > 0$ 且 $a \neq 1$）.

在函数极限求解的过程中,可以通过等价无穷小量的替换,将复杂函数表达式替换成与之等价的简单函数形式,但替换需符合一定条件,具体由下面定理给出:

设 $f(x)$ 与 $g(x)$ 是 $x \to X$ 时的等价无穷小量,且 $f(x) \neq 0$,如果对 $f(x)$ 有:

$$\lim_{x \to X} f(x)u(x) = A, \quad \lim_{x \to X} \frac{v(x)}{f(x)} = B,$$

那么

$$\lim_{x \to X} g(x)u(x) = A, \quad \lim_{x \to X} \frac{v(x)}{g(x)} = B.$$

证明　由于 $f(x) \sim g(x)(x \to X)$,$f(x) \neq 0$,则

$$\lim_{x \to X} g(x)u(x) = \lim_{x \to X} \left[f(x)u(x) \cdot \frac{g(x)}{f(x)} \right]$$

$$= \lim_{x \to X} f(x)u(x) \cdot \lim_{x \to X} \frac{g(x)}{f(x)} = A \cdot 1 = A;$$

$$\lim_{x \to X}\frac{v(x)}{g(x)} = \lim_{x \to X}\left[\frac{v(x)}{f(x)} \cdot \frac{f(x)}{g(x)}\right] = \lim_{x \to X}\frac{v(x)}{f(x)} \cdot \lim_{x \to X}\frac{f(x)}{g(x)} = B \cdot 1 = B.$$

上述定理表明:在乘法、除法运算中,等价无穷小量可以互相替换. 对于等价无穷大量的情形,上述结论也成立.

例 2.12 求 $\lim\limits_{x \to 0}\dfrac{\sin x}{x^3 + 3x}$ 的极限

解 由于 $\sin x \sim x\,(x \to 0)$,由定理 2.14 可知

$$\lim_{x \to 0}\frac{\sin x}{x^3 + 3x} = \lim_{x \to 0}\frac{x}{x^3 + 3x} = \frac{1}{3}.$$

例 2.13 求 $\lim\limits_{x \to 0}\dfrac{\tan x - \sin x}{\sin^3(2x)}$ 的极限

解 由于当 $x \to 0$ 时,$\sin 2x \sim 2x$,$\tan x \sim x$,$1 - \cos x \sim \dfrac{1}{2}x^2$,又

$$\tan x - \sin x = \tan x(1 - \cos x),$$

从而

注意 例 2.13 的如下求解过程是错误的.

$$\lim_{x \to 0}\frac{\tan x - \sin x}{\sin^3(2x)} = \lim_{x \to 0}\frac{\tan x(1 - \cos x)}{\sin^3(2x)} = \lim_{x \to 0}\frac{x \cdot \dfrac{1}{2}x^2}{(2x)^3} = \frac{1}{16}.$$

由于 $x \to 0$,$\sin x \sim x$,$\tan x \sim x$,$\sin^3(2x) \sim (2x)^3$,从而有

$$\lim_{x \to 0}\frac{\tan x - \sin x}{\sin^3(2x)} = \lim_{x \to 0}\frac{x - x}{(2x)^3} = 0.$$

出现上述错误的原因在于:定理 2.14 可以保证等价无穷小量的替换在乘、除运算中成立,但是在加、减运算中,等价无穷小量不可以直接替换.

例 2.14 求极限 $\lim\limits_{x \to 0}\dfrac{\tan 5x - \cos x + 1}{\sin 3x}$.

解

$$\lim_{x \to 0}\frac{\tan 5x - \cos x + 1}{\sin 3x} = \lim_{x \to 0}\frac{\tan 5x}{\sin 3x} + \lim_{x \to 0}\frac{1 - \cos x}{\sin 3x}$$

$$= \lim_{x \to 0}\frac{5x}{3x} + \lim_{x \to 0}\frac{\dfrac{1}{2}x^2}{3x} = \frac{5}{3}.$$

练习 2.3

1. 判断下列函数在给定的极限过程中,哪些是无穷大量,哪些是无穷小量.

(1) $f(x) = e^{\frac{1}{x}}$,当 $x \to 0^-$ 时;

(2) $f(x) = \ln x$,当 $x \to 0^+$ 时;

(3) $f(x) = \dfrac{1}{x}\sin x$,当 $x \to \infty$ 时;

(4) $f(x) = \ln x \cdot \sin\dfrac{1}{x-1}$,当 $x \to 1$ 时.

2. 求下列极限

（1）$\lim\limits_{x\to 0}\dfrac{\sin 2x}{\tan 5x}$; （2）$\lim\limits_{n\to\infty}2^n\sin\dfrac{\pi}{2^n}$;

（3）$\lim\limits_{x\to -\infty}\dfrac{\ln(1+10^x)}{9^x}$; （4）$\lim\limits_{x\to 0}\dfrac{\sin x^2}{e^{-x^2}-1}$;

（5）$\lim\limits_{x\to 0}\dfrac{(\arctan 2x)^2}{1-\cos x}$; （6）$\lim\limits_{x\to 0}\dfrac{1-\cos mx}{x^2}$;

（7）$\lim\limits_{x\to +\infty}\dfrac{\sqrt{2x+\sin x}}{\sqrt{x+\sqrt{x}}}$; （8）$\lim\limits_{x\to 2}\dfrac{\cos\dfrac{\pi}{x}}{2-\sqrt{2x}}$.

3. 已知 $\lim\limits_{x\to\infty}\left(\dfrac{x^2+x+1}{x-1}-2ax-b\right)=0$，求 a,b 的值.

4. 确定 a、b 的值，使得极限 $\lim\limits_{x\to 1}\dfrac{x^2+ax+2}{x-1}=b$ 成立.

2.4 函数的连续性

本节我们讨论函数连续的概念和性质，具体包括：函数连续的定义、函数间断点的定义和分类以及闭区间上连续函数的性质.

2.4.1 函数连续的概念

自然界有很多连续变化的量. 例如，气温随时间的连续变化；物体运动的路程随时间连续变化等. 在数学中，我们可以用极限描述函数的连续变化.

（函数在一点连续） 设函数 $f(x)$ 在 x_0 点的某邻域 $\cup(x_0,\delta)$ 内有定义，如果 $\lim\limits_{x\to x_0}f(x)=f(x_0)$，则称 $f(x)$ 在 x_0 点连续.

若记自变量 x 在点 x_0 处的增量（或称改变量）为 Δx，即 $\Delta x=x+x_0$，相应的函数值增量为 $\Delta y=f(x_0+\Delta x)-f(x_0)$，则 $f(x)$ 在 x_0 点连续等价于

$$\lim\limits_{\Delta x\to 0}\Delta y=\lim\limits_{\Delta x\to 0}\left[f(x_0+\Delta x)-f(x_0)\right]=0.$$

也就是，函数 $f(x)$ 在 x_0 点连续意味着，当自变量的增量 $\Delta x\to 0$ 时，相应的函数值的增量 $\Delta y\to 0$，如图 2-4 所示.

函数 $f(x)$ 在 x_0 点连续的几何意义是：函数 $f(x)$ 的曲线在点 x_0 处"不断开".

（函数在一点左、右连续） 设函数 $f(x)$ 在 x_0 点的某领域 $\cup(x_0,\delta)$ 内有定义，如果

$$\lim\limits_{x\to x_0^-}f(x)=f(x_0),$$

则称函数 $f(x)$ 在 x_0 点**左连续**；如果

注意 函数 $f(x)$ 在 x_0 点连续的定义包含以下三个条件：

（1）$f(x)$ 在 x_0 点有定义，即 $f(x_0)$ 有意义；

（2）极限 $\lim\limits_{x\to x_0}f(x)$ 存在；

（3）在 x_0 点的极限值等于该点的函数值，即

$$\lim\limits_{x\to x_0}f(x)=f(x_0).$$

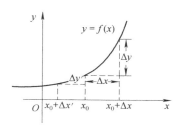

图 2-4

$$\lim_{x \to x_0^+} f(x) = f(x_0).$$

则称函数 $f(x)$ 在 x_0 点**右连续**.

由定理 2.5 可知,函数 $f(x)$ 在 x_0 点连续的充要条件,可由下述定理给出.

定理 2.15 函数 $f(x)$ 在点 x_0 处连续 $\Leftrightarrow f(x)$ 在点 x_0 处既左连续又右连续.

有了函数在一点连续的定义,我们很容易得到函数 $f(x)$ 在区间上连续的概念.

定义 2.12 (**函数在区间连续**) 如果函数 $f(x)$ 在开区间 (a,b) 内每一点处都连续,则称 $f(x)$ 在开区间 (a,b) 内连续. 如果函数 $f(x)$ 在开区间 (a,b) 内连续,并且在左端点 a 处右连续,在右端 b 处左连续,即 $\lim\limits_{x \to a^+} f(x) = f(a)$,$\lim\limits_{x \to b^-} f(x) = f(b)$,则称函数 $f(x)$ 在闭区间 $[a,b]$ 上连续.

例 2.15 讨论函数 $f(x) = \begin{cases} \cos x, & x < 0, \\ 1, & x = 0, \\ 1 + e^{-\frac{1}{x}}, & x > 0 \end{cases}$

在点 $x = 0$ 处的连续性.

解 由于

$$\lim_{x \to 0^-} f(x) = \lim_{x \to 0^-} \cos x = 1 = f(0),$$

$$\lim_{x \to 0^+} f(x) = \lim_{x \to 0^+} \left(1 + e^{-\frac{1}{x}}\right) = 1 = f(0).$$

所以由定理 2.15 知 $f(x)$ 在点 $x = 0$ 处连续.

例 2.16 设函数 $f(x) = \begin{cases} bx^2, & 0 \leqslant x < 1, \\ 1, & x = 1, \\ a - x, & 1 < x \leqslant 2. \end{cases}$ 当 a, b 取何值

时,函数 $f(x)$ 在 $x = 1$ 处连续.

解 有题意知

$$f(1) = 1,$$

$$\lim_{x \to 1^+} f(x) = \lim_{x \to 1^+} (a - x) = a - 1,$$

$$\lim_{x \to 1^-} f(x) = \lim_{x \to 1^-} bx^2 = b,$$

若 $f(x)$ 在 $x = 1$ 处连续,则有

$$a - 1 = b = 1.$$

所以当 $a = 2, b = 1$ 时函数在 $x = 1$ 处连续.

以下给出函数连续的一些基本性质.

性质 2.7 (**函数四则运算的连续性**) 设函数 $f(x)$ 和 $g(x)$ 在点 x_0 处连续,那么

(1) $Cf(x)$,$Cg(x)$(C 为常数)在 x_0 点处连续;

(2) $f(x) \pm g(x)$ 在点 x_0 处连续;

(3) $f(x)g(x)$ 在点 x_0 处连续;

(4) $\dfrac{f(x)}{g(x)}$ 在点 x_0 处连续($g(x_0) \neq 0$).

对于区间上的连续函数上述四则运算的连续性依然成立.

（复合函数的连续性） 设函数 $u = g(x)$ 在 x_0 点连续,函数 $y = f(u)$ 在点 $u_0 = g(x_0)$ 处连续,则复合函数 $y = f[g(x)]$ 在点 x_0 处连续.

（连续函数的保号性） 若函数 $f(x)$ 在点 x_0 处连续,并且 $f(x_0) > 0$(或 $f(x_0) < 0$),则存在 x_0 点的 δ 邻域 $\cup(x_0, \delta)$,使得对任意 $x \in \cup(x_0, \delta)$,有 $f(x) > 0$(或 $f(x) < 0$).

思考 性质 2.8 与定理 2.8 有何区别与联系?

（反函数的连续性） 若函数 $y = f(x)$ 在闭区间 $[a, b]$ 上连续,且严格单调递增(或严格单调递减),记 $f(a) = \alpha$,$f(b) = \beta$,则函数 $y = f(x)$ 在 $[a, b]$ 上存在反函数 $y = f^{-1}(x)$,并且反函数 $y = f^{-1}(x)$ 在 $[\alpha, \beta]$(或 $[\beta, \alpha]$)上也连续.

综合上述性质,我们可以得出下述定理.

基本初等函数和初等函数都在其定义区间内连续.

求极限 $\lim\limits_{x \to 0}(\cos x)^{\frac{1}{x^2}}$

注意 基本初等函数和初等函数在其定义区间端点处的连续是指相应的单侧连续.

解 函数 $(\cos x)^{\frac{1}{x^2}}$ 为幂指函数,可转化为初等函数 $e^{\frac{1}{x^2}\ln\cos x}$. 由定理 2.16 知

$$\lim_{x \to 0}(\cos x)^{\frac{1}{x^2}} = \lim e^{\frac{1}{x^2}\ln\cos x} = e^{\lim\limits_{x \to 0}\frac{\ln\cos x}{x^2}}$$

由于 $x \to 0$ 时 $\ln(1+x) \sim x$,从而 $x \to 0$ 时 $\ln(1 + \cos x - 1) \sim \cos x - 1$,所以

$$\lim_{x \to 0}\frac{\ln\cos x}{x^2} = \lim_{x \to 0}\frac{\ln(1 + \cos x - 1)}{x^2} = \lim_{x \to 0}\frac{\cos x - 1}{x^2} = -\frac{1}{2},$$

可知

$$\lim_{x \to 0}(\cos x)^{\frac{1}{x^2}} = e^{-\frac{1}{2}}.$$

2.4.2 函数的间断点

（间断点） 设函数 $f(x)$ 在 x_0 点的某一去心邻域 $\overset{\circ}{\cup}(x_0, \delta)$ 内有定义,如果出现下列情形之一:

(1) 函数 $f(x)$ 在 x_0 点没有定义;

(2) 函数 $f(x)$ 在 x_0 点有定义,但是极限 $\lim\limits_{x \to x_0}f(x)$ 不存在;

(3) 函数 $f(x)$ 在 x_0 点有定义,并且极限 $\lim\limits_{x \to x_0}f(x)$ 存在,但

$$\lim_{x \to x_0}f(x) \neq f(x_0),$$

则称函数 $f(x)$ 在点 x_0 间断（或不连续），称 x_0 点为函数 $f(x)$ 的**间断点（或不连续点）**.

例如，$x=0$ 是函数 $f(x)=\begin{cases} 1, & x>0 \\ 0, & x=0 \\ -1, & x<0 \end{cases}$ 的间断点. 因为

$\lim\limits_{x\to 0^-}f(x)=-1$，$\lim\limits_{x\to 0^+}f(x)=1$，故 $\lim\limits_{x\to 0}f(x)$ 不存在，符合定义 2.13 第（2）种情形，所以 $f(x)$ 在 $x=0$ 处间断. 如图2-5所示，函数 $f(x)$ 的图像在 $x=0$ 处断开.

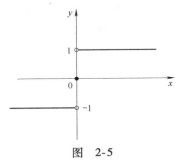

图 2-5

$x=2$ 是函数 $f(x)=\begin{cases} x-1, & x\neq 2 \\ 2, & x=2 \end{cases}$ 的间断点. 因为

$\lim\limits_{x\to 2^+}f(x)=\lim\limits_{x\to 2^+}(x-1)=1$，$\lim\limits_{x\to 2^-}f(x)=\lim\limits_{x\to 2^-}(x-1)=1$，即 $\lim\limits_{x\to 2}f(x)=1$，但 $f(2)=2$，从而 $\lim\limits_{x\to 2}f(x)\neq f(2)$，符合定义 2.13 第（3）种情形，所以 $f(x)$ 在 $x=2$ 点间断. 如图 2-6 所示.

根据间断点的具体情形，对间断点有如下分类.

第一类间断点：设 x_0 是 $f(x)$ 的间断点，如果 $\lim\limits_{x\to x_0^+}f(x)$ 和 $\lim\limits_{x\to x_0^-}f(x)$ 都存在，则称 x_0 为 $f(x)$ 的第一类间断点.

第一类间断点又分两种情形：

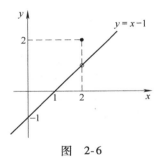

图 2-6

可去间断点：$f(x)$ 在 x_0 点的左、右极限存在且相等，但 $\lim\limits_{x\to x_0}f(x)\neq f(x_0)$ 或者 $f(x)$ 在 x_0 点没有定义，则称 x_0 为 $f(x)$ 的可去间断点；

跳跃间断点：如果 $f(x)$ 在 x_0 点的左、右极限存在但不相等，则称 x_0 为 $f(x)$ 的跳跃间断点，并且 $\left| \lim\limits_{x\to x_0^+}f(x)-\lim\limits_{x\to x_0^-}f(x) \right|$ 称为 $f(x)$ 在 x_0 点处的跳跃度.

例如，$x=2$ 是 $f(x)=\begin{cases} x-1, & x\neq 2 \\ 2, & x=2 \end{cases}$ 的可去间断点，因为 $\lim\limits_{x\to 2}f(x)=1\neq f(2)=2$. 但是若将函数 $f(x)$ 在 $x=2$ 处赋值为 1，则 $x=2$ 为 $f(x)$ 的连续点. 因此，对于可去间断点 x_0，如若改变 $f(x_0)$ 的值或补充 $f(x)$ 在 x_0 点的定义，则 x_0 可变为函数 $f(x)$ 的连续点.

$x=0$ 则是 $f(x)=\begin{cases} 1, & x>0 \\ 0, & x=0 \\ -1, & x<0 \end{cases}$ 的跳跃间断点，且跳跃度为 2.

第二类间断点：设 x_0 是 $f(x)$ 的间断点，如果 $\lim\limits_{x\to x_0^+}f(x)$ 和 $\lim\limits_{x\to x_0^-}f(x)$ 至少有一个不存在，则称 x_0 为 $f(x)$ 的第二类间断点. 即除去第一类间断点之外的间断点统称为第二类间断点.

第二类间断点中又有无穷间断点和振荡间断点.

无穷间断点：如果 $\lim\limits_{x\to x_0^+}f(x)=\infty$ 或 $\lim\limits_{x\to x_0^-}f(x)=\infty$，则称 x_0 是

$f(x)$ 的无穷间断点.

振荡间断点：如果 $\lim\limits_{x\to x_0}f(x)$ 振荡不存在,则称 x_0 是 $f(x)$ 的振荡间断点.

例如, $x=0$ 是函数 $f(x)=\begin{cases}\dfrac{1}{x}, & x>0 \\ x+1, & x\leq 0\end{cases}$ 的无穷间断点. 因为

$\lim\limits_{x\to 0^-}f(x)=\lim\limits_{x\to 0^-}x+1=1,\ \lim\limits_{x\to 0^+}f(x)=\lim\limits_{x\to 0^+}\dfrac{1}{x}=+\infty$,因此 $x=0$ 为 $f(x)$ 的无穷间断点.

又如, $x=0$ 是函数 $f(x)=\sin\dfrac{1}{x}$ 的振荡间断点. 因为 $f(x)$ 在 $x=0$ 处没有定义,并且 $\lim\limits_{x\to 0}\sin\dfrac{1}{x}$ 振荡不存在.

已知函数 $f(x)=\dfrac{2x^2+x-1}{(x^2-1)(1+e^{\frac{1}{x}})}$,求 $f(x)$ 的连续区间、间断点,并判断间断点的类型.

解 $f(x)$ 的定义域为 $(-\infty,-1)\cup(-1,0)\cup(0,1)\cup(1,+\infty)$. 由于初等函数在其定义域上连续,故 $(-\infty,-1)$, $(-1,0)$, $(0,1)$, $(1,+\infty)$ 均是 $f(x)$ 的连续区间.

由于在点 $x_1=-1$, $x_2=0$, $x_3=1$ 处 $f(x)$ 无意义,故 $-1,0,1$ 均为 $f(x)$ 的间断点.

对于 $x_1=-1$, $\lim\limits_{x\to -1}f(x)=\lim\limits_{x\to -1}\dfrac{2x^2+x-1}{(x^2-1)(1+e^{\frac{1}{x}})}=\dfrac{3}{2(1+\frac{1}{e})}$,故 $x_1=-1$ 是 $f(x)$ 的可去间断点;

对于 $x_2=0$, $\lim\limits_{x\to 0^+}f(x)=\lim\limits_{x\to 0^+}\dfrac{2x-1}{(x-1)(1+e^{\frac{1}{x}})}=0,\ \lim\limits_{x\to 0^-}f(x)=\lim\limits_{x\to 0^-}\dfrac{2x-1}{(x-1)(1+e^{\frac{1}{x}})}=1$,故 $x_2=0$ 是 $f(x)$ 的跳跃间断点;

对于 $x_3=1$, $\lim\limits_{x\to 1^+}f(x)=\lim\limits_{x\to 1^+}\dfrac{2x-1}{(x-1)(1+e^{\frac{1}{x}})}=+\infty$,故 $x_3=1$ 是 $f(x)$ 的无穷间断点.

2.4.3 闭区间上连续函数的性质

下面介绍闭区间上连续函数的一些基本性质. 因为有些性质的证明需要用到实数理论,所以这些性质我们略去证明.

设函数 $f(x)$ 在区间 $[a,b]$ 上有定义,如果存在 $x_0\in[a,b]$,使得对任意 $x\in[a,b]$,有 $f(x)\leq f(x_0)$ $(f(x)\geq f(x_0))$,则称 $f(x_0)$ 是函数 $f(x)$ 在区间 $[a,b]$ 上的最大值(最小值).

(**最值定理**) 设 $f(x)$ 在闭区间 $[a,b]$ 上连续,

则 $f(x)$ 在 $[a,b]$ 上有最大值 M 和最小值 m,即存在 $x_1,x_2\in[a,b]$,使得 $f(x_1)=M,f(x_2)=m$,并且 $m\leqslant f(x)\leqslant M$,对任意 $x\in[a,b]$ 都成立.

定理 2.18 (**有界性定理**) 设 $f(x)$ 在开区间 $[a,b]$ 上连续,则 $f(x)$ 在 $[a,b]$ 上有界.

显然,有界性定理可由最值定理来保证. 因为函数 $f(x)$ 在 $[a,b]$ 上的最大值 M 和最小值 m 分别是 $f(x)$ 在 $[a,b]$ 上的一个上界和一个下界.

定理 2.19 (**零点存在定理**) 设 $f(x)$ 在闭区间 $[a,b]$ 上连续,如果 $f(a)f(b)<0$,则至少存在一点 $\xi\in(a,b)$,使得 $f(\xi)=0$.

方程 $f(x)=0$ 的根又称函数 $f(x)$ 的零点,所以该定理称为零点存在定理. 定理的几何意义比较直观,如图 2-7 所示,$f(a)f(b)<0$,即 $f(a)$ 与 $f(b)$ 异号,点 $(a,f(a))$,$(b,f(b))$ 分别位于 x 轴上、下侧. 由于 $f(x)$ 连续,所以连接 $(a,f(a))$,$(b,f(b))$ 两点的连续曲线至少穿过 x 轴一次,连续曲线 $f(x)$ 与 x 轴的交点即为 $f(x)$ 的零点 ξ.

定理 2.20 (**介值定理**) 设 $f(x)$ 在闭区间 $[a,b]$ 上连续,$f(x)$ 在 $[a,b]$ 上的最大值和最小值分别为 M 和 m,则对于任意 $c\in[m,M]$,至少存在一点 $\xi\in[a,b]$,使得 $f(\xi)=c$.

该定理的几何意义为:在闭区间 $[a,b]$ 上,连续曲线 $y=f(x)$ 与水平直线 $y=c(m\leqslant c\leqslant M)$ 至少有一个交点. 如图 2-8 所示.

本定理可由最值定理和零点存在定理来证明,具体过程如下.

证明 不妨设 $m<M$,且 $x_1,x_2\in[a,b]$,有 $f(x_1)=m,f(x_2)=M$,则 $x_1\neq x_2$,设 $x_1<x_2$,则 $[x_1,x_2]\subset[a,b]$. 对任何 $c\in[m,M]$,当 $c=m$ 和 $c=M$ 时结论显然正确;当 $c\in(m,M)$ 时,令 $F(x)=f(x)-c$,这时 $F(x)$ 在 $[x_1,x_2]$ 上连续,且 $F(x_1)=m-c<0$,$F(x_2)=M-c>0$,由零点存在定理知,必有 $\xi\in(x_1,x_2)$,使得 $F(\xi)=0$,即 $f(\xi)=c$.

综上可知,对于任意 $c\in[m,M]$,至少存在 $\xi\in[a,b]$,使得
$$f(\xi)=c.$$

例 2.19 证明方程 $e^x=4x$ 在 $(-1,1)$ 内必有实根.

证明 令 $f(x)=e^x-4x$,则 $f(x)$ 在 $[-1,1]$ 上连续,且 $f(-1)=\dfrac{1}{e}+4>0$,$f(1)=e-4<0$,由零点存在定理知 $f(x)$ 在 $(-1,1)$ 内一定有零点,即方程 $e^x=4x$ 在 $(-1,1)$ 内一定有实根.

例 2.20 设 $f(x)$ 在闭区间 $[a,b]$ 上连续,且 $a<x_1<x_2<\cdots<x_n<b$,证明:至少存在一点 $\xi\in[a,b]$,使得
$$f(\xi)=\frac{f(x_1)+f(x_2)+\cdots+f(x_n)}{n}$$

证明 因为 $f(x)$ 在闭区间 $[a,b]$ 上连续,由最值定理知,$f(x)$

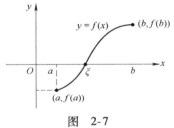

图 2-7

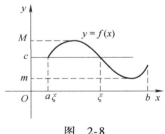

图 2-8

在$[a,b]$上存在最大值 M 和最小值 m. 又 $x_i \in (a,b)$, $i = 1,2,\cdots$, n,则

$$m \leqslant f(x_i) \leqslant M, i = 1,2,\cdots,n.$$

从而

$$m \leqslant \frac{f(x_1) + f(x_2) + \cdots + f(x_n)}{n} \leqslant M.$$

由介值定理知,至少存在一点 $\xi \in [a,b]$ 使得

$$f(\xi) = \frac{f(x_1) + f(x_2) + \cdots + f(x_n)}{n}.$$

练习 2.4

1. 计算下列函数的极限

$(1) \lim\limits_{x \to 3} \dfrac{\sqrt{x+13} - 2\sqrt{x+1}}{x^2 - 9}$;

$(2) \lim\limits_{x \to 1}\left(\dfrac{4}{1-x^4} - \dfrac{3}{1-x^3}\right)$;

$(3) \lim\limits_{x \to 1} \dfrac{\sqrt{2x+7} - 3}{\sqrt[3]{x} - 1}$;

$(4) \lim\limits_{x \to -1} \dfrac{x + x^3 + x^5 + x^7 + 4}{x + 1}$.

2. 试确定常数 a 的值,使下列函数成为连续函数:

$(1) f(x) = \begin{cases} a + x, & x \leqslant 1, \\ \ln x, & x > 1; \end{cases}$

$(2) f(x) = \begin{cases} x^2 - 5x + a, & x \geqslant 0, \\ \dfrac{\sin 3x}{2x}, & x < 0; \end{cases}$

$(3) f(x) = \begin{cases} \arctan \dfrac{1}{x-3}, & x < 3, \\ a + \sqrt{x-3}, & x \geqslant 3. \end{cases}$

3. 设 $a > 0, b < 0$,并且

$$f(x) = \begin{cases} \dfrac{\sin ax}{2x}, & x < 0 \\ 1, & x = 0 \\ (1 + bx)^{\frac{1}{x}}, & x > 0 \end{cases}$$

在 $(-\infty, +\infty)$ 内连续,求 a,b 的值.

4. 讨论下列函数的连续性,并判断其间断点的类型.

$(1) f(x) = \dfrac{\sin x}{x(x-1)}$;

$(2) f(x) = \begin{cases} \dfrac{\sin x}{x}, & x < 0, \\ x^2 - 1, & x \geqslant 0; \end{cases}$

$(3) f(x) = \cos\dfrac{1}{x}$;

$(4) f(x) = \dfrac{x^2 - 1}{x^2 - x - 2}$

5. 证明：方程 $x^5 - 3x = 1$ 在 1 与 2 之间至少有一个实根.

6. 设 $f(x) = e^x - 2$，证明至少有一点 $\xi \in (0, 2)$，使得 $e^\xi - 2 = \xi$.

7. 设 $f(x), g(x)$ 都在 $[a, b]$ 上连续，并且 $f(a) < g(a), f(b) > g(b)$，证明：在 (a, b) 内至少存在一点 ξ，使得 $f(\xi) = g(\xi)$.

8. 设 $f(x)$ 在 $[0, 1]$ 上连续，并且满足 $0 < f(x) < 1, x \in [0, 1]$. 证明：存在 $\xi \in (0, 1)$ 使得 $f(\xi) = \xi$.

9. 设 $f(x)$ 在 $[0, 1]$ 上连续，并且 $f(0) = f(1)$，证明必存在一点 $\xi \in [0, 1]$，使得 $f(\xi + \dfrac{1}{2}) = f(\xi)$.

2.5 经济应用

本节我们介绍极限与连续在经济活动中的应用：连续复利及贴现问题.

人们将本金存入银行，关注一定时间内的利息与本金的百分比，即利率. 这里的"一定时间'可以是一年，计算所得的利率为年利率，也称名义利率. 如果按月计息，假如年利率为 12%，则月利率为 1%.

利息计算方法又分为单利计息和复利计息. 所谓单利，是指原始本金所产生的利息；所谓复利，是指以本金和累计利息的和作为下一周期的本金，即已有的利息将会产生新的利息. 而连续复利，是指计息的时间间隔任意小，前期利息归入本期的本金进行重复计息.

例如，假设 A_0 是本金，年利率是 r，一年计息 n 次，则每次利率为 $\dfrac{r}{n}$，一年后的本息之和为 $A_0\left(1 + \dfrac{r}{n}\right)^n$，当 n 无限增大时，可得到连续复利下一年后的本息之和 $A(r)$ 为

$$A(r) = \lim_{n \to \infty} A_0\left(1 + \dfrac{r}{n}\right)^n = A_0 e^r.$$

可见，连续复利的情形下，一年后的本息之和为 $A(r) = A_0 e^r$.

显然 t 年之后的本息之和为 $A_t(r) = \lim\limits_{n \to \infty} A_0\left(1 + \dfrac{r}{n}\right)^{tn} = A_0 e^{tr}$. A_0 称为 $A_0 e^{tr}$ 的现值或贴现. 因此，所谓贴现指的是为了要在将来某个时间点上收取一笔资金，需要现在投入的资金数量.

例 2.21 某家庭从 1999 年 1 月 1 日起，每年元旦存入银行 1 万元，如果年利率为 5%，按连续复利计算，到 2019 年元旦，本息之和为多少？

解 2019 年元旦本息合计为 20 个 1 万元分别存了 0 至 20 年，

已知 $r = 5\%$，则

$$A(r) = 1 + e^r + e^{2r} + \cdots + e^{20r}$$

$$= \frac{1 \cdot (1 - e^{21r})}{1 - e^r} \approx 36.232,$$

因此，到 2019 年元旦本息之和约为 36.232 万元.

某保险公司开展养老保险业务，当存入 R_0 元时，t 年后可得养老金 $R(t) = R_0 e^{at}$ 元$(a > 0)$. 另外，银行存款的年利率为 r，按连续复利计息，问 t 年后的养老金的现值是多少？

解 设 t 年后养老金的现值为 A_0. 由于银行存款年利率为 r，连续复利的情况下，t 年后养老金的本息之和为 $A_0 e^{tr}$. 因此，可知 $A_0 e^{tr} = R_0 e^{at}$，即

$$A_0 = R_0 e^{t(a-r)}$$

t 年后的养老金现值为 $R_0 e^{t(a-r)}$ 元.

设年利率为 r，按连续复利计息. 为了从下一年开始，每年回收 R 万元的固定收益（无期限），现在需要投资多少万元？

解 第 n 年的收益 R 的现值为 Re^{-nr}. 因此，直至第 n 年需要的投资总和的现值为

$$R_n = Re^{-r} + Re^{-2r} + \cdots + Re^{-nr}$$

$$= Re^{-r}[1 + e^{-r} + \cdots + e^{-(n-1)r}]$$

$$= Re^{-r} \cdot \frac{1 - e^{-nr}}{1 - e^{-r}}$$

由于固定收益是无期限的，所以

$$\lim_{n \to \infty} R_n = \frac{R}{e^r - 1}$$

即现在需要投资 $\dfrac{R}{e^r - 1}$ 万元.

练习 2.5

1. 假设银行的年利率为 5%，求下列情况下 10000 元的存款产生的未来收益：

（1）以半年为期进行复利计息，10 年末的收益；

（2）以月为期进行复利计息，10 年末的收益；

（3）若以连续复利计息，10 年末的收益.

2. 假设银行的年利率为 8%，未来收益为 50000 元，求在下列情况下的现值：

（1）按半年进行复利计息，未来收益为 20 年末取得；

（2）按月进行复利计息，未来收益为 20 年末取得；

（3）按连续复利计息，未来收益为 20 年末取得.

3. 假设年利率为 6%，按连续复利计息，为了从下一年开始直

到第 10 年末，每年有固定收益 10 万元，现在需要投资多少万元？

综合习题 2

1. 求解下列极限：

$(1)\ \lim_{n\to\infty}(\sqrt{2n^2+n}-\sqrt{2}n)$；

$(2)\ \lim_{n\to\infty}\dfrac{9^n+4^{n+1}}{6^n-3^{2n-1}}$；

$(3)\ \lim_{n\to\infty}\dfrac{5n-\sin n}{3n+\cos n}$；

$(4)\ \lim_{n\to\infty}\left[\ln(3n^2+2n)-2\ln n\right]$；

$(5)\ \lim_{x\to0}\dfrac{\sqrt{x^3+1}-1}{x^3}$；

$(6)\ \lim_{x\to\infty}\left(\dfrac{x^3}{1-x^2}+\dfrac{x^2}{1+x}\right)$

$(7)\ \lim_{x\to\infty}\dfrac{x^8(1-2x)^{10}}{(3x+2)^{18}}$；

$(8)\ \lim_{x\to0}\dfrac{x\arctan x\cdot\cos\dfrac{1}{x}}{\sin x}$

$(9)\ \lim_{x\to-\infty}\dfrac{\ln(1+6^x)}{\ln(1+4^x)}$；

$(10)\ \lim_{x\to0}\dfrac{\sqrt{1-2x^2}-1}{x\ln(1-x)}$

2. 已知 $\lim_{x\to0}\left[\dfrac{f(x)-1}{x}-\dfrac{\sin x}{x^2}\right]=2$，求 $\lim_{x\to0}f(x)$.

3. 设 $\lim_{x\to\infty}(\sqrt[3]{1-x^3}-ax+b)=0$，求 a、b 的值.

4. 求极限 $\lim_{x\to\infty}\left(\dfrac{4^{\frac{1}{x}}+9^{\frac{1}{x}}}{2}\right)^x$.

5. 确定常数 a、b，使函数 $f(x)=\begin{cases}\dfrac{\tan ax}{\sin x}, & x>0,\\ 2, & x=0,\\ \dfrac{1}{bx}\ln(1+4x), & x<0\end{cases}$

为连续函数.

6. 已知当 $x\to\infty$ 时，$\dfrac{1}{ax^2+bx+c}=o\left(\dfrac{1}{x+1}\right)$，求常数 a、b、c 的值.

7. 已知 $\lim_{x\to\infty}\left[f(x)-2x+1\right]=0$，求 $\lim_{x\to\infty}\dfrac{f(x)}{x}$

8. 设 $f(x)=\dfrac{ax^2-2}{x^2+1}+3bx+5$，求 a、b 的值使得当 $x\to\infty$ 时，$f(x)$ 为无穷小量.

9. 设 $f(x)$ 在闭区间 $[a,b]$ 上连续，证明：至少存在一点 $\xi\in[a,b]$，使得

$$f(\xi)=\dfrac{pf(a)+qf(b)}{p+q}, p,q>0.$$

10. 确定 a,b 的值，使得 $f(x)=\dfrac{e^x-b}{(x-a)(x-1)}$ 有无穷间断点 $x=0$ 和可去间断点 $x=1$.

第 3 章

导数与微分

　　本章介绍微积分中微分学部分的主要内容:导数与微分. 我们将从实际问题出发,引出导数的概念并分析导数的基本性质;进而给出导数的计算方法;接着介绍由近似计算产生的与导数密切相关的微分概念及其相关性质;最后介绍导数与微分的简单应用——边际分析与弹性分析.

　　本章内容及相关知识点如下:

导数与微分	
内容	知识点
导数的概念及性质	(1)导数的定义; (2)左导数与右导数的定义; (3)函数在一点可导的充要条件; (4)可导与连续的关系; (5)导数的几何意义
导数的运算	(1)导数的四则运算法则; (2)反函数的求导法则; (3)基本初等函数的导数公式; (4)复合函数求导的链式法则; (5)隐函数求导法则; (6)取对数求导方法; (7)参数方程求导方法; (8)高阶导数的求导法则
微分及其运算	(1)微分的概念; (2)微分与导数的联系与区别; (3)微分的运算; (4)微分在近似计算中的应用
边际分析与弹性分析	(1)边际的概念; (2)边际成本、边际收益和边际利润; (3)弹性的概念; (4)需求价格弹性、供给价格弹性和需求收入弹性

3.1 导数的概念及性质

在实际问题中经常遇到一种变量相对于另一种变量的变化率,即变量增量之比的问题. 例如,变速直线运动物体的瞬时速度,曲线在某点处切线的斜率,以及经济中的边际成本、边际收益等. 从这些实际问题中可以抽象出一个数学概念——导数.

3.1.1 两个引例

1. 变速直线运动物体的瞬时速度

设某物体作变速直线运动,路程 s 和时间 t 的函数为 $s=s(t)$,如何求解物体在时刻 t_0 的瞬时速度?

该运动物体在时刻 t_0 到 $t_0+\Delta t$ 的时间段内,运动的路程记为 Δs,则 $\Delta s=s(t_0+\Delta t)-s(t_0)$,如果是匀速直线运动,那么 Δt 时间段内,物体的平均速度为

$$\bar{v}=\frac{\Delta s}{\Delta t}=\frac{s(t_0+\Delta t)-s(t_0)}{\Delta t}.$$

但是,对于变速直线运动,物体在不同时刻速度不同,那么我们如何刻画物体在 t_0 时刻的速度 $v(t_0)$ 呢? 显然,物体运动的时间间隔越小,在该时间间隔内的平均速度就越趋近于在初始时刻的瞬时速度,即 $\Delta t\to 0,\bar{v}\to v(t_0)$. 因此,物体在 t_0 时刻的瞬时速度为

$$v(t_0)=\lim_{\Delta t\to 0}\frac{\Delta s}{\Delta t}=\lim_{\Delta t\to 0}\frac{s(t_0+\Delta t)-s(t_0)}{\Delta t}.$$

2. 曲线在某点的切线斜率

如图 3-1 所示,过曲线 $y=f(x)$ 上的点 $M(x_0,y_0)$,作曲线的切线 MT,那么切线 MT 的斜率该如何求解?

过点 M 作曲线 $y=f(x)$ 的割线 MN,设 N 点坐标为 (x,y),割线 MN 的倾斜角为 φ,从而

$$\tan\varphi=\frac{\Delta y}{\Delta x}=\frac{y-y_0}{x-x_0}=\frac{f(x)-f(x_0)}{x-x_0}.$$

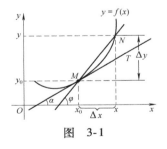

图 3-1

显然,当点 N 沿着曲线无限趋近于点 M 时,割线 MN 将无限逼近切线 MT. 此时,割线的倾斜角 φ 就逼近切线的倾斜角 α. 即当 $x\to x_0$(或 $\Delta x\to 0$)时,$\tan\varphi\to\tan\alpha$.

切线斜率 $k=\tan\alpha=\lim\limits_{\Delta x\to 0}\dfrac{\Delta y}{\Delta x}=\lim\limits_{x\to x_0}\dfrac{y-y_0}{x-x_0}=\lim\limits_{x\to x_0}\dfrac{f(x)-f(x_0)}{x-x_0}.$

上述两个例子虽然一个是物理问题(求某一时刻的瞬时速度),一个是数学问题(求曲线在某点的切线斜率),但是它们在计算方式上具有共性,即它们都表示为函数的增量与自变量增量之比,当自变量的增量趋于零时的极限. 在数学中,将这种共性抽象出来便得到导数的概念.

3.1.2 导数的概念

（导数） 设函数 $y=f(x)$ 在 x_0 点的某邻域内有定义,在该邻域内任给 x_0 的一个增量 Δx,得到函数值的增量 $\Delta y = f(x_0+\Delta x)-f(x_0)$,如果极限

$$\lim_{\Delta x\to 0}\frac{\Delta y}{\Delta x}=\lim_{\Delta x\to 0}\frac{f(x_0+\Delta x)-f(x_0)}{\Delta x}$$

存在,则称 $y=f(x)$ 在点 x_0 处可导,并称该极限值为函数 $f(x)$ 在 x_0 点的**导数**,记为 $f'(x_0)$, $y'\big|_{x=x_0}$, $\dfrac{dy}{dx}\big|_{x=x_0}$,或 $\dfrac{df(x)}{dx}\big|_{x=x_0}$.

如果极限 $\lim\limits_{\Delta x\to 0}\dfrac{\Delta y}{\Delta x}$ 不存在,则称函数 $y=f(x)$ 在点 x_0 处不可导,也称导数不存在.

导数 $f'(x_0)$ 实际是函数 $y=f(x)$ 在点 x_0 处的变化率,反映了函数值随自变量变化而变化的快慢程度. $f(x)$ 在点 x_0 处的导数也有其他表述形式,如:

$$f'(x_0)=\lim_{x\to x_0}\frac{f(x)-f(x_0)}{x-x_0};$$

$$f'(x_0)=\lim_{h\to 0}\frac{f(x_0+h)-f(x_0)}{h}.$$

（导函数） 如果函数 $y=f(x)$ 在开区间 I 内的每点处都可导,则称 $f(x)$ 在开区间 I 内可导或称 $f(x)$ 是 I 内的可导函数. 对于任意 $x_0\in I$,相应的导数 $f'(x_0)$ 随 x_0 的变化而变化,形成了一个函数关系,称其为 $y=f(x)$ 的**导函数**,用 $f'(x)$, y', $\dfrac{dy}{dx}$ 或 $\dfrac{df(x)}{dx}$ 表示. 可见

$$f'(x)=\lim_{\Delta x\to 0}\frac{f(x+\Delta x)-f(x)}{\Delta x}$$

既是求 $y=f(x)$ 在 x 点导数的公式,也是求导函数的公式.

由上述定义可知,导数的本质是极限值. 因此,根据左、右极限的概念,对于导数,有下述的左导数和右导数的定义.

（左导数、右导数） 设函数 $f(x)$ 在 x_0 点的某个邻域内有定义. 若极限 $\lim\limits_{x\to x_0^-}\dfrac{f(x)-f(x_0)}{x-x_0}$ $\left(\text{或}\lim\limits_{\Delta x\to 0^-}\dfrac{f(x_0+\Delta x)-f(x_0)}{\Delta x}\right)$ 存在,则称 $f(x)$ 在 x_0 点左可导,并称该极限值为 $f(x)$ 在 x_0 点的**左导数**,记为 $f'_-(x_0)$;若极限 $\lim\limits_{x\to x_0^+}\dfrac{f(x)-f(x_0)}{x-x_0}$ $\Big(\text{或}\lim\limits_{\Delta x\to 0^+}$ $\dfrac{f(x_0+\Delta x)-f(x_0)}{\Delta x}\Big)$ 存在,则称 $f(x)$ 在 x_0 点右可导,并称该极限值为 $f(x)$ 在 x_0 点的**右导数**,记为 $f'_+(x_0)$.

例3.1 设常函数 $y = C$,求 y'.

解 $\Delta y = f(x + \Delta x) - f(x) = C - C = 0$,所以
$$y' = \lim_{\Delta x \to 0} \frac{\Delta y}{\Delta x} = \lim_{\Delta x \to 0} \frac{C - C}{\Delta x} = 0,$$
即
$$y' = 0$$

例3.2 设函数 $y = \sin x$,求 y'.

解 $\Delta y = f(x + \Delta x) - f(x) = \sin(x + \Delta x) - \sin x =$
$2\cos\left(x + \frac{\Delta x}{2}\right)\sin\frac{\Delta x}{2}$[⊖]

所以
$$(\sin x)' = \lim_{\Delta x \to 0} \frac{2\cos\left(x + \frac{\Delta x}{2}\right)\sin\frac{\Delta x}{2}}{\Delta x} = \cos x,$$
即
$$(\sin x)' = \cos x.$$
类似地,可得 $(\cos x)' = -\sin x.$

例3.3 设函数 $y = x^{\mu} (\mu \neq 0)$,求 $(x^{\mu})'$

解 $\Delta y = (x + \Delta x)^{\mu} - x^{\mu}$

所以
$$(x^{\mu})' = \lim_{\Delta x \to 0} \frac{(x + \Delta x)^{\mu} - x^{\mu}}{\Delta x}$$
$$= x^{\mu} \lim_{\Delta x \to 0} \frac{\left(1 + \frac{\Delta x}{x}\right)^{\mu} - 1}{\Delta x}$$
$$= x^{\mu} \cdot \lim_{\Delta x \to 0} \frac{\mu \cdot \frac{\Delta x}{x}}{\Delta x}$$
$$= \mu x^{\mu - 1}$$
即
$$(x^{\mu})' = \mu x^{\mu - 1}$$

例3.4 设函数 $y = a^x (a > 0$ 且 $a \neq 1)$,求 $(a^x)'$

解 $\Delta y = f(x + \Delta x) - f(x) = a^{x + \Delta x} - a^x = a^x(a^{\Delta x} - 1)$
所以
$$y' = (a^x)' = \lim_{\Delta x \to 0} \frac{\Delta y}{\Delta x} = \lim_{\Delta x \to 0} \frac{a^x(a^{\Delta x} - 1)}{\Delta x} = a^x \ln a$$
即
$$(a^x)' = a^x \ln a$$
特别地,有 $(e^x)' = e^x$.

例3.5 设函数 $y = \log_a x (a > 0$ 且 $a \neq 1)$,求 y'.

解 $\Delta y = f(x + \Delta x) - f(x) = \log_a(x + \Delta x) - \log_a x = \log_a\left(1 + \frac{\Delta x}{x}\right),$

所以

⊖ 此处用到了三角函数"和差化积"公式: $\sin\alpha - \sin\beta = 2\cos\frac{\alpha+\beta}{2}\sin\frac{\alpha-\beta}{2}$

$$y' = (\log_a x)' = \lim_{\Delta x \to 0} \frac{\Delta y}{\Delta x} = \lim_{\Delta x \to 0} \frac{\log_a\left(1 + \frac{\Delta x}{x}\right)}{\Delta x} = \lim_{\Delta x \to 0} \frac{\frac{\Delta x}{x} \cdot \frac{x}{\Delta x} \log_a\left(1 + \frac{\Delta x}{x}\right)}{\Delta x}$$

$$= \lim_{\Delta x \to 0} \frac{\frac{\Delta x}{x} \log_a\left(1 + \frac{\Delta x}{x}\right)^{\frac{x}{\Delta x}}}{\Delta x} = \frac{\log_a e}{x} = \frac{1}{x \ln a},$$

即

$$(\log_a x)' = \frac{1}{x \ln a}.$$

特别地，
$$(\ln x)' = \frac{1}{x}.$$

上述例 3.1 至例 3.5 给出了一些基本初等函数的导函数结果，这些结果可以作为公式使用.

3.1.3　导数的相关性质

本小节,我们介绍函数在一点可导的充分必要条件,可导与连续的关系以及导数的几何意义.

函数 $f(x)$ 在 x_0 点可导的充分必要条件是左导数 $f'_-(x_0)$ 和右导数 $f'_+(x_0)$ 都存在且相等,即 $f'_-(x_0) = f'_+(x_0)$.

讨论函数 $f(x) = |x|$ 在 $x = 0$ 处的连续性和可导性.

解　由于 $\lim_{x \to 0} f(x) = \lim_{x \to 0} |x| = 0 = f(0)$,所以 $f(x) = |x|$ 在 $x = 0$ 处连续.

由左、右导数的定义知

$$f'_-(0) = \lim_{x \to 0^-} \frac{f(x) - f(0)}{x} = \lim_{x \to 0^-} \frac{|x| - 0}{x} = \lim_{x \to 0^-} \frac{-x}{x} = -1,$$

$$f'_+(0) = \lim_{x \to 0^+} \frac{f(x) - f(0)}{x} = \lim_{x \to 0^+} \frac{|x| - 0}{x} = \lim_{x \to 0^+} \frac{x}{x} = 1.$$

因为 $f'_-(0) \neq f'_+(0)$,由定理 3.1 知 $f(x) = |x|$ 在 $x = 0$ 处不可导.

可导与连续的关系由下述定理给出.

若函数 $y = f(x)$ 在点 x_0 处可导,则 $f(x)$ 必在点 x_0 处连续.

证明　设函数 $y = f(x)$ 在点 x_0 处可导,则有 $f'(x_0) = \lim_{\Delta x \to 0} \frac{\Delta y}{\Delta x}$,

由定理 2.11 可知 $\frac{\Delta y}{\Delta x} = f'(x_0) + o(1)(\Delta x \to 0)$,

即
$$\Delta y = f'(x_0)\Delta x + o(1)\Delta x(\Delta x \to 0),$$

从而
$$\lim_{\Delta x \to 0} \Delta y = \lim_{\Delta x \to 0}[f'(x_0)\Delta x + o(1)\Delta x] = 0.$$

根据连续的定义可知,函数 $y = f(x)$ 在点 x_0 处连续.

进一步地,由 3.1.1 中的第二个引例,可得**导数的几何意义**:

函数 $f(x)$ 在点 x_0 处的导数 $f'(x_0)$ 表示曲线 $y = f(x)$ 在点

注意　定理 3.2 的逆命题不成立,即若 $f(x)$ 在 x_0 点连续,$f(x)$ 不一定在 x_0 点可导. 由例 3.6 即可验证本结论. 从而有:"**可导必连续,连续未必可导**".

(x_0, y_0) 处切线的斜率，即
$$f'(x_0) = \tan\alpha.$$

由导数的几何意义可知：如果函数 $y = f(x)$ 在 x_0 点可导，得曲线 $y = f(x)$ 在点 (x_0, y_0) 处的

切线方程： $y - y_0 = f'(x_0)(x - x_0)$

法线方程： $y - y_0 = -\dfrac{1}{f'(x_0)}(x - x_0)$, $f'(x_0) \neq 0$.

例 3.7 求曲线 $y = x^3$ 在点 $(2, 8)$ 处的切线方程和法线方程.

解 $y' = (x^3)' = 3x^2$，所以曲线在点 $(2, 8)$ 处的切线斜率
$$k = y'|_{x=2} = 3 \cdot 2^2 = 12.$$

切线方程：$y - 8 = 12(x - 2)$ 即 $12x - y - 16 = 0$.

法线方程：$y - 8 = -\dfrac{1}{12}(x - 2)$ 即 $x + 12y - 98 = 0$.

例 3.8 在曲线 $y = x^3 - 3x^2$ 上找出所有这样的点：曲线在该点处的切线与直线 $y = 9x$ 平行.

解 由题意知过曲线 $y = x^3 - 3x^2$ 上点的切线斜率为 9，即
$$y' = 3x^2 - 6x = 9,$$

从而
$$x_1 = -1, \quad x_2 = 3,$$

即满足题意的点为 $(-1, -4)$ 和 $(3, 0)$.

练习 3.1

1. 用导数的定义求解下列函数的导数：

(1) $y = xe^x$；   (2) $y = \dfrac{1}{x}$；   (3) $y = x^2 - 3x + 5$.

2. 设下列各题中的 $f'(x_0)$ 均存在，求下列极限值：

(1) $\lim\limits_{h \to 0} \dfrac{f(x_0) - f(x_0 - h)}{h}$；

(2) $\lim\limits_{h \to 0} \dfrac{f(x_0 + h) - f(x_0 - 2h)}{h}$；

(3) $\lim\limits_{x \to x_0} \dfrac{f^2(x) - f^2(x_0)}{x - x_0}$；

(4) $\lim\limits_{h \to 0} \dfrac{f(x_0 + \alpha h) - f(x_0 + \beta h)}{2h}$ (α, β 为非零常数).

3. 为使函数 $f(x) = \begin{cases} x^2, & x \leq 1 \\ ax + b, & x > 1 \end{cases}$ 在点 $x = 1$ 处可导，求 a, b 的值.

4. 讨论函数 $f(x) = \begin{cases} x\sin\dfrac{1}{x}, & x \neq 0 \\ 0, & x = 0 \end{cases}$ 在 $x = 0$ 处的连续性和可导性.

5. 求曲线 $y = \ln x$ 在点 $(e, 1)$ 处的切线方程和法线方程.

6. 曲线 $y = x^3$ 上哪一点的切线方程与直线 $y = 12x - 1$ 平行,并求此切线方程.

3.2　导数的运算

上一节中,我们介绍了导数的概念及性质,发现根据导数的定义可以得到一些简单函数的导数,如常函数 $y = C$,幂函数 $y = x^\mu$,指数函数 $y = a^x (a > 0 \text{ 且 } a \neq 1)$,对数函数 $y = \log_a x (a > 0 \text{ 且 } a \neq 1)$,以及正(余)弦函数 $y = \sin x (y = \cos x)$ 的导数.

但是,仅利用定义求函数的导数有时会比较困难和烦琐. 本节给出导数的一些求解方法,包括:导数的四则运算法则、反函数的求导法则、复合函数的求导法则、几种特殊函数的求导法(隐函数求导法、取对数求导法、参数方程求导法)以及函数高阶导数的求法.

3.2.1　导数的四则运算法则

设函数 $f(x), g(x)$ 在 x 点可导,则它们的和、差、积、商(分母不为零)均可导,并且

(1) $[f(x) \pm g(x)]' = f'(x) \pm g'(x)$;

(2) $[f(x)g(x)]' = f'(x)g(x) + f(x)g'(x)$;

(3) $\left[\dfrac{f(x)}{g(x)}\right]' = \dfrac{f'(x)g(x) - f(x)g'(x)}{g^2(x)}$,其中 $g(x) \neq 0$.

性质(1)和(3)的证明留给读者作为练习. 我们只证性质(2).

证明　由于

$$\lim_{\Delta x \to 0} \frac{f(x + \Delta x)g(x + \Delta x) - f(x)g(x)}{\Delta x}$$

$$= \lim_{\Delta x \to 0} \frac{[f(x + \Delta x) - f(x)]g(x + \Delta x) + f(x)[g(x + \Delta x) - g(x)]}{\Delta x}$$

$$= \lim_{\Delta x \to 0} \frac{f(x + \Delta x) - f(x)}{\Delta x} \cdot \lim_{\Delta x \to 0} g(x + \Delta x) + f(x) \lim_{\Delta x \to 0} \frac{[g(x + \Delta x) - g(x)]}{\Delta x}$$

由于可导必连续,$\lim\limits_{\Delta x \to 0} g(x + \Delta x) = g(x)$,从而

$$\lim_{\Delta x \to 0} \frac{f(x + \Delta x)g(x + \Delta x) - f(x)g(x)}{\Delta x} = f'(x)g(x) + f(x)g'(x)$$

因此,$f(x)g(x)$ 在 x 点可导,并且

$$[f(x)g(x)]' = f'(x)g(x) + f(x)g'(x).$$

注:①定理 3.3 中(1),(2)两式的求导法则可以推广到任意有限个可导函数的情形,设 $f_i(x), i = 1, 2, \cdots, n$ 可导,则有

$$\left[\sum_{i=1}^{n} f_i(x)\right]' = \sum_{i=1}^{n} f'_i(x).$$

$$\left[\prod_{i=1}^{n} f_i(x)\right]' = f'_1(x)f_2(x)\cdots f_n(x) + \cdots + f_1(x)\cdots f_{n-1}(x)f'_n(x).$$

② 由定理 3.3 中式（2）可得如下结论：

$$[Cf(x)]' = Cf'(x)\quad(C\ \text{为常数})$$

即常数在求导时可以提到导数符号的外面.

③ 由定理 3.3 中性质式（3）可得到如下结论：

$$\left[\frac{1}{f(x)}\right]' = -\frac{f'(x)}{f^2(x)}\quad(f(x)\neq 0)$$

例 3.9 求 $y = \tan x$ 的导数.

解 $y' = (\tan x)' = \left(\dfrac{\sin x}{\cos x}\right)' = \dfrac{(\sin x)'\cos x - \sin x(\cos x)'}{\cos^2 x}$

$$= \frac{\cos^2 x + \sin^2 x}{\cos^2 x} = \frac{1}{\cos^2 x} = \sec^2 x,$$

即 $\qquad\qquad(\tan x)' = \sec^2 x,$

同理可得 $\qquad\qquad(\cot x)' = -\csc^2 x.$

例 3.10 求 $y = \sec x$ 的导数.

解 $y' = (\sec x)' = \left(\dfrac{1}{\cos x}\right)' = \dfrac{-(\cos x)'}{\cos^2 x} = \dfrac{\sin x}{\cos^2 x}$

$$= \sec x \tan x$$

即 $\qquad\qquad(\sec x)' = \sec x \tan x$

同理可得 $\qquad\qquad(\csc x)' = -\csc x \cot x$

例 3.11 求 $y = e^x \sin x$ 的导数

解 $y' = (e^x \sin x)' = (e^x)'\sin x + e^x(\sin x)'$

$$= e^x \sin x + e^x \cos x = e^x(\sin x + \cos x)$$

例 3.12 已知函数 $y = (x-1)(x-2)(x-3)$，求 $y'|_{x=1}$.

解 $y' = (x-1)'(x-2)(x-3) + (x-1)(x-2)'(x-3) + (x-1)(x-2)(x-3)'$

$$= (x-2)(x-3) + (x-1)(x-3) + (x-1)(x-2),$$

所以

$$y'|_{x=1} = [(x-2)(x-3) + (x-1)(x-3) + (x-1)(x-2)]|_{x=1} = 2$$

3.2.2 反函数的求导法则

首先，我们通过图 3-2 对于反函数的求导问题进行分析.

如图 3-2 所示，设函数 $y = f(x)$ 严格单调、可导且 $f'(x) \neq 0$，$y = f(x)$ 存在反函数 $x = \varphi(y)$. 过 $y = f(x)$ 曲线上任意点 $A(x, y)$ 作曲线的切线 T，T 与 x 轴正方向的夹角记为 α，T 与 y 轴正方向的夹角记为 β.

由反函数的性质可知，$y = f(x)$ 与反函数 $x = \varphi(y)$ 在图 3-2 中为同一条曲线，从而在任意点 $A(x, y)$ 处的切线 T 也相同. 但根据导数的几何意义，函数 $y = f(x)$ 与其反函数 $x = \varphi(y)$ 在 $A(x, y)$ 点处切线斜率却不相同，从而导数不同，即

$$y' = f'(x) = \tan\alpha,\ x' = \varphi'(y) = \tan\beta,$$

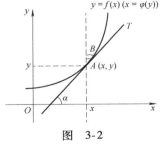

图 3-2

其中 $\beta = \dfrac{\pi}{2} - \alpha$，所以 $\tan\beta = \tan\left(\dfrac{\pi}{2} - \alpha\right) = \cot\alpha = \dfrac{1}{\tan\alpha}$，因此有

$$\varphi'(y) = \frac{1}{f'(x)}.$$

下面由定理 3.4 给出反函数的求导法则.

（反函数求导法则） 设函数 $y = f(x)$ 在某区间 I_x 内严格单调、可导，且 $f'(x) \neq 0$，那么它的反函数 $x = \varphi(y)$ 在相应区间 I_y 内也可导，并且有

$$\varphi'(y) = \frac{1}{f'(x)},$$

即

$$\frac{\mathrm{d}x}{\mathrm{d}y} = \frac{1}{\dfrac{\mathrm{d}y}{\mathrm{d}x}}.$$

证明　由于 $y = f(x)$ 在 I_x 内严格单调，从而反函数 $x = \varphi(y)$ 在 I_y 内也严格单调. 又可导必连续，从而当 $\Delta y \neq 0$ 时，$\Delta x \neq 0$，并且 $\Delta y \to 0$ 时，$\Delta x \to 0$. 于是有

$$\varphi'(y) = \lim_{\Delta y \to 0} \frac{\Delta x}{\Delta y} = \lim_{\Delta x \to 0} \frac{1}{\dfrac{\Delta y}{\Delta x}} = \frac{1}{f'(x)},$$

即

$$\frac{\mathrm{d}x}{\mathrm{d}y} = \frac{1}{\dfrac{\mathrm{d}y}{\mathrm{d}x}}.$$

求 $y = \arcsin x$ 的导数.

解　因为 $y = \arcsin x, x \in (-1, 1)$ 是 $x = \sin y, y \in \left(-\dfrac{\pi}{2}, \dfrac{\pi}{2}\right)$ 的反函数，$\cos y > 0$，则

$$(\arcsin x)' = \frac{1}{\dfrac{\mathrm{d}x}{\mathrm{d}y}} = \frac{1}{(\sin y)'} = \frac{1}{\cos y} = \frac{1}{\sqrt{1 - \sin^2 y}} = \frac{1}{\sqrt{1 - x^2}}$$

同理可得

$$(\arccos x)' = -\frac{1}{\sqrt{1 - x^2}},$$

$$(\arctan x)' = \frac{1}{1 + x^2},$$

$$(\text{arccot} x)' = -\frac{1}{1 + x^2}.$$

求 $y = \log_a x$ 的导数.

解　由于 $y = \log_a x$ 是 $x = a^y$ 的反函数，因此

$$(\log_a x)' = \frac{1}{\dfrac{\mathrm{d}x}{\mathrm{d}y}} = \frac{1}{(a^y)'} = \frac{1}{a^y \ln a} = \frac{1}{x \ln a}.$$

到目前为止，我们已经得到了常用的基本初等函数的导数. 现将这些结果归纳如下表 3-1.

表 3-1　基本初等函数的导数

常函数	$(C)' = 0$	
幂函数	$(x^{\mu})' = \mu x^{\mu-1} (\mu \in \mathbf{R})$	
指数函数	$(a^x)' = a^x \ln a$	$(\mathrm{e}^x)' = \mathrm{e}^x$
对数函数	$(\log_a x)' = \dfrac{1}{x \ln a}$	$(\ln x)' = \dfrac{1}{x}$
三角函数	$(\sin x)' = \cos x$	$(\cos x)' = -\sin x$
	$(\tan x)' = \sec^2 x$	$(\cot x)' = -\csc^2 x$
	$(\sec x)' = \sec x \tan x$	$(\csc x)' = -\csc x \cot x$
反三角函数	$(\arcsin x)' = \dfrac{1}{\sqrt{1-x^2}}$	$(\arccos x)' = -\dfrac{1}{\sqrt{1-x^2}}$
	$(\arctan x)' = \dfrac{1}{1+x^2}$	$(\operatorname{arccot} x)' = -\dfrac{1}{1+x^2}$

3.2.3　复合函数的求导法则

定理3.5　（**链式法则**）　设复合函数 $y = f[g(x)]$，其中 $y = f(u), u = g(x)$. 如果 $u = g(x)$ 在点 x 处可导，而 $y = f(u)$ 在对应点 $u = g(x)$ 处可导，则复合函数 $y = f[g(x)]$ 在点 x 处可导，并且其导数为

$$\{f[g(x)]\}' = f'[g(x)]g'(x),$$

或

$$\frac{\mathrm{d}y}{\mathrm{d}x} = \frac{\mathrm{d}y}{\mathrm{d}u} \cdot \frac{\mathrm{d}u}{\mathrm{d}x}.$$

证明　令 $\Delta y = f[g(x + \Delta x)] - f[g(x)] = f(u + \Delta u) - f(u)$

则有

$$\frac{\mathrm{d}y}{\mathrm{d}x} = \lim_{\Delta x \to 0} \frac{\Delta y}{\Delta x} = \lim_{\Delta x \to 0}\left(\frac{\Delta y}{\Delta u} \cdot \frac{\Delta u}{\Delta x}\right).$$

由于 $u = g(x)$ 在 x 点可导，从而必连续. 因此，当 $\Delta x \to 0$ 时，必有 $\Delta u \to 0$. 上式化为

$$\frac{\mathrm{d}y}{\mathrm{d}x} = \lim_{\Delta x \to 0}\left(\frac{\Delta y}{\Delta u} \cdot \frac{\Delta u}{\Delta x}\right) = \lim_{\Delta u \to 0}\frac{\Delta y}{\Delta u} \cdot \lim_{\Delta x \to 0}\frac{\Delta u}{\Delta x} = \frac{\mathrm{d}y}{\mathrm{d}u} \cdot \frac{\mathrm{d}u}{\mathrm{d}x},$$

即

$$\{f[g(x)]\}' = f'[g(x)]g'(x).$$

例3.15　求函数 $y = [\arcsin(3x^2)]^2$ 的导数.

解　$y = [\arcsin(3x^2)]^2$ 由函数 $y = u^2, u = \arcsin t$ 以及 $t = 3x^2$ 复合而成，所以

$$y' = 2\arcsin(3x^2) \cdot \frac{1}{\sqrt{1 - (3x^2)^2}} \cdot (3x^2)'$$

$$= \frac{12x\arcsin(3x^2)}{\sqrt{1 - 9x^4}}$$

例3.16　求函数 $y = \mathrm{e}^{\sin\frac{1}{x^2}}$ 的导数

注意　（1）此定理可以推广到多层函数复合的情形. 例如由 $y = f(u), u = g(v), v = \varphi(x)$ 形成的复合函数 $y = f[g(\varphi(x))]$，当 $\dfrac{\mathrm{d}y}{\mathrm{d}u}, \dfrac{\mathrm{d}u}{\mathrm{d}v}, \dfrac{\mathrm{d}v}{\mathrm{d}x}$ 都存在时，有

$$\{f[g(\varphi(x))]\}' = f'[g(\varphi(x))] \cdot g'[\varphi(x)] \cdot \varphi'(x)$$

或

$$\frac{\mathrm{d}y}{\mathrm{d}x} = \frac{\mathrm{d}y}{\mathrm{d}u} \cdot \frac{\mathrm{d}u}{\mathrm{d}v} \cdot \frac{\mathrm{d}v}{\mathrm{d}x}.$$

（2）复合函数在求导时，关键在于弄清复合函数的复合关系，采用"**由外及里、逐层求导**"的方式. 复合函数的这种求导方式，被形象地称为"**链式法则**".

（3）在利用"链式法则"对复合函数求导时，可以不必设出中间变量，每次求导结果之间以"乘法"相连，并最终以对基本初等函数或基本初等函数的四则运算求导来结束运算.

解　$y' = (e^{\sin\frac{1}{x^2}})' = e^{\sin\frac{1}{x^2}} \cdot \cos\frac{1}{x^2} \cdot \left(\frac{1}{x^2}\right)'$

$\qquad = -\frac{2}{x^3}e^{\sin\frac{1}{x^2}} \cdot \cos\frac{1}{x^2}$

3.2.4　几种特殊函数的求导法

本小节介绍隐函数求导法、取对数求导法以及参数方程确定的函数的求导法.

1. 隐函数求导法

由 1.2.3 知,隐函数是指 x,y 的对应关系由二元方程组 $F(x,y)=0$ 所确定的函数. 隐函数与显函数是相对的. 由隐函数 $F(x,y)=0$ 解出 $y=f(x)$,称为隐函数的显化.

这里我们讨论对于不易显化或不能显化的隐函数,如何求解其导数的问题. 具体方法由隐函数求导法则给出.

隐函数求导法则:在 $F(x,y)=0$ 中,将 y 视为 x 的函数,运用复合函数求导法则,在方程两边同时关于自变量 x 求导,解方程,求得 y'.

设 $y=y(x)$ 是由方程 $1+\sin(x+y)=e^{-xy}$ 所确定的隐函数,求 y'.

解　将 y 看作 x 的函数,方程 $1+\sin(x+y)=e^{-xy}$ 左右两边关于 x 求导,有

$$\cos(x+y) \cdot (1+y') = e^{-xy} \cdot (-y-xy').$$

解得

$$y' = -\frac{\cos(x+y) + ye^{-xy}}{\cos(x+y) + xe^{-xy}}.$$

求由方程 $xy - e^y + e^x = 0$ 所确定的隐函数 $x=x(y)$ 的导数 $\frac{dx}{dy}$.

解　将 x 看作 y 的函数,方程 $xy - e^y + e^x = 0$ 左右两边对 y 求导,有

$$x'y + x - e^y + x'e^x = 0,$$

解得

$$\frac{dx}{dy} = x' = \frac{e^y - x}{e^x + y}.$$

2. 取对数求导法

取对数求导法通常用于解决两类问题:一是幂指函数 $[f(x)]^{g(x)}$ 的导数,如 $y = x^{\sin x}$ 的导数 y';二是多个因式乘积形式的函数的求导问题,如 $y = \sqrt{\frac{(x-1)(x-2)}{(x-3)(x-4)}}$ 的导数 y'.

取对数求导法则:对函数 $y=f(x)$ 两边取对数,然后利用隐函数的求导方法求解导数.

注意　（1）若方程 $F(x,y)=0$ 确定的函数为 $x=x(y)$,则将 x 视为 y 的函数,方程两边关于 y 求导,解方程,求得 x'.

（2）在隐函数求导结果 y' 的表达式中可含有 y,同理 x' 的表达式中可含有 x.

例3.19 设 $y = x^{\sin x}(x > 0)$，求 y'.

解 等式两边取对数，得

$$\ln y = \sin x \ln x,$$

上式两边对 x 求导，得

$$\frac{y'}{y} = \cos x \ln x + \sin x \cdot \frac{1}{x},$$

整理可得

$$y' = y\left(\cos x \ln x + \frac{\sin x}{x}\right) = x^{\sin x}\left(\cos x \ln x + \frac{\sin x}{x}\right).$$

当然，对于幂指函数求导，还可以将其转化为复合的指数函数，再求导. 对于例3.19也可以用下述方法求解.

另解 由 $y = x^{\sin x}$ 可知 $y = \mathrm{e}^{\sin x \ln x}$，因此

$$y' = \mathrm{e}^{\sin x \ln x}(\sin x \ln x)' = x^{\sin x}\left(\cos x \ln x + \frac{\sin x}{x}\right).$$

例3.20 设 $y = \sqrt{\dfrac{(x-1)(x-2)}{(x-3)(x-4)}}$，求 y'.

解 将 $y = \sqrt{\dfrac{(x-1)(x-2)}{(x-3)(x-4)}}$ 两边取对数，得

$$\ln y = \ln\sqrt{\frac{(x-1)(x-2)}{(x-3)(x-4)}} = \frac{1}{2}\big[\ln|x-1| + \ln|x-2| -$$
$$\ln|x-3| - \ln|x-4|\big],$$

上式两边对 x 求导，得

$$\frac{1}{y} \cdot y' = \frac{1}{2}\left(\frac{1}{x-1} + \frac{1}{x-2} - \frac{1}{x-3} - \frac{1}{x-4}\right),$$

从而有

$$y' = \frac{1}{2}\sqrt{\frac{(x-1)(x-2)}{(x-3)(x-4)}}\left(\frac{1}{x-1} + \frac{1}{x-2} - \frac{1}{x-3} - \frac{1}{x-4}\right).$$

注意 （1）理论而言，本题可以利用复合函数求导链式法则进行求解，但这种方法的计算步骤烦琐，而利用取对数求导方法，则可以大大简化求解过程.

（2）本题中涉及绝对值求导，如 $\ln|x-1|$，$\ln|x-2|$ 的导数等，请读者思考，这里的绝对值对求导是否有影响呢，为什么？

3. 参数方程求导法

若参数方程 $\begin{cases} x = f(t) \\ y = g(t) \end{cases}$，确定了 x 与 y 之间的函数关系，则称此函数为由参数方程确定的函数.

如果变量 x 与 y 之间的函数关系，可由参数方程通过消去参数 t 的方法表示出来，那么函数的求导可用之前介绍的方法来完成.

但是，对于消参困难或无法消参的情形，该如何求导呢？为此，我们介绍如下的参数方程求导法.

给定参数方程 $\begin{cases} x = f(t) \\ y = g(t) \end{cases}$，$t \in [\alpha, \beta]$. 若函数 $x = f(t)$ 与 $y = g(t)$ 均可导，$f'(t) \neq 0$ 且参数方程确定的函数也可导，则

$$\frac{\mathrm{d}y}{\mathrm{d}x} = \frac{\mathrm{d}y/\mathrm{d}t}{\mathrm{d}x/\mathrm{d}t} = \frac{g'(t)}{f'(t)}.$$

求由参数方程 $\begin{cases} x = a(t - \sin t) \\ y = a(1 - \cos t) \end{cases}$ 表示的函数在 $t = \dfrac{\pi}{3}$

处的切线方程.

解　因为 $\dfrac{\mathrm{d}y}{\mathrm{d}x} = \dfrac{\mathrm{d}y}{\mathrm{d}t} \cdot \dfrac{\mathrm{d}t}{\mathrm{d}x} = \dfrac{a\sin t}{a(1 - \cos t)} = \dfrac{\sin t}{1 - \cos t}.$

所以,在点 $t = \dfrac{\pi}{3}$ 处的切线斜率为

$$k = \frac{\mathrm{d}y}{\mathrm{d}x}\bigg|_{t = \frac{\pi}{3}} = \frac{\sin \dfrac{\pi}{3}}{1 - \cos \dfrac{\pi}{3}} = \frac{\dfrac{\sqrt{3}}{2}}{1 - \dfrac{1}{2}} = \sqrt{3}.$$

当 $t = \dfrac{\pi}{3}$ 时, $x = a\left(\dfrac{\pi}{3} - \dfrac{\sqrt{3}}{2} \right), y = a\left(1 - \cos \dfrac{\pi}{3} \right) = \dfrac{1}{2}a.$ 从而切

线方程为

$$y - \frac{1}{2}a = \sqrt{3}\left[x - a\left(\frac{\pi}{3} - \frac{\sqrt{3}}{2} \right) \right].$$

即

$$y = \sqrt{3}x + 2a - \frac{\sqrt{3}a}{3}\pi.$$

3.2.5　高阶导数

考查函数 $f(x) = 2x^3 - 3x^2 + 5$,显然有
$$f'(x) = 6x^2 - 6x.$$
不难看出, $f'(x)$ 作为 x 的函数仍然可导,并且有
$$[f'(x)]' = (6x^2 - 6x)' = 12x - 6.$$

若记 $[f'(x)]' = f''(x)$,则 $f''(x)$ 相对于 $f(x)$ 而言,是 $f(x)$ 导数的导数,称之为 $f(x)$ 的二阶导数. 进一步地,可以得到 $f(x)$ 的三阶导数
$$f'''(x) = [f''(x)]' = (12x - 6)' = 12.$$
以下给出高阶导数的定义.

（高阶导数）　如果函数 $f(x)$ 的导数 $f'(x)$ 在点 x

处可导,即极限

$$[f'(x)]' = \lim_{\Delta x \to 0} \frac{f'(x + \Delta x) - f'(x)}{\Delta x}$$

存在,则称 $[f'(x)]'$ 为 $f(x)$ 在点 x 处的二阶导数,记为 $f''(x), y''$,

$\dfrac{\mathrm{d}^2 y}{\mathrm{d}x^2}$ 或 $\dfrac{\mathrm{d}^2 f(x)}{\mathrm{d}x^2}.$

类似地, $f(x)$ 的 $n(n \geqslant 2)$ 阶导数 $f^{(n)}(x)$ 为

$$f^{(n)}(x) = [f^{(n-1)}(x)]' = \lim_{\Delta x \to 0} \frac{f^{(n-1)}(x + \Delta x) - f^{(n-1)}(x)}{\Delta x}.$$

通常, n 阶 $(n \geqslant 4)$ 导数记为 $f^{(n)}(x)$. 另外, $f'''(x), f^{(4)}(x), \cdots,$

$f^{(n)}(x)$ 也可分别写成:

$$\frac{\mathrm{d}^3 y}{\mathrm{d}x^3}, \frac{\mathrm{d}^4 y}{\mathrm{d}x^4}, \cdots, \frac{\mathrm{d}^n y}{\mathrm{d}x^n}.$$

二阶及二阶以上的导数称为高阶导数. 为统一起见,称 $f'(x)$ 为一阶导数,并约定 $f(x)$ 本身为 $f(x)$ 的零阶导数,即

$$f^{(0)}(x) = f(x).$$

由高阶导数的定义可知,求解高阶导数可从一阶导数开始,反复求导来得到. 为计算方便,关于高阶导数,我们有如下求导法则:

定理 3.6 **（高阶导数的运算法则）** 设函数 $f(x)$ 和 $g(x)$ 都存在直到 n 阶的导数,则

(1) $[f(x) \pm g(x)]^{(n)} = f^{(n)}(x) \pm g^{(n)}(x)$;

(2) $[Cf(x)]^{(n)} = Cf^{(n)}(x)$, C 为常数;

(3) $[f(x)g(x)]^{(n)} = \sum_{k=0}^{n} C_n^k f^{(n-k)}(x) g^{(k)}(x)$ (莱布尼茨公式),

其中

$$C_n^k = \frac{n!}{k!\,(n-k)!}, f^{(0)}(x) = f(x), g^{(0)}(x) = g(x).$$

例 3.22 设 $y = \sin x$,求 $y^{(n)}$.

解 $y' = \cos x = \sin\left(x + \frac{\pi}{2}\right)$.

$$y'' = \cos\left(x + \frac{\pi}{2}\right) = \sin\left(x + \frac{\pi}{2} + \frac{\pi}{2}\right) = \sin\left(x + 2 \cdot \frac{\pi}{2}\right).$$

$$y''' = \cos\left(x + 2 \cdot \frac{\pi}{2}\right) = \sin\left(x + 3 \cdot \frac{\pi}{2}\right).$$

依次类推,可得

$$y^{(n)} = (\sin x)^{(n)} = \sin\left(x + n \cdot \frac{\pi}{2}\right).$$

同理可得

$$(\cos x)^{(n)} = \cos\left(x + n \cdot \frac{\pi}{2}\right).$$

例 3.23 设 $y = x^{\alpha}$, $(\alpha \in \mathbf{R})$,求 $y^{(n)}$.

解 $y' = (x^{\alpha})' = \alpha x^{\alpha-1}$,

$y'' = (\alpha x^{\alpha-1})' = \alpha(\alpha-1)x^{\alpha-1}$,

$y''' = [\alpha(\alpha-1)x^{\alpha-1}]' = \alpha(\alpha-1)(\alpha-2)x^{\alpha-3}$,

$$\vdots$$

$y^{(n)} = \alpha(\alpha-1)\cdots(\alpha-n+1)x^{\alpha-n} (n \geq 1)$.

若 α 为自然数 n,则

$$y^{(n)} = (x^n)^{(n)} = n!, y^{(n+1)} = (n!)' = 0.$$

例 3.24 设 $y = \ln(1+x)$,求 $y^{(n)}$

解 $y' = \frac{1}{1+x}, y'' = -\frac{1}{(1+x)^2}, y''' = \frac{2!}{(1+x)^3}, y^{(4)} = -\frac{3!}{(1+x)^4}$,

依次类推,可得

$$y^{(n)} = (-1)^{n-1} \cdot \frac{(n-1)!}{(1+x)^n} (n \geqslant 1, 0! = 1),$$

类似地,有

$$[\ln(ax+b)]^{(n)} = (-1)^{n-1} \cdot a^n \cdot \frac{(n-1)!}{(ax+b)^n},$$

$$(\ln x)^{(n)} = (-1)^{n-1} \cdot \frac{(n-1)!}{x^n}.$$

$$\left(\frac{1}{x}\right)^{(n)} = (-1)^n \cdot \frac{n!}{x^{n+1}} (可将 \frac{1}{x} 视为 \ln x 的导数).$$

设 $y = \sin^6 x + \cos^6 x$,求 $y^{(n)}$

解　$y = (\sin^2 x)^3 + (\cos^2 x)^3$

$= (\sin^2 x + \cos^2 x)(\sin^4 x - \sin^2 x \cos^2 x + \cos^4 x)$

$= (\sin^2 x + \cos^2 x)^2 - 3\sin^2 x \cos^2 x = 1 - 3\sin^2 x \cos^2 x$

$= 1 - \frac{3}{4}\sin^2 2x = 1 - \frac{3}{4} \cdot \frac{1 - \cos 4x}{2} = \frac{5}{8} + \frac{3}{8}\cos 4x.$

所以

$$y^{(n)} = \frac{3}{8} \cdot 4^n \cdot \cos\left(4x + \frac{n\pi}{2}\right)$$

设 $y = x^2 e^x$,求 $y^{(10)}$

解　由于

$$(x^2)' = 2x, (x^2)'' = 2, (x^2)^{(n)} = 0 (n \geqslant 3)$$

因此,由莱布尼茨公式可得

$y^{(10)} = (x^2 e^x)^{(10)}$

$= x^2(e^x)^{(10)} + 10(x^2)'(e^x)^{(9)}$

$+ 45(x^2)''(e^x)^{(8)}$

由于

$$(e^x)^{(n)} = e^x$$

从而

$$y^{(10)} = x^2 e^x + 20xe^x + 90e^x.$$

练习3.2

1. 求下列函数的导数

$(1) y = \sqrt{1 + \ln x^2};$

$(2) y = 2^{\sqrt{x+1}} - \ln|\sin x|;$

$(3) y = e^{\sin(x^2+1)};$

$(4) y = \sin e^x + e^x \cos x;$

$(5) y = \ln(2^{-x} + 3^{-x});$

(6) $y = x \arcsin x - \ln x^2$；

(7) $y = \dfrac{\cos 2x}{\sin x + \cos x}$；

(8) $y = \dfrac{x}{\sqrt{x^2 + 2x} - x}$.

2. 设 $f(x)$ 可导，求下列函数的导数

(1) $y = xf(x^2)$；

(2) $y = f^2(x^2 + 2\sin x)$；

(3) $y = e^{[f^2(x) + \sin x]}$；

(4) $y = f[f(\sqrt{x} + \sin x)]$.

3. 设 $y = y(x)$ 是由下列方程所确定的隐函数，求 $\dfrac{dy}{dx}$

(1) $\ln y = xy + \cos x$；

(2) $x^3 + y^3 - 3xy = 0$；

(3) $e^x - xy = 1 + \sin y$；

(4) $\sin y = 1 - xy$.

4. 求下列函数的导数 y'

(1) $y = \dfrac{(x+1)\sqrt{x-1}}{(x-2)^2 e^x}$；

(2) $y = \left(1 + \dfrac{1}{2x}\right)^x \ (x > 0)$；

(3) $y = \dfrac{\sqrt{x^2 - 1}}{3x^2 + 2x}$；

(4) $x^y = y^x \ (x > 0, y > 0)$.

5. 求由下列参数方程表示的函数 $y = y(x)$ 的导数 $\dfrac{dy}{dx}$.

(1) $\begin{cases} x = \dfrac{1}{1+t}, \\ y = \dfrac{t}{1+t}; \end{cases}$

(2) $\begin{cases} x = \ln(1 + t^2), \\ y = t - \arctan t. \end{cases}$

6. 求 $y = e^{2x+1}$ 的 n 阶导数 $y^{(n)}$.

3.3 微分及其运算

我们知道导数的表达式可以写成 $\dfrac{dy}{dx}$，在这个分式中，dy 和 dx 有什么含义，应该如何计算呢？本节我们介绍一个与导数密切相关的概念——微分，并给出它的性质与运算，以及它在近似计算中的应用.

3.3.1 微分的定义

我们首先通过引例观察和对导数的定义分析，来看函数值的增量 Δy 与自变量增量 Δx 之间的关系，进而得到微分的概念.

引例观察：当半径由 r 变至 $r + \Delta r$ 时，圆的面积改变量是多少？记圆的面积改变量为 ΔS，则

$$\Delta S = \pi(r + \Delta r)^2 - \pi r^2 = 2\pi r \Delta r + (\Delta r)^2$$

可见，ΔS 由两部分组成：$2\pi r \Delta r$ 为 Δr 的线性函数；当 $\Delta r \to 0$ 时，$(\Delta r)^2$ 为 Δr 的高阶无穷小量.

定义分析:根据导数的定义,若 $y = f(x)$ 在点 x_0 处可导,则有 $\lim\limits_{\Delta x \to 0} \dfrac{\Delta y}{\Delta x} = f'(x_0)$ 由定理 2.11 知

$$\frac{\Delta y}{\Delta x} = f'(x_0) + o(1) \quad (\Delta x \to 0)$$

即

$$\Delta y = f'(x_0)\Delta x + o(1)\Delta x$$

又 $\lim\limits_{\Delta x \to 0} \dfrac{o(1) \cdot \Delta x}{\Delta x} = 0$,所以 $o(1)\Delta x = o(\Delta x) \quad (\Delta x \to 0)$

从而

$$\Delta y = f'(x_0)\Delta x + o(\Delta x) \quad (\Delta x \to 0)$$

可见,函数值的增量 Δy 也是由 Δx 的线性函数 $f'(x_0)\Delta x$ 和高阶无穷小量 $o(\Delta x)$(当 $\Delta x \to 0$ 时)两部分组成.

根据上述观察和分析,我们得出描述 Δy 与 Δx 之间关系的概念——微分.

(微分)　设函数 $y = f(x)$ 在 x_0 点的某一邻域内有定义,若给 x_0 一个增量 Δx,相应的函数值增量 Δy 可表示为

$$\Delta y = f(x_0 + \Delta x) - f(x_0) = A\Delta x + o(\Delta x) \quad (\Delta x \to 0)$$

其中 A 是与 Δx 无关,只与 x_0 有关的常数,则称函数 $y = f(x)$ 在点 x_0 处**可微**,且称 $A\Delta x$ 为 $f(x)$ 在 x_0 点的**微分**,记作

$$\mathrm{d}y \big|_{x = x_0} = \mathrm{d}f \big|_{x = x_0} = A\Delta x$$

当 $A \neq 0$ 时称微分 $\mathrm{d}y \big|_{x = x_0}$ 是函数值改变量 Δy 的**线性主部**.

若 $f(x)$ 在开区间 (a, b) 内每一点都可微,则称 $f(x)$ 在 (a, b) 内可微,且称 $f(x)$ 是 (a, b) 内的可微函数.此时微分

$$\mathrm{d}y = \mathrm{d}f(x) = A(x)\Delta x, \quad x \in (a, b)$$

3.3.2　微分的性质与运算

函数 $y = f(x)$ 在点 x_0 处可微的充分必要条件是 $y = f(x)$ 在点 x_0 处可导,并且 $A = f'(x_0)$

证明　必要性 设 $f(x)$ 在 x_0 点可微,由微分的定义知,$\Delta y = A\Delta x + o(\Delta x)(\Delta x \to 0)$ 此时,极限

$$\lim_{\Delta x \to 0} \frac{\Delta y}{\Delta x} = \lim_{\Delta x \to 0} \frac{A\Delta x + o(\Delta x)}{\Delta x} = A$$

即 $f(x)$ 在 x_0 点可导,并且 $f'(x_0) = A$.

充分性.由上述"定义分析"部分即可得证.

由定理 3.7 可知,当 $f(x)$ 在点 x_0 处可微时,函数 $f(x)$ 在 x_0 点处的微分为

$$\mathrm{d}y = f'(x_0)\Delta x$$

因此,当 $\Delta x \to 0$ 时,$\Delta y \approx f'(x_0)\Delta x$,即 $\Delta y \approx \mathrm{d}y$. 特别地,取 $y = x$,由 $\mathrm{d}y = f'(x)\Delta x$ 知,$\mathrm{d}y = \mathrm{d}x = \Delta x$,从而 $\mathrm{d}x = \Delta x$. 通常记 $\mathrm{d}y = f'(x)\mathrm{d}x$,并称 $\mathrm{d}x$ 为自变量 x 的微分.

由 $\mathrm{d}y = f'(x)\mathrm{d}x$ 可知 $f'(x) = \dfrac{\mathrm{d}y}{\mathrm{d}x}$. 可见,导数是函数的微分与自变量的微分之商,因此,导数又称为**微商**.

导数与微分关系密切. 导数表示函数在某点切线的斜率,反映了函数在该点附近的变化率. 那么微分 dy 又具有怎样的意义呢? 下面我们通过几何图形来说明.

如图 3-3 所示,对于函数 $y = f(x)$ 曲线上的一点 $M(x_0, y_0)$,过 M 点的切线斜率 $\tan\alpha = f'(x_0)$. 给曲线上另外一点 $N(x_0 + \Delta x, y_0 + \Delta y)$,由图 3-3 可知,

$$\Delta x = MQ, \quad \Delta y = QN.$$

因此,

$$dy = f'(x_0)dx = \tan\alpha \cdot MQ = QP.$$

可见,函数 $y = f(x)$ 在 x_0 处的微分表示曲线在点 M 处切线纵坐标的增量. 当 Δx 很小时,$dy \approx \Delta y$.

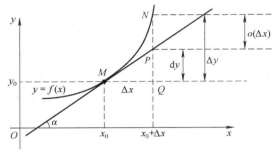

图 3-3

由定理 3.7 可知,函数在某点可微与可导是等价的. 由基本初等函数的导数公式和求导法则,可得到基本初等函数的微分公式和微分法则.

1. 基本初等函数的微分公式

表 3-2 基本初等函数的微分

常函数	$d(C) = 0$	
幂函数	$d(x^\mu) = \mu x^{\mu-1}dx$	
指数函数	$d(a^x) = a^x \ln a\, dx$	$d(e^x) = e^x dx$
对数函数	$d(\log_a^x) = \dfrac{1}{x\ln a}dx$	$d(\ln x) = \dfrac{1}{x}dx$
三角函数	$d(\sin x) = \cos x\, dx$	$d(\cos x) = -\sin x\, dx$
	$d(\tan x) = \sec^2 x\, dx$	$d(\cot x) = -\csc^2 x\, dx$
	$d(\sec x) = \sec x \tan x\, dx$	$d(\csc x) = -\csc x \cot x\, dx$
反三角函数	$d(\arcsin x) = \dfrac{1}{\sqrt{1-x^2}}dx$	$d(\arccos x) = -\dfrac{1}{\sqrt{1-x^2}}dx$
	$d(\arctan x) = \dfrac{1}{1+x^2}dx$	$d(\text{arccot} x) = -\dfrac{1}{1+x^2}dx$

2. 函数四则运算的微分法则

设函数 $f(x), g(x)$ 均可微,则

（1）$d[f(x) \pm g(x)] = df(x) \pm dg(x)$;

（2）$\mathrm{d}[f(x)g(x)] = g(x)\mathrm{d}f(x) + f(x)\mathrm{d}g(x)$；

（3）$\mathrm{d}\left[\dfrac{f(x)}{g(x)}\right] = \dfrac{g(x)\mathrm{d}f(x) - f(x)\mathrm{d}g(x)}{g^2(x)}$（$g(x) \neq 0$），

特别地，$\mathrm{d}[Cf(x)] = C\mathrm{d}f(x)$.

设函数 $y = 2^x$，求当 $x = 2$，$\Delta x = 0.01$ 时的微分.

解　函数 $y = 2^x$ 在 x 处的微分为
$$\mathrm{d}y = 2^x \cdot \ln 2 \cdot \Delta x,$$
将 $x = 2$，$\Delta x = 0.01$ 代入上式，得
$$\mathrm{d}y \Big|_{\substack{x=2 \\ \Delta x=0.01}} = 2^x \ln 2 \cdot \Delta x \Big|_{\substack{x=2 \\ \Delta x=0.01}} = \frac{1}{25}\ln 2.$$

设 $y = y(x)$ 由方程 $x^2 + xy + y^2 = 3$ 确定，求 $\mathrm{d}y$.

解　方程两边求微分，得
$$\mathrm{d}(x^2 + xy + y^2) = \mathrm{d}(3),$$
由微分运算法则知
$$\mathrm{d}x^2 + \mathrm{d}(xy) + \mathrm{d}y^2 = 0,$$
$$(x^2)'\mathrm{d}y + x\mathrm{d}y + y\mathrm{d}x + (y^2)'\mathrm{d}y = 0,$$
$$2x\mathrm{d}x + x\mathrm{d}y + y\mathrm{d}x + 2y\mathrm{d}y = 0,$$
解得
$$\mathrm{d}y = -\frac{2x + y}{x + 2y}\mathrm{d}x.$$

3. 复合函数的微分——一阶微分形式不变性

设 $y = f(u)$ 和 $u = g(x)$ 都可微，则复合函数 $y = f[g(x)]$ 的微分为
$$\mathrm{d}y = [f[g(x)]]'\mathrm{d}x = f'(u)g'(x)\mathrm{d}x.$$
由于 $g'(x)\mathrm{d}x = \mathrm{d}g(x) = \mathrm{d}u$，所以上式也可写成
$$\mathrm{d}y = f'(u)\mathrm{d}u.$$

因此，无论 u 是自变量还是中间变量，$\mathrm{d}y = f'(u)\mathrm{d}u$ 始终成立. 微分运算的这一性质称为**一阶微分形式不变性**.

求下列函数的微分.

（1）$y = x^2\ln x^2 + \cos x^2$；（2）$y = \mathrm{e}^{\sin(ax+b)}$（$a$、$b$ 均为常数）.

解　（1）由复合函数求导法知
$$y' = 2x\ln x^2 + x^2 \cdot \frac{1}{x^2} \cdot 2x - \sin x^2 \cdot 2x$$
$$= 2x(\ln x^2 + 1 - \sin x^2),$$
从而　　　　　$\mathrm{d}y = y'\mathrm{d}x = 2x(\ln x^2 + 1 - \sin x^2)\mathrm{d}x.$

（2）利用一阶微分形式不变性. 令 $u = \sin v$，$v = ax + b$，则 $y = \mathrm{e}^u$，

因此　　　　　$\mathrm{d}y = \mathrm{d}\mathrm{e}^u = \mathrm{e}^u\mathrm{d}u,$

又　　　　$\mathrm{d}u = \mathrm{d}\sin v = \cos v\mathrm{d}v$，$\mathrm{d}v = \mathrm{d}(ax+b) = a\mathrm{d}x,$

从而　　　　$\mathrm{d}y = \mathrm{e}^u\cos v\mathrm{d}v = \mathrm{e}^u\cos v \cdot a\mathrm{d}x,$
$$= a\mathrm{e}^{\sin(ax+b)}\cos(ax+b)\mathrm{d}x.$$

4. 高阶微分

与高阶导数相对应,可以得到高阶微分.

设函数 $y = f(x)$ 可微,则 $dy = f'(x)dx$,即一阶微分. 若 dy 关于 x 仍然可微,则有

$$d(dy) = d[f'(x)dx] = [f'(x)dx]'dx$$
$$= f''(x)dx \cdot dx = f''(x)(dx)^2.$$

称 $d(dy)$ 为 $y = f(x)$ 的二阶微分,记为 d^2y,即 $d^2y = d(dy)$. 记 $(dx)^2 = dx^2$,于是

$$d^2y = f''(x)dx^2.$$

一般地,若函数 $y = f(x)$ 有直到 $n(n \geq 1)$ 阶的微分,则

$$d^ny = f^{(n)}(x)dx^n,$$

其中 $d^ny = d(d^{n-1}y)$, $dx^n = (dx)^n$. 二阶及二阶以上的微分统称为**高阶微分**.

注意

(1) $d^ny = f^{(n)}(x)dx^n \Leftrightarrow$ $f^{(n)}(x) = \dfrac{d^ny}{dx^n}$;

(2) $dx^n \neq d(x^n)$. dx^n 的含义是 $(dx)^n$,而 $d(x^n) = (x^n)'dx = nx^{n-1}dx$,两者不能混淆;

(3) 对一般函数而言,高阶微分不具有形式不变性.(参见二维码).

3.3.3　微分在近似计算中的应用

由微分的定义可知,当 $|\Delta x|$ 很小时,有

$$\Delta y \approx dy = f'(x_0)\Delta x,$$

即

$$\Delta y = f(x_0 + \Delta x) - f(x_0) \approx f'(x_0)\Delta x,$$

或

$$f(x_0 + \Delta x) \approx f(x_0) + f'(x_0)\Delta x.$$

因此,可用 $f'(x_0)\Delta x$ 近似计算函数在 x_0 处的增量值 Δy,也可用 $f(x_0) + f'(x_0)\Delta x$ 近似计算函数值 $f(x_0 + \Delta x)$.

例 3.30　求 $\sqrt[3]{8.01}$ 的近似值.

解　设 $y = f(x) = \sqrt[3]{x}$,则 $y' = (\sqrt[3]{x})' = \dfrac{1}{3\sqrt[3]{x^2}}$,取 $x_0 = 8$,$\Delta x = 0.01$,则由 $f(x_0 + \Delta x) \approx f(x_0) + f'(x_0)\Delta x$ 知

$$\sqrt[3]{8.01} \approx \sqrt[3]{8} + \frac{1}{3 \cdot \sqrt[3]{8^2}} \cdot 0.01 \approx 2.00083.$$

例 3.31　在 $x = 0$ 附近求 $f(x) = \sin x$ 的近似式,并计算 $\sin 1°$ 的近似值.

解　由 $f(x) \approx f(x_0) + f'(x_0)(x - x_0)$ 　$(\Delta x = x - x_0)$,

知

$$\sin x = f(x) \approx f(0) + f'(0)x,$$

从而

$$\sin x \approx x,$$

$$\sin 1° \approx \frac{\pi}{180} \approx 0.0174.$$

类似地,可推出一些常见函数在 $x = 0$ 点附近的一次近似式。例如,当 $|x| \to 0$ 时,有

$$e^x \approx 1 + x, \quad \tan x \approx x, \quad (1 + x)^\alpha = 1 + \alpha x, \quad \ln(1 + x) \approx x, \quad \sqrt[n]{1 + x} \approx 1 + \frac{1}{n}x.$$

练习 3.3

1. 已知 $y = x^2 + 3$，计算当 $x = 1$，$\Delta x = 0.1$ 时的 Δy 和 $\mathrm{d}y$.

2. 设 $y = y(x)$ 是函数方程 $\mathrm{e}^{x+y} = 2 + x + 2y$ 在 $(1, -1)$ 点所确定的隐函数，求 $\mathrm{d}y \big|_{(1, -1)}$.

3. 计算下列函数的微分.

$(1)\ y = \mathrm{e}^{1-3x} \sin x;$　　　$(2)\ y = \dfrac{1}{\cos \sqrt{x}};$　　　$(3)\ y = \tan^2(1 + 2x^2);$

$(4)\ y = x^2 \sin 2x.$

4. 计算下列各式的近似值.

$(1)\ \ln 1.08;$　　　$(2)\ \sqrt[3]{27.002};$　　　$(3)\ \mathrm{e}^{0.001}.$

3.4　边际分析与弹性分析

在分析经济问题时，我们经常需要研究经济函数的变化率，这与我们本章所学的导数密切相关. 本节讨论导数在经济学中的简单应用——边际分析和弹性分析.

3.4.1　边际分析

由导数的概念可知，函数 $f(x)$ 在某点处的导数，即函数在该点的变化率，描述的是函数在该点附近变化的快慢. 经济学中，边际分析方法是最基本分析方法之一，所谓"**边际**"是指：一单位的自变量的变化，所引起的因变量的变化量，即 $\dfrac{\Delta y}{\Delta x}$. 下面我们分别介绍经济学中常见的三种边际问题：边际成本、边际收益和边际利润.

1. 边际成本

边际成本（Marginal cost）是成本函数 $C = C(Q)$（Q 为产量）关于产量的导数，即

$$MC = C'(Q) = \frac{\mathrm{d}C}{\mathrm{d}Q},$$

由微分的定义可知：$C(Q + \Delta Q) - C(Q) \approx C'(Q)\Delta Q$

特别地

$$C(Q + 1) - C(Q) \approx C'(Q).$$

可见，边际成本表示的是：当产量为 Q 时，再生产一单位产品所增加的成本，即生产第 $Q + 1$ 个产品所需要的花费.

2. 边际收益

边际收益（Marginal revenue）是收益函数 $R = R(Q)$（Q 为销售量）的导数，即

$$MR = R'(Q) = \frac{\mathrm{d}R}{\mathrm{d}Q},$$

从而 $\qquad R(Q+\Delta Q) - R(Q) \approx R'(Q)\Delta Q$

特别地， $\qquad R(Q+1) - R(Q) \approx R'(Q).$

可知，边际收益表示的是：当销售量为 Q 时，再多销售一单位商品所增加的收入，即第 $Q+1$ 个商品带来的收益.

3. 边际利润

边际利润是利润函数 $L = L(Q)$（Q 为销售量）的导数，记为 ML，即

$$ML = L'(Q) = \frac{\mathrm{d}L}{\mathrm{d}Q}.$$

从而 $L(Q+\Delta Q) - L(Q) \approx L'(Q)\Delta Q$，

特别地

$$L(Q+1) - L(Q) \approx L'(Q)$$

可知，边际利润表示的是：当销售量为 Q 时，再多销售一单位商品所增加的利润，即第 $Q+1$ 个商品带来的利润.

进一步地，由于利润＝收益－成本，即 $L(Q) = R(Q) - C(Q)$.
因此，边际利润 $ML = R'(Q) - C'(Q) = MR - MC$

例3.32 设某厂每月生产的产品固定成本为1000元，生产 x 个单位产品的可变成本为 $0.01x^2 + 10x$ 元，如果每单位产品的售价为30元，试求：成本函数、收益函数、利润函数，并写出边际成本、边际收益以及当边际利润为零时的产量.

解 成本包括可变成本与固定成本。由题意知

成本函数为：$C(x) = 0.01x^2 + 10x + 1000$，

收益函数为：$R(x) = Px = 30x$.

利润函数为：$L(x) = R(x) - C(x) = -0.01x^2 + 20x - 1000$.

从而

边际成本：$C'(x) = 0.02x + 10$，

边际收益：$R'(x) = 30$，

边际利润：$L'(x) = -0.02x + 20$.

当边际利润为零时，即 $L'(x) = 0$，解得 $x = 1000$. 也就是当月产量为1000个单位时，边际利润为零.

> **思考** 以边际成本为例，由导数的定义可知 $C'(Q) = \lim\limits_{\Delta Q \to 0} \frac{\Delta C}{\Delta Q}$，而边际成本表示再生产一单位产品所增加的成本，即 $\Delta Q = 1$（单位），此与 $\Delta Q \to 0$ 是否矛盾？

3.4.2 弹性分析

在经济分析中，仅仅研究变化率是不够的，往往需要对两个变量的相对改变量进行比较，以体现相互依存的变量之间一个变量对另一个变量变化的反应程度，即相对变化率.

例如，某商品价格从100元涨到102元时，销售量从100件降到96件，也就是，由于价格上涨2%导致销售量下降4%. 从而可知，当价格水平为100元时，价格上涨1%，销售量将下降2%，即 $\dfrac{-4\%}{2\%} = -2$.

经济学中,弹性(Elasticity)衡量因变量对自变量变化的反应敏感程度,是因变量相对变化与自变量相对变化之比. 具体而言,弹性描述的是由自变量变动1%所引起的因变量变化的百分比.

（弹性） 设函数 $y=f(x)$ 在 $x_0(x_0 \neq 0)$ 点的某邻域内有定义,并且在 x_0 点可导,$f(x_0) \neq 0$,则极限

$$\lim_{\Delta x \to 0} \frac{\Delta y / y_0}{\Delta x / x_0} = \lim_{\Delta x \to 0} \frac{\Delta y}{\Delta x} \cdot \frac{x_0}{y_0} = f'(x_0) \cdot \frac{x_0}{f(x_0)},$$

称为函数 $y=f(x)$ 在点 x_0 处的**弹性**,记作 $\left. \dfrac{Ey}{Ex} \right|_{x=x_0}$ 或 $\left. \dfrac{Ef(x)}{Ex} \right|_{x=x_0}$.

进一步地,若 $f(x)$ 在区间 (a,b) 内可导,则 $f(x)$ 在 (a,b) 内任意点 x 处的弹性

$$\frac{Ef(x)}{Ex} = f'(x) \cdot \frac{x}{f(x)}$$

称为 $f(x)$ 的弹性函数.

对函数 $f(x)$ 及自变量 x 赋予不同的经济含义,可以得到需求价格弹性,供给价格弹性以及需求收入弹性.

1. 需求价格弹性

若 Q_d 表示某商品的市场需求量,商品价格为 P,需求价格函数 $Q_d = Q(P)$,则该商品的需求价格弹性为

$$E_P = \frac{EQ_d}{EP} = \frac{P}{Q_d} \cdot \frac{dQ_d}{dP}.$$

通常,需求量 Q 是价格的单调递减函数,因此 E_P 一般为负数. 由上式可知

$$\frac{dQ_d}{Q_d} = \frac{dP}{P} \cdot E_P,$$

即

$$\frac{\Delta Q_d}{Q_d} \approx \frac{\Delta P}{P} \cdot E_P.$$

从而表明,当商品价格上升(或下降)1%时,需求量将下降(或上升)约 $|E_P|$% 。在经济学中比较商品需求价格弹性大小时,通常采用弹性的绝对值 $|E_P|$,即某商品的需求价格弹性大,指的是其绝对值大.

根据商品需求价格弹性的大小,可判断价格变动对商品需求量影响的大小.

高弹性:当 $|E_P| > 1$(即 $E_P < -1$)时,称为高弹性,此时商品需求量变动的百分比高于价格变动的百分比,价格变动对需求量影响较大;

单位弹性:当 $|E_P| = 1$(即 $E_P = -1$)时,称为单位弹性,此时商品需求量变动的百分比与价格变动时百分比相等;

低弹性:当 $0 < |E_P| < 1$(即 $-1 < E_P < 0$)时,称为低弹性,此时商品需求量变动的百分比低于价格变动的百分比,价格变动对需求量影响较小.

例 3.33 设某商品的需求函数为 $Q_d = e^{-\frac{P}{4}}$,求

(1)商品的需求价格弹性函数;

(2)$P = 3, 4, 5$ 时的需求价格弹性,并给以适当的解释.

解 (1)$\dfrac{dQ_d}{dP} = -\dfrac{1}{4} e^{-\frac{P}{4}}$,从而 $E_P = \dfrac{P}{Q_d} \cdot \dfrac{dQ_d}{dP} = \dfrac{P}{e^{-\frac{P}{4}}} \cdot$

$\left(-\dfrac{1}{4} e^{-\frac{P}{4}} \right) = -\dfrac{P}{4}$.

(2)当 $P = 3$ 时,$|E_P| = \dfrac{3}{4} < 1$,为低弹性.说明 $P = 3$ 时,需求变动的幅度小于价格变动的幅度,即价格上涨 1%,需求量下降 0.75%;

当 $P = 4$ 时,$|E_P| = 1$,为单位弹性.说明需求变动的幅度与价格变动的幅度相同,即价格上涨 1%,需求量下降 1%;

当 $P = 5$ 时,$|E_P| = \dfrac{5}{4} > 1$,为高弹性.说明需求变动的幅度高于价格变动的幅度,即价格上涨 1%,需求量下降 1.25%.

2. 供给价格弹性

与需求价格弹性类似,对于供给函数 $Q_s = Q(P)$ 的分析可以得到供给价格弹性,其中 Q_s 表示某商品的市场供给量,P 为商品价格.供给价格弹性表示为

$$\widetilde{E_P} = \frac{P}{Q_s} \cdot \frac{dQ_s}{dP} \quad (Q_s \text{为市场供给量}).$$

供给价格弹性,体现的是价格变动百分比与供给量变动百分比之间的关系.

与需求价格弹性不同的是,供给价格弹性通常是正的,供给量 Q_s 是价格的单调增函数,当商品价格上升(或下降)1% 时,商品供给量将上升(或下降)约 $\widetilde{E_P}\%$.

例 3.34 已知某种商品的供给价格函数为

$$Q_s = -5 + 2P$$

试求 $P = 4$ 时的供给价格弹性.

解 因为 $Q_s' = (-5 + 2P)' = 2$

所以

$$\widetilde{E_P}\big|_{P=4} = \frac{P}{Q_s} \cdot \frac{dQ_s}{dP} = 2 \times \frac{4}{-5 + 2 \times 4} \approx 2.7$$

即当价格为 $P = 4$ 时,若提价 1%,供给量将增加 2.7%.

3. 需求收入弹性

假设消费者的收入为 M,对某商品的需求量为 Q_d,需求收入函

数为 $Q_d = Q_d(M)$，则消费者对该商品的需求收入弹性为

$$E_M = \frac{M}{Q_d} \cdot \frac{dQ_d}{dM}.$$

需求收入弹性反映的是消费者收入变动的百分比与商品需求量变动百分比之间的关系．

一般来说，商品的需求量是消费者收入的递增函数。因此，需求收入弹性 E_M 通常是正的．由

$$\frac{\Delta Q_d}{Q_d} \approx \frac{\Delta M}{M} E_M,$$

知，当消费者收入上升（或下降）1% 时，商品的需求量将上升（或下降）约 $E_M\%$．

练习 3.4

1. 设糕点厂加工生产糕点的总成本函数和总收入函数分别为
$$C(x) = 100 + 2x,\ R(x) = 7x - 0.01x^2 （单位：元）$$
求边际利润函数及当产量 x 分别为 $200,250,300$（单位：kg）时的边际利润，并说明其经济意义．

2. 设某商品的供给函数 $Q_s = Q(P) = 20 + 5P$，求供给价格弹性函数及 $P = 10$ 时的供给价格弹性．

3. 一种书包由每个 60 元提高到 70 元，则销售量从每天销出 100 个降低至 85 个．

（1）求书包销价为 60 元时的需求价格弹性；

（2）求书包售价为 60 元和 70 元时，每天的总收益；

（3）问该商品是否应该提价？

4. 已知某商品的需求函数为 $Q(P) = 100 - 2P^2$（P 为价格，单位：元），试求

（1）该商品的需求价格弹性函数；

（2）如果该商品的定价为 5 元，此时若价格上升 1%，总收益增加还是减少？将变化百分之几？

练合习题 3

1. 设 $f(x) = (x^{2020} - 1)g(x)$，其中 $g(x)$ 在 $x = 1$ 处连续，并且 $g(1) = 1$，求 $f'(1)$．

2. 设 $f(x)$ 在 $x = 0$ 点连续，并有 $\lim\limits_{x \to 0} \frac{f(x) - 1}{x} = -1$，求 $f(0)$ 和 $f'(0)$．

3. 已知 $f(1) = 2, f'(1) = 8$，求极限 $\lim\limits_{x \to 2} \frac{f(3 - x) - 2}{x^2 - 4}$．

4. 设 $f(x) = \begin{cases} \ln(x+1) + b & x > 0 \\ a^x & x \leqslant 0 \end{cases}$，已知 $f(x)$ 在 $x = 0$ 处可导，求 a,b 的值，并求 $f'(0)$。

5. 设 $f(x) = \begin{cases} x^2 \sin \dfrac{1}{x}, & x \neq 0, \\ 0, & x = 0, \end{cases}$ 求 $f'(x)$ 的表达式，并判断 $f'(x)$ 在 $x = 0$ 点处是否连续。

6. 已知 $f(x)$ 可导且 $f(x)$ 为偶函数，$f'(-1) = -2e$，求极限 $\lim\limits_{x \to -1} \dfrac{f(2x+1) - f(1)}{2(x+1)}$。

7. 设 $f(x)$ 在 $x = 0$ 处连续，且 $\lim\limits_{x \to 0} \dfrac{f(x)}{x} = A$（$A$ 为常数），证明：$f(0) = 0$，$f'(0) = A$。

8. 求下列函数的导数：

（1）$y = \dfrac{(1-x)(2+x)^3}{\sqrt{(x+1)^5}}$；　　　　（2）$y = \ln\ln(x + \arctan x^2)$。

9. 设 $f(x)$ 可导，$y = f(\sin x) e^{f(\ln x)}$，求 $\mathrm{d}y$。

10. 已知 $f(x)$ 可导且 $f'(x) = x\tan x$，求 $\mathrm{d}f(\arctan x)$。

11. 设 $y = f(\ln x)$，且 $f(x)$ 二阶可导，求 $\dfrac{\mathrm{d}^2 y}{\mathrm{d}x^2}$。

12. 设 $y = y(x)$ 是由方程 $y = 1 + x e^{xy}$ 所确定的隐函数，求 $\dfrac{\mathrm{d}^2 y}{\mathrm{d}x^2}$。

13. 设 $y = f(x)$ 是由方程 $e^y + 6xy + x^2 = 1$ 确定的函数，求 $y''(0)$。

14. 设 $y = y(x)$ 是由方程 $\ln(x + 2y) = x^2 - y^2$ 在 $(-1,1)$ 处确定的隐函数，求 $\mathrm{d}y \big|_{(-1,1)}$。

15. 设参数方程 $\begin{cases} x = \dfrac{3at}{1+t^3}, \\ y = \dfrac{3at^2}{1+t^3}, \end{cases}$ 求 $\dfrac{\mathrm{d}y}{\mathrm{d}x}$ 以及在 $t = 1$ 处的切线方程。

16. 设某商品需求量 Q 是价格 p 的单减函数，$Q = Q(P)$，R 为总收益，需求价格弹性 $E_{\mathrm{P}} = \dfrac{P^2}{2p^2 - 100} < 0$，

求 $P = 5$ 时，总收益 R 对价格 P 的弹性，并说明其经济意义。

第4章
微分中值定理与导数的应用

上一章中,我们学习了导数与微分以及它们的计算方法,但要进一步认识导数,并利用导数研究函数的性质,则需要基于微分学基本定理——微分中值定理. 本章我们主要讨论微分中值定理以及应用这些定理分析函数性质的方法:洛必达法则、泰勒公式、函数单调性与凹凸性等.

本章内容及相关知识点如下.

<table>
<tr><td colspan="2">微分中值定理与导数的应用</td></tr>
<tr><td>内容</td><td>知识点</td></tr>
<tr><td>微分中值定理</td><td>(1)拉格朗日中值定理及其几何解释;
(2)罗尔中值定理及其几何意义;
(3)柯西中值定理及其几何意义;
(4)三个中值定理之间的关联;
(5)利用中值定理证明等式及不等式.</td></tr>
<tr><td>洛必达法则</td><td>(1)"$\dfrac{0}{0}$"和"$\dfrac{\infty}{\infty}$"型洛必达法则;
(2)"$0 \cdot \infty$"、"$\infty - \infty$"、"0^{0}"、"1^{∞}"、"∞^{0}"型未定式的计算方法
(3)洛必达法则在使用中的几点注意.</td></tr>
<tr><td>泰勒公式</td><td>(1)泰勒中值定理
(2)$f(x)$在x_0点的n阶泰勒公式;
(3)常用函数的麦克劳林公式
(4)利用泰勒展开式求解未定式极限.</td></tr>
<tr><td>函数基本性质分析与作图</td><td>(1)一阶导数符号与函数的单调性;
(2)二阶导数符号与函数的凹凸性;
(3)极值点、拐点的求解与判别;
(4)渐近线的求解
(5)函数作图</td></tr>
<tr><td>导数在经济中的应用</td><td>利用导数求解经济中的若干优化问题</td></tr>
</table>

4.1 微分中值定理

本节我们学习微分中值定理,这些定理是导数应用的理论基础.在介绍中值定理之前,我们先给出有关极值的定理——费马定理.

定义 4.1 设 $f(x)$ 在 x_0 的某一领域 $U(x_0,\delta)$ 内有定义,若

$$f(x) \leqslant f(x_0)(f(x) \geqslant f(x_0)), \quad x \in U(x_0,\delta),$$

则称 $f(x_0)$ 是 $f(x)$ 的一个**极大值(极小值)**,这时称 x_0 是 $f(x)$ 的一个**极大值点(极小值点)**. 极大值与极小值统称为**极值**.

定理 4.1 (**费马(Fermat)定理**) 若函数 $y = f(x)$ 在 x_0 点可导,并且 x_0 是 $f(x)$ 的极值点 $f(x)$,则 $f'(x_0) = 0$.

证明 设 $f(x_0)$ 为极大值.

由定义 4.1 知,对任意 $x \in U(x_0,\delta)$,有 $f(x) \leqslant f(x_0)$. 由于 $f(x)$ 在 x_0 点可导,即 $f'(x_0) = f'_+(x_0) = f'_-(x_0)$,从而对任意 $x \in U(x_0,\delta)$,由极限的保号性知

当 $x > x_0$ 时,$f'_+(x_0) = \lim\limits_{x \to x_0^+} \dfrac{f(x) - f(x_0)}{x - x_0} \leqslant 0$,

当 $x < x_0$ 时,$f'_-(x_0) = \lim\limits_{x \to x_0^-} \dfrac{f(x) - f(x_0)}{x - x_0} \geqslant 0$,

所以 $f'(x_0) = f'_+(x_0) = f'_-(x_0) = 0$.

对 $f(x_0)$ 为极小值的情况可类似证明

费马定理的几何解释: 若函数 $y = f(x)$ 的曲线在其极大值或极小值点可导,则过该极值点的切线是水平的(如图 4-1 所示).

下面,我们介绍微分中值定理的核心定理——拉格朗日中值定理.

定理 4.2 (**拉格朗日(Lagrange)中值定理**) 如果函数 $f(x)$ 满足:(1)在闭区间 $[a,b]$ 上连续;(2)在开区间 (a,b) 内可导,则至少存在一点 $\xi \in (a,b)$,使得

$$f'(\xi) = \frac{f(b) - f(a)}{b - a}.$$

拉格朗日中值定理的几何解释: 在定理条件满足的情况下,开区间 (a,b) 内至少存在一点,曲线在该点处的切线平行于连接 $A(a,f(a))$ 和 $B(b,f(b))$ 两点的弦(如图 4-2 所示)

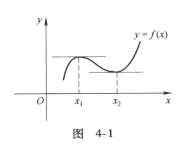

图 4-1

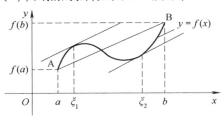

图 4-2

证明　作辅助函数

$$F(x) = f(x) - \left[f(a) + \frac{f(b) - f(a)}{b - a}(x - a) \right], x \in [a, b],$$

显然 $F(x)$ 在 $[a,b]$ 上连续,从而存在最大值 M 和最小值 m. 以下分两种情况:

(1) 若 $M = m$, 即 $F(x)$ 是常函数, 那么对 $\forall \xi \in (a,b)$ 都有 $F'(\xi) = 0$, 从而有 $f'(\xi) = \frac{f(b) - f(a)}{b - a}$.

(2) 若 $M \neq m$, 由于 $F(a) = F(b) = 0$, 从而至少有一个最值取在区间 $[a,b]$ 的内部. 不妨设 $F(\xi_1) = m$, 且 $\xi_1 \in (a,b)$. 因为 ξ_1 是最小值点, $\xi_1 \in (a,b)$, 从而 ξ_1 是极小值点, 又 $F(x)$ 在 ξ_1 点可导, 由费马定理知, $F'(\xi_1) = 0$. 取 $\xi = \xi_1$, 有

$$f'(\xi) = \frac{f(b) - f(a)}{b - a}.$$

结论得证.

拉格朗日中值定理的结论也可以写成

$$f(b) - f(a) = f'(\xi)(b - a), \xi \in (a,b).$$

此式也称**拉格朗日中值公式**, 或微分中值公式.

特别地, 如果取 x 与 $x + \Delta x$ 为 $[a,b]$ 内任意两点, 在 x 与 $x + \Delta x$ 之间应用拉格朗日中值定理, 有

$$\Delta y = f(x + \Delta x) - f(x) = f'(x + \theta \Delta x)\Delta x, 0 < \theta < 1,$$

此式称为**有限增量公式**. 它建立了函数在区间上的改变量与函数在区间内某点导数之间的关系, 从而我们可以利用导数来研究函数在区间上的变化情况.

特别地, 在拉格朗日中值定理中, 若 $f(a) = f(b)$, 则可得到罗尔中值定理.

(罗尔(Rolle)中值定理)　如果函数 $f(x)$ 满足

(1) 在闭区间 $[a,b]$ 上连续; (2) 在开区间 (a,b) 内可导; (3) $f(a) = f(b)$, 则至少存在一点 $\xi \in (a,b)$, 使得 $f'(\xi) = 0$.

罗尔中值定理的几何解释: 函数 $y = f(x)$ 为区间 $[a,b]$ 上的一条连续光滑的曲线, 则在 (a,b) 内至少存在一点, 曲线在该点处的切线平行于 x 轴, 也平行于连接端点 $A(a,f(a))$ 和 $B(b,f(b))$ 的弦 (如图 4-3 所示).

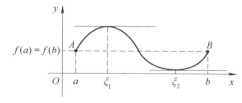

图　4-3

比较拉格朗日中值定理与罗尔中值定理, 可见当条件中去掉了

注意　罗尔中值定理中的三个前提条件为充分非必要条件. (反例见二维码)

$f(a) = f(b)$，得 $f'(\xi) = \dfrac{f(b) - f(a)}{b - a}$；当加入条件 $f(a) = f(b)$ 时，拉格朗日中值定理的结论亦为 $f'(\xi) = 0$.

因此，拉格朗日中值定理是罗尔中值定理的推广，罗尔中值定理是拉格朗日中值定理的特殊情况.

推论 4.1 在 (a,b) 内可导函数 $f(x)$ 为常函数的充分必要条件是 $f'(x) = 0, x \in (a,b)$.

证明 必要性由导数定义即可得证.

下证充分性. 只须证明对任意两点 $x_1, x_2 \in (a,b)(x_1 \neq x_2)$，都有 $f(x_1) = f(x_2)$. 为此，不妨设 $x_1 < x_2$，在闭区间 $[x_1, x_2]$ 上利用拉格朗日中值定理，得 $f(x_2) - f(x_1) = f'(\xi)(x_2 - x_1)$. 因为 $f'(\xi) = 0$，从而 $f(x_2) - f(x_1) = 0$，即对任意 $x_1, x_2 \in (a,b), x_1 \neq x_2$，有 $f(x_1) = f(x_2)$，因此 $f(x)$ 为常函数.

推论 4.2 若两个函数 $y = f(x)$ 与 $y = g(x)$ 均在 (a,b) 内可导，且有 $f'(x) = g'(x), x \in (a,b)$，则存在常数 C，使得
$$f(x) = g(x) + C.$$

证明 令 $F(x) = f(x) - g(x)$，对 $F(x)$ 在 (a,b) 上利用推论 4.1 即可得证.

例 4.1 证明：方程 $1 + x + \dfrac{x^2}{2} + \dfrac{x^3}{6} = 0$ 有且只有一个实根.

证明 令 $f(x) = 1 + x + \dfrac{x^2}{2} + \dfrac{x^3}{6} = 0, f(0) = 1, f(-3) = -2$，由于 $f(x)$ 在 $[-3, 0]$ 上连续，根据零点存在性定理知，存在 $\xi \in (-3, 0)$ 使得 $f'(\xi) = 0$，存在性得证.

以下证明唯一性. 假设还有一个实根 η. 不妨设 $\xi < \eta$. 在区间 $[\xi, \eta]$ 上，$f(x)$ 满足罗尔中值定理的条件，从而至少存在一点 τ，使得 $f'(\tau) = 0$. 而 $f'(x) = 1 + x + \dfrac{1}{2}x^2 = \dfrac{1}{2}(x+1)^2 + \dfrac{1}{2} > 0$，推出矛盾，唯一性得证.

综上可知，方程有且只有一个实根.

例 4.2 证明：当 $|x| < 1$ 时，有 $\arcsin x + \arccos x = \dfrac{\pi}{2}$

证明 令 $f(x) = \arcsin x + \arccos x$
当 $|x| < 1$ 时，有
$$f'(x) = \frac{1}{\sqrt{1 - x^2}} - \frac{1}{\sqrt{1 - x^2}} = 0,$$

由推论 4.1 知 $f(x) = C$（C 为常数）. 令 $x = 0$，得 $f(0) = \dfrac{\pi}{2}$，即 $C = \dfrac{\pi}{2}$，从而

$$\arcsin x + \arccos x = \frac{\pi}{2}.$$

拉格朗日中值定理的一个直接应用是证明一些简单的不等式.

证明下列不等式

（1）$|\sin a - \sin b| \leqslant |a - b|$；

（2）$\dfrac{a - b}{a} < \ln \dfrac{a}{b} < \dfrac{a - b}{b}$　$(b > a > 0)$.

证明　（1）令 $f(x) = \sin x$，不妨设 $b > a$，在区间 $[a, b]$ 上，应用拉格朗日中值定理，有

$$\sin a - \sin b = \cos\xi(a - b), \xi \in (a, b).$$

两边取绝对值，得

$$|\sin a - \sin b| = |\cos\xi||a - b|, \xi \in (a, b),$$

由于 $|\cos\xi| \leqslant 1$，从而

$$|\sin a - \sin b| \leqslant |a - b|.$$

（2）令 $f(x) = \ln x$，在区间 $[a, b]$ 上，应用拉格朗日中值定理，有

$$\ln a - \ln b = \frac{1}{\xi}(a - b), \xi \in (a, b).$$

由于 $\dfrac{1}{b} < \dfrac{1}{\xi} < \dfrac{1}{a}$，即有

$$\frac{a - b}{a} < \ln \frac{a}{b} < \frac{a - b}{b}(b > a > 0).$$

设 $f(x)$ 在 $[0, 1]$ 可导，且 $f(0) = 0, f(1) = 1$. 试证：在 $[0, 1]$ 内存在不同的 ξ 和 η，使得 $f'(\xi) + f'(\eta) = 2$.

证明　对于 $f(x)$ 在闭区间 $\left[0, \dfrac{1}{2}\right]$ 和 $\left[\dfrac{1}{2}, 1\right]$ 上分别利用拉格朗日中值定理，得

存在 $\xi \in \left(0, \dfrac{1}{2}\right)$，使

$$f\left(\frac{1}{2}\right) - f(0) = \frac{1}{2}f'(\xi),$$

存在 $\eta \in \left(\dfrac{1}{2}, 1\right)$，使

$$f(1) - f\left(\frac{1}{2}\right) = \frac{1}{2}f'(\eta),$$

注意到 $f(0) = 0, f(1) = 1$，从而

$$f\left(\frac{1}{2}\right) = \frac{1}{2}f'(\xi),$$

$$1 - f\left(\frac{1}{2}\right) = \frac{1}{2}f'(\eta),$$

整理可得

$$f'(\xi) + f'(\eta) = 2.$$

进一步地，将拉格朗日中值定理推广，可得柯西中值定理.

定理 4.4 **（柯西（Cauchy）中值定理）** 若函数 $y = f(x)$ 和 $y = g(x)$ 均在闭区间 (a, b) 上连续,在开区间 (a, b) 内可导,并且 $g'(x) \neq 0$,则至少存在一点 $\xi \in (a, b)$,使得

$$\frac{f(b) - f(a)}{g(b) - g(a)} = \frac{f'(\xi)}{g'(\xi)}.$$

显然,在柯西中值定理中,当 $g(x) = x$ 时,有 $g(b) - g(a) = b - a$, $g'(\xi) = 1$. 从而得到 $f'(\xi) = \frac{f(b) - f(a)}{b - a}$. 因此,**柯西中值定理是拉格朗日中值定理的推广,拉格朗日中值定理是柯西中值定理的特殊情形**.

思考 柯西中值定理是否可以采用下面的方式证明?

因为 $f(x), g(x)$ 分别满足拉格朗日中值定理的条件,从而有 $f'(\xi) = \frac{f(b) - f(a)}{b - a}$, $g'(\xi) = \frac{g(b) - g(a)}{b - a}$, ξ 介于 a 与 b 之间,两式相比,可得

$$\frac{f(b) - f(a)}{g(b) - g(a)} = \frac{f'(\xi)}{g'(\xi)}$$

答案参见二维码

例 4.5 若 $f(x)$ 在 $[a, b]$ 连续,在 (a, b) 可导,证明:必存在 $\xi \in (a, b)$ 使 $f(b) - f(a) = (e^{-a} - e^{-b})e^{\xi}f'(\xi)$.

证明 令 $g(x) = e^{-x}$, $g'(x) = -e^{-x} \neq 0$,且 $g(x)$ 在 $[a, b]$ 连续,在 (a, b) 可导,对 $f(x)$ 和 $g(x)$ 应用柯西中值定理,则

$$\frac{f(b) - f(a)}{e^{-b} - e^{-a}} = \frac{f(\xi)}{-e^{-\xi}}.$$

即必存在 $\xi \in (a, b)$ 使得 $f(b) - f(a) = (e^{-a} - e^{-b})e^{\xi}f'(\xi)$.

例 4.6 设 $x_1 x_2 > 0$,证明:$x_1 e^{x_2} - x_2 e^{x_1} = (1 - \xi)e^{\xi}(x_1 - x_2)$,其中 ξ 介于 x_1 与 x_2 之间.

证明 由 $x_1 x_2 > 0$ 知 $x_1 \neq 0$, $x_2 \neq 0$,且 $x = 0$ 不在 x_1 与 x_2 之间,令 $f(x) = \frac{e^x}{x}$, $g(x) = \frac{1}{x}$,易知 $f(x), g(x)$ 在以 x_1, x_2 为端点的区间内满足柯西中值定理的条件,从而存在 ξ 介于 x_1 与 x_2 之间,有

$$\frac{\dfrac{e^{x_2}}{x_2} - \dfrac{e^{x_1}}{x_1}}{\dfrac{1}{x_2} - \dfrac{1}{x_1}} = \frac{\dfrac{\xi e^{\xi} - e^{\xi}}{\xi^2}}{-\dfrac{1}{\xi^2}} = (1 - \xi)e^{\xi},$$

即 $x_1 e^{x_2} - x_2 e^{x_1} = (1 - \xi)e^{\xi}(x_1 - x_2)$, ξ 介于 x_1 与 x_2 之间.

注意 上述两个例题也可用拉格朗日中值定理完成证明,证明过程参见二维码.

练习 4.1

1. 证明:方程 $x^5 + x - 1 = 0$ 有且仅有一个正实根.

2. 设 $f(x)$ 在 $[a,b]$ 上连续,在 (a,b) 内可导,$f(a) = f(b) = 0$,证明:存在 $\xi \in (a,b)$ 使 $2f(\xi) = f'(\xi)$

3. 证明:当 $x > 0$ 时,有 $\dfrac{x}{1+x} < \ln(1+x) < x$ 成立.

4. 证明下列等式:

(1) $\arcsin x + \arcsin \sqrt{1-x^2} = \dfrac{\pi}{2}, x \in [0,1]$;

(2) $\arcsin x - \arcsin \sqrt{1-x^2} = -\dfrac{\pi}{2}, x \in [-1,0]$.

5. 设 $f(x)$ 在 $[a,b]$ 上连续,在 (a,b) 内可导,$a > 0, b > 0$. 证明: $\dfrac{f(b) - f(a)}{\ln b - \ln a} = xf'(x)$ 在 (a,b) 内至少有一个根.

4.2　洛必达法则

本节我们给出一种求解极限的重要方法——洛必达法则. 这种方法适用于"$\dfrac{0}{0}$"型和"$\dfrac{\infty}{\infty}$"型极限的求解.

所谓"$\dfrac{0}{0}$"型(或"$\dfrac{\infty}{\infty}$"型)是指在某一极限过程下,分式的分子和分母均为无穷小量(或无穷大量)的情形. 通常称"$\dfrac{0}{0}$"型和"$\dfrac{\infty}{\infty}$"型极限为**未定式**,因为这类极限有的存在,有的不存在.

接下来,我们讨论"$\dfrac{0}{0}$"型和"$\dfrac{\infty}{\infty}$"型未定式,以及可以化为这两种类型的其他未定式极限的求解问题.

4.2.1　"$\dfrac{0}{0}$"型和"$\dfrac{\infty}{\infty}$"型未定式

(洛必达法则)　设函数 $f(x)$, $g(x)$ 在某一极限过程 $x \to X$ 下满足:

(1) $\lim\limits_{x \to X} f(x) = 0$ 且 $\lim\limits_{x \to X} g(x) = 0$,或者 $\lim\limits_{x \to X} f(x) = \infty$ 且 $\lim\limits_{x \to X} g(x) = \infty$;

(2) $\lim\limits_{x \to X} \dfrac{f'(x)}{g'(x)}$ 存在或者为 ∞,其中 $g'(x) \neq 0$.

那么,

$$\lim_{x \to X} \frac{f(x)}{g(x)} = \lim_{x \to X} \frac{f'(x)}{g'(x)}.$$

求 $\lim\limits_{x \to 0} \dfrac{\tan x - x}{x^2 \tan x}$　　　("$\dfrac{0}{0}$"型)

解　$\lim\limits_{x \to 0} \dfrac{\tan x - x}{x^2 \tan x} = \lim\limits_{x \to 0} \dfrac{\tan x - x}{x^3}$　(等价无穷小量代换)

注意　(1)此处极限过程 $x \to X$ 与 2.2 节相同,代表 6 种极限过程中的某一种;

(2)洛必达法则限定 $\lim\limits_{x \to X} \dfrac{f(x)}{g(x)}$ 只能是"$\dfrac{0}{0}$"型或"$\dfrac{\infty}{\infty}$"型,如果不是这两种类型,那么洛必达法则不可直接使用,因此必须在使用前验证条件.

(3)洛必达法则是将极限 $\lim\limits_{x \to X} \dfrac{f(x)}{g(x)}$ 转换为极限 $\lim\limits_{x \to X} \dfrac{f'(x)}{g'(x)}$ 来求解,因此,后者应比前者求解极限更简便.

$$= \lim_{x \to 0} \frac{\sec^2 x - 1}{3x^2} \quad （洛必达法则）$$

$$= \lim_{x \to 0} \frac{2 \sec^2 x \tan x}{6x} \quad （再一次使用洛必达法则）$$

$$= \frac{1}{3} \lim_{x \to 0} \frac{\tan x}{x} = \frac{1}{3}.$$

例4.8 求极限 $\lim_{x \to 0} \dfrac{\sin^2 x - x^2 \cos^2 x}{x^3 \sin x}$. （"$\dfrac{0}{0}$"型）

解 $\lim_{x \to 0} \dfrac{\sin^2 x - x^2 \cos^2 x}{x^3 \sin x} = \lim_{x \to 0} \dfrac{\sin x + x \cos x}{\sin x} \lim_{x \to 0} \dfrac{\sin x - x \cos x}{x^3}$ （先计

算极限值不为 0 的因式）

$$= 2 \lim_{x \to 0} \frac{\sin x - x \cos x}{x^3}$$

$$= 2 \lim_{x \to 0} \frac{\cos x - \cos x + x \sin x}{3x^2} \quad （洛必达法则）$$

$$= \frac{2}{3} \lim_{x \to 0} \frac{\sin x}{x} = \frac{2}{3}.$$

洛必达法则是求解未定式极限非常有用的方法,但与其他求极限方法(如等价无穷小量代换)结合使用,效果会更好.

作为求未定式极限的一种有效方法,洛必达法则是否可以求解任意未定式的极限呢?

例4.9 求解下列极限:

$(1) \lim_{x \to 0} \dfrac{x^2 \sin \dfrac{1}{x}}{\sin x}$; $(2) \lim_{x \to \infty} \dfrac{\mathrm{e}^{x} - \mathrm{e}^{-x}}{\mathrm{e}^{x} + \mathrm{e}^{-x}}$.

解 $(1) \lim_{x \to 0} \dfrac{x^2 \sin \dfrac{1}{x}}{\sin x}$ 为 "$\dfrac{0}{0}$" 型未定式,用洛必达法则求解,有

$$\lim_{x \to 0} \frac{x^2 \sin \dfrac{1}{x}}{\sin x} = \lim_{x \to 0} \frac{2x \sin \dfrac{1}{x} - \cos \dfrac{1}{x}}{\cos x} = \lim_{x \to 0} \left(2x \sin \frac{1}{x} - \cos \frac{1}{x} \right).$$

但 $\lim_{x \to 0} \cos \dfrac{1}{x}$ 不存在,这是否意味着原极限 $\lim_{x \to 0} \dfrac{x^2 \sin \dfrac{1}{x}}{\sin x}$ 也不存

在呢?

实际上, $\lim_{x \to 0} \dfrac{x^2 \sin \dfrac{1}{x}}{\sin x} = \lim_{x \to 0} \dfrac{x^2 \sin \dfrac{1}{x}}{x} = \lim_{x \to 0} x \sin \dfrac{1}{x} = 0$ (有界变量与

无穷小量之积为无穷小量).

$(2) \lim_{x \to +\infty} \dfrac{\mathrm{e}^{x} - \mathrm{e}^{-x}}{\mathrm{e}^{x} + \mathrm{e}^{-x}}$ 为 "$\dfrac{\infty}{\infty}$" 型未定式,用洛必达法则,有

$$\lim_{x \to +\infty} \frac{e^x - e^{-x}}{e^x + e^{-x}} = \lim_{x \to +\infty} \frac{e^x + e^{-x}}{e^x - e^{-x}} \quad \text{（洛必达法则）}$$

$$= \lim_{x \to +\infty} \frac{e^x - e^{-x}}{e^x + e^{-x}}. \text{（再一次用洛必达法则）}$$

可见，反复使用洛必达法则，会使 $\lim\limits_{x \to +\infty} \dfrac{e^x - e^{-x}}{e^x + e^{-x}}$ 反复出现，求不出数值，因此洛必达法则无法直接求解本题．

实际上，$\lim\limits_{x \to +\infty} \dfrac{e^x - e^{-x}}{e^x + e^{-x}} = \lim\limits_{x \to +\infty} \dfrac{1 - e^{-2x}}{1 + e^{-2x}} = 1$

由例 4.9 可以看出，并不是所有未定式都适合用洛必达法则求解。同时例 4.9（1）还告诉我们，当 $\lim\limits_{x \to X} \dfrac{f'(x)}{g'(x)}$ 不存在（不包含 ∞ 的情形）时，也不能断定原极限 $\lim\limits_{x \to X} \dfrac{f(x)}{g(x)}$ 不存在。此时，只是表明洛必达法则失效，需用其他方法另行求解．

4.2.2 其他类型的未定式

接下来，我们讨论其他类型的未定式 "$0 \cdot \infty$"、"$\infty - \infty$"、"0^0"、"1^∞"，"∞^0". 这些未定式中，前两种 "$0 \cdot \infty$" 和 "$\infty - \infty$" 可通过代数恒等变形，化为 "$\dfrac{0}{0}$" 或 "$\dfrac{\infty}{\infty}$" 型未定式；后三种 "0^0"、"1^∞" 以及 "∞^0" 为幂指函数的极限形式，可通过取对数的方法，转化为 "$0 \cdot \infty$" 型，进而变化为 "$\dfrac{0}{0}$" 或 "$\dfrac{\infty}{\infty}$" 型．

求极限 $\lim\limits_{x \to 0^+} x \ln x$（"$0 \cdot \infty$" 型）

解　$\lim\limits_{x \to 0^+} x \ln x = \lim\limits_{x \to 0^+} \dfrac{\ln x}{\dfrac{1}{x}}\left(\text{"} \dfrac{\infty}{\infty} \text{" 型}\right)$

$$= \lim_{x \to 0^+} \frac{\dfrac{1}{x}}{-\dfrac{1}{x^2}} = \lim_{x \to 0^+} (-x) = 0.$$

求极限 $\lim\limits_{x \to 0} \left(\dfrac{1}{x} - \dfrac{1}{e^x - 1} \right)$（"$\infty - \infty$" 型）

解　$\lim\limits_{x \to 0} \left(\dfrac{1}{x} - \dfrac{1}{e^x - 1} \right) = \lim\limits_{x \to 0} \dfrac{e^x - 1 - x}{x(e^x - 1)} = \lim\limits_{x \to 0} \dfrac{e^x - 1 - x}{x^2}$　（等价无穷小量代换）

$$= \lim_{x \to 0} \frac{e^x - 1}{2x} = \frac{1}{2}$$

求极限 $\lim\limits_{x \to 0^+} (\sin x)^x$（"$0^0$" 型）

解　因为 $(\sin x)^x = e^{x \ln \sin x}$，又

79

$$\lim_{x\to 0^+} x\ln\sin x = \lim_{x\to 0^+}\frac{\ln\sin x}{\frac{1}{x}} = \lim_{x\to 0^+}\frac{\frac{\cos x}{\sin x}}{-\frac{1}{x^2}} = -\lim_{x\to 0^+}\frac{x}{\sin x}\cdot x = 0$$

所以 $\lim\limits_{x\to 0^+}(\sin x)^x = \mathrm{e}^0 = 1$

例 4.13 求极限 $\lim\limits_{x\to\infty}\left(1+\dfrac{a}{x}\right)^x$ ("1^∞"型)

解 令 $y=\left(1+\dfrac{a}{x}\right)^x$,两边取对数得 $\ln y = x\ln\left(1+\dfrac{a}{x}\right)$,由于

$$\lim_{x\to\infty}x\ln\left(1+\frac{a}{x}\right) = \lim_{x\to\infty}\frac{\ln\left(1+\frac{a}{x}\right)}{\frac{1}{x}}$$

$$= \lim_{x\to\infty}\frac{-\frac{a}{x^2}}{\left(1+\frac{a}{x}\right)\left(-\frac{1}{x^2}\right)} = a$$

所以 $\lim\limits_{x\to\infty}\left(1+\dfrac{a}{x}\right)^x = \mathrm{e}^a.$

例 4.14 求极限 $\lim\limits_{x\to+\infty}x^{\ln\left(1+\frac{1}{x}\right)}$ ("∞^0"型)

解 因为 $x^{\ln\left(1+\frac{1}{x}\right)} = \mathrm{e}^{\ln\left(1+\frac{1}{x}\right)\cdot\ln x}$,又

$$\lim_{x\to+\infty}\ln\left(1+\frac{1}{x}\right)\cdot\ln x = \lim_{x\to+\infty}\frac{\ln\left(1+\frac{1}{x}\right)}{\frac{1}{x}}\cdot\frac{\ln x}{x} = \lim_{x\to+\infty}\frac{\ln x}{x} = \lim_{x\to+\infty}\frac{1}{x} = 0.$$

所以 $\lim\limits_{x\to+\infty}x^{\ln\left(1+\frac{1}{x}\right)} = \mathrm{e}^0 = 1.$

由于数列不可导,所以洛必达法则不能直接用于数列极限的求解. 但是,由定理 2.7 知,对于符合"$\dfrac{0}{0}$"或"$\dfrac{\infty}{\infty}$"的数列的极限,可以转化为函数极限,间接地用洛必达法则来求解.

例 4.15 求数列极限 $\lim\limits_{n\to\infty}\sqrt[n]{n^k},(k\in N)$

解 令 $f(x)=x^{\frac{k}{x}}(x>0)$,则 $f(n)=\sqrt[n]{n^k}$. 因为

$$\lim_{x\to+\infty}x^{\frac{k}{x}} = \lim_{x\to+\infty}\mathrm{e}^{\frac{k}{x}\ln x}\text{又}$$

$$\lim_{x\to+\infty}\frac{k\ln x}{x} = \lim_{x\to+\infty}\frac{k}{x} = 0,$$

所以 $\lim\limits_{n\to\infty}\sqrt[n]{n^k} = \lim\limits_{x\to+\infty}x^{\frac{k}{x}} = \mathrm{e}^0 = 1.$

练习 4.2

1. 求解下列极限

（1）$\lim\limits_{x\to 0}\dfrac{2^x - 2^{\sin x}}{x^3}$;

（2）$\lim\limits_{x\to +\infty}\dfrac{e^x - 2x}{e^x + 3x}$;

（3）$\lim\limits_{x\to 0}\dfrac{\ln\cos ax}{\ln\cos bx}$;

（4）$\lim\limits_{x\to 0}\left(\cot x - \dfrac{1}{x}\right)$;

（5）$\lim\limits_{x\to +\infty}(x + e^x)^{\frac{1}{x}}$;

（6）$\lim\limits_{x\to 1} x^{\frac{1}{1-x}}$;

（7）$\lim\limits_{x\to 0^+}\left(\dfrac{1}{x}\right)^{\tan x}$;

（8）$\lim\limits_{x\to 0}(\sin x + e^x)^{\frac{1}{x}}$;

（9）$\lim\limits_{x\to a}\dfrac{x^m - a^m}{x^n - a^n}$;

（10）$\lim\limits_{x\to +\infty}\left(\dfrac{2}{\pi}\arctan x\right)^x$.

2. 确定常数 a,b，使得 $\lim\limits_{x\to 0}\left(\dfrac{\sin 3x}{x^3} + \dfrac{a}{x^2} + b\right) = 0$.

3. 设 $f(x)$ 在 $(x_0 - \delta, x_0 + \delta)(\delta > 0)$ 内一阶可导，且 $f(x)$ 在 x_0 点二阶可导，求极限

$$\lim\limits_{h\to 0}\dfrac{f(x_0 + 2h) - 2f(x_0 + h) + f(x_0)}{h^2}.$$

4.3　泰勒公式

多项式函数作为一类简单的初等函数，在实际问题中常被用来近似替代某些复杂函数．而这种近似的理论基础便是泰勒中值定理．

　　（泰勒（Taylor）中值定理）　如果函数 $f(x)$ 在含有 x_0 的开区间 (a,b) 内具有直到 $n+1$ 阶的导数，则对于任意 $x \in (a,b)$，$f(x)$ 可以表示为一个 $(x - x_0)$ 的 n 次多项式 $P_n(x)$ 与一个余项 $R_n(x)$ 之和：

$$f(x) = f(x_0) + f'(x_0)(x - x_0) + \frac{f''(x_0)}{2!}(x - x_0)^2 +$$
$$\cdots + \frac{f^{(n)}(x_0)}{n!}(x - x_0)^n + R_n(x),$$

其中 $R_n(x) = \dfrac{f^{(n+1)}(\xi)}{(n+1)!}(x - x_0)^{n+1}$，（$\xi$ 介于 x_0 与 x 之间）.

多项式 $P_n(x) = f(x_0) + f'(x_0)(x - x_0) + \dfrac{f''(x_0)}{2!}(x - x_0)^2 +$

$\cdots + \dfrac{f^{(n)}(x_0)}{n!}(x - x_0)^n = \sum\limits_{k=0}^{n}\dfrac{f^{(k)}(x_0)}{k!}(x - x_0)^k$ 称为函数 $f(x)$

按$(x-x_0)$的幂展开的n次**近似多项式**,也称$f(x)$在x_0点的n阶**泰勒多项式**.

余项$R_n(x)=\dfrac{f^{(n+1)}(\xi)}{(n+1)!}(x-x_0)^{n+1}$($\xi$介于$x_0$与$x$之间)称为**拉格朗日余项**.

$f(x)=P_n(x)+R_n(x)=\displaystyle\sum_{k=0}^{n}\dfrac{f^{(k)}(x_0)}{k!}(x-x_0)^k+R_n(x)$ 称为

$f(x)$按$(x-x_0)$的幂展开的n阶**泰勒公式**,也称$f(x)$在x_0点的n阶**泰勒展开式**.

在不要求对误差项进行具体分析时,泰勒公式中的余项常表示为皮亚诺余项形式.

例 4.16 求$f(x)=\mathrm{e}^x$的n阶麦克劳林公式

解 因为$f(x)=f'(x)=f''(x)=\cdots=f^n(x)=\mathrm{e}^x$. 所以$f(0)=f'(0)=f''(0)=\cdots=f^n(0)=\mathrm{e}^0=1$,$f^{(n+1)}(\theta x)=\mathrm{e}^{\theta x}$,从而有

$\mathrm{e}^x=1+x+\dfrac{x^2}{2!}+\dfrac{x^3}{3!}+\cdots+\dfrac{x^n}{n!}+\dfrac{\mathrm{e}^{\theta x}}{(n+1)!}x^{n+1}(0<\theta<1)$(带拉格朗日余项)

$\mathrm{e}^x=1+x+\dfrac{x^2}{2!}+\dfrac{x^3}{3!}+\cdots+\dfrac{x^n}{n!}+o(x^n)$(带皮亚诺余项)

由公式可知

$$\mathrm{e}^x\approx 1+x+\dfrac{x^2}{2!}+\dfrac{x^3}{3!}+\cdots+\dfrac{x^n}{n!}$$

我们将常用函数的麦克劳林公式列举如下:

常用函数的麦克劳林公式.

$(1)\mathrm{e}^x=1+x+\dfrac{x^2}{2!}+\dfrac{x^3}{3!}+\cdots+\dfrac{x^n}{n!}+o(x^n)$;

$(2)\sin x=x-\dfrac{x^3}{3!}+\dfrac{x^5}{5!}-\cdots+(-1)^n\dfrac{x^{2n+1}}{(2n+1)!}+o(x^{2n+1})$;

$(3)\cos x=1-\dfrac{x^2}{2!}+\dfrac{x^4}{4!}-\dfrac{x^6}{6!}+\cdots+(-1)^n\dfrac{x^{2n}}{(2n)!}+o(x^{2n})$;

$(4)\ln(1+x)=x-\dfrac{x^2}{2}+\dfrac{x^3}{3}-\cdots+(-1)^n\dfrac{x^{n+1}}{n+1}+o(x^{n+1})$;

$(5)\dfrac{1}{1-x}=1+x+x^2+\cdots+x^n+o(x^n)$

例 4.17 求$f(x)=x^3-2x+3$在$x=1$处的4阶泰勒公式

解 $f(1)=2,f'(1)=1,f''(1)=6,f'''(1)=6$
$\quad\quad f^{(4)}(1)=0$

从而$f(x)$在$x=1$处的4阶泰勒公式为

$f(x)=f(1)+f'(1)(x-1)+\dfrac{f''(1)}{2!}(x-1)^2+\dfrac{f'''(1)}{3!}(x-1)^3$

$\quad\quad=2+(x-1)+3(x-1)^2+(x-1)^3.$

例 4.18 计算e的近似值,要求误差不超过10^{-5}.

注意 (1)当$n=0$时,可得拉格朗日中值公式
$f(x)=f(x_0)+f'(\xi)(x-x_0)$
(ξ介于x_0与x之间).

(2)当$x_0=0$时,ξ介于0与x之间,令$\xi=\theta x(0<\theta<1)$,则得到$f(x)$的**麦克劳林(Maclaurin)公式**.

$f(x)=f(0)+f'(0)x+\dfrac{f''(0)}{2!}x^2+\cdots+\dfrac{f^{(n)}(0)}{n!}x^n+\dfrac{f^{(n+1)}(\theta x)}{(n+1)!}x^{n+1}$ $(0<\theta<1)$

(3)因为$\displaystyle\lim_{x\to x_0}\dfrac{R_n(x)}{(x-x_0)^n}=$
$\displaystyle\lim_{x\to x_0}\dfrac{f^{(n+1)}(\xi)}{(n+1)!}\cdot\dfrac{(x-x_0)^{n+1}}{(x-x_0)^n}=$
0,故$R_n(x)=o[(x-x_0)^n]$
$(x\to x_0)$,$o[(x-x_0)^n]$称为**皮亚诺(Peano)余项**.

解　在 e^x 的麦克劳林公式中,取 $x = 1$,得

$$e \approx 1 + 1 + + \frac{1}{2!} + \frac{1}{3!} + \cdots + \frac{1}{n!}$$

其误差　$|R_n(1)| = \frac{e^\theta}{(n+1)!} < \frac{e}{(n+1)!} < \frac{3}{(n+1)!} < 10^{-5}$

只要取 $n = 8$ 即可,于是

$$e \approx 1 + 1 + \frac{1}{2!} + \frac{1}{3!} + \cdots + \frac{1}{8!} \approx 2.71828$$

求极限 $\lim\limits_{x \to 0} \dfrac{\sin x - \ln(1+x)}{x \tan x}$

解　$\lim\limits_{x \to 0} \dfrac{\sin x - \ln(1+x)}{x \tan x} = \lim\limits_{x \to 0} \dfrac{\sin x - \ln(1+x)}{x^2}$

由于当 $x \to 0$ 时,$\sin x = x - \dfrac{x^3}{6} + o(x^3)$

$\ln(1+x) = x - \dfrac{x^2}{2} + o(x^2)$

故 $\sin x - \ln(1+x) = x - \dfrac{x^3}{6} + o(x^3) - x + \dfrac{x^2}{2} - o(x^2) = \dfrac{x^2}{2} + o(x^2)$

（注意　此处将 $-\dfrac{x^3}{6} + 0(x^3) - 0(x^2)$ 都归结为 $0(x^2)$,$(x \to 0)$）

所以 $\lim\limits_{x \to 0} \dfrac{\sin x - \ln(1+x)}{x \tan x} = \lim\limits_{x \to 0} \dfrac{\dfrac{1}{2}x^2 + o(x^2)}{x^2} = \dfrac{1}{2}.$

练习 4.3

1. 求函数 $f(x) = x^4 - 3x^3 + x^2 - 2x + 5$ 在 $x = 1$ 处的泰勒公式.
2. 按 $(x - 4)$ 的幂展开多项式 $f(x) = x^4 - 5x^3 + x^2 - 3x + 4$.
3. 写出函数 $f(x) = x^3 \ln x$ 在 $x_0 = 1$ 处带拉格朗日余项的四阶泰勒公式.
4. 利用泰勒公式求解下列极限:

$(1) \lim\limits_{x \to 0} \dfrac{\cos x - e^{-\frac{x^2}{2}}}{x^4}$;　　　$(2) \lim\limits_{x \to 0} \dfrac{e^x \sin x - x(1+x)}{x^3}$.

4.4　函数基本性质分析与作图

本节我们用导数分析函数的基本性质（单调性、凹凸性等）,并在此基础上得到函数曲线的几何形态,进而作出函数的图形.

4.4.1　函数的单调性与极值

1. 函数的单调性

关于函数的单调性,我们先看下面的图形．以抛物线 $y = x^2$,

图　4-4

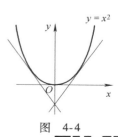

$x \in (-\infty, +\infty)$为例,函数图形如图4-4所示. 可见,在$(-\infty, 0)$上,$y = x^2$严格单调递减;在$(0, +\infty)$上,$y = x^2$严格单调递增. 进一步地,$y' = 2x$,当$x \in (-\infty, 0)$时,$y' < 0$;当$x \in (0, +\infty)$时,$y' > 0$. 相应的,在$(-\infty, 0)$上每点的切线斜率都是负的,在$(0, +\infty)$上每点的切线斜率都是正的.

那么,函数的单调性与其导数之间有什么关系呢? 我们有下面定理:

定理 4.7 若函数$f(x)$在(a,b)内可导,则有下述等价关系成立.

(1)对$\forall x \in (a,b)$,$f'(x) > 0$的充分必要条件是$f(x)$在(a,b)内严格单调递增;

(2)对$\forall x \in (a,b)$,$f'(x) < 0$的充分必要条件是$f(x)$在(a,b)内严格单调递减.

证明 我们只证明情形(1),情形(2)可以类似得到.

必要性. 在区间(a,b)上任取两点x_1, x_2,不妨设$x_1 < x_2$. 在$[x_1, x_2]$上应用拉格朗日中值定理,有
$$f(x_2) - f(x_1) = f'(\xi)(x_2 - x_1), \quad x_1 < \xi < x_2,$$
由条件知$f'(\xi) > 0$,于是$f(x_1) < f(x_2)$,即$f(x)$在(a,b)上严格单调递增.

充分性(反证法). 假设存在$x_0 \in (a,b)$,使得$f'(x_0) < 0$,即
$$\lim_{x \to x_0} \frac{f(x) - f(x_0)}{x - x_0} = f'(x_0) < 0.$$
由极限的保号性知,存在x_0点的某邻域$U(x_0, \delta) \subset (a,b)$,使得当$x \in U(x_0, \delta)$且$x > x_0$时,有$f(x) < f(x_0)$. 此与$f(x)$在$(a,b)$内严格单调递增矛盾. 从而对任意$x \in (a,b)$,$f'(x) > 0$.

注意 函数的单调性是一个区间上的性质,要用导数在区间上的符号来判定,而不能用一点处的导数符号来判别.

例 4.20 求下列函数的单调区间

(1)$y = x^4(x-1)^3$;　　(2)$y = \sqrt[3]{x^2}$.

解 (1)函数$y = x^4(x-1)^3$的定义域为$(-\infty, +\infty)$. $y' = x^3(x-1)^2(7x-4)$. 令$y' = 0$,解得$x_1 = 0, x_2 = 1, x_2 = \frac{4}{7}$,从而可知:

在区间$(-\infty, 0)$内,$y' > 0$,所以函数在$(-\infty, 0)$内严格单调递减;

在区间$\left(0, \frac{4}{7}\right)$内,$y' < 0$,所以函数在$\left(0, \frac{4}{7}\right)$内严格单调递减.

在区间$\left(\frac{4}{7}, 1\right)$和$(1, +\infty)$内,$y' > 0$,所以函数在$\left(\frac{4}{7}, 1\right)$和$(1, +\infty)$内严格单调递增.

(2)函数$y = \sqrt[3]{x^2}$的定义域为$(-\infty, +\infty)$. $y' = \frac{2}{3\sqrt[3]{x}}, x \neq 0$.

函数 y 在 $x = 0$ 处的导数不存在.

在区间 $(-\infty, 0)$ 内, $y' < 0$, 所以函数在区间 $(-\infty, 0)$ 内严格单调递减;

在区间 $(0, +\infty)$ 内, $y' > 0$, 所以函数在区间 $(0, +\infty)$ 内严格单调递增.

求解函数单调区间的步骤为:

(1) 写出函数的定义域;

(2) 用导数等于零的点(又称**驻点**)和导数不存在的点将定义域分割为若干个小区间;

(3) 对每一个小区间依次利用定理 4.7 进行判断, 从而确定函数在每个小区间上的单调性.

证明: 当 $x > 1$ 时, $\mathrm{e}^x > x\mathrm{e}$ 成立

证明　令 $f(x) = \mathrm{e}^x - x\mathrm{e}$. 则 $f'(x) = \mathrm{e}^x - \mathrm{e}$. 当 $x > 1$ 时, 有 $f'(x) > 0$. 由定理 4.7 知, $f(x)$ 在 $(1, +\infty)$ 为严格单调递增函数. 又 $f(1) = \mathrm{e} - \mathrm{e} = 0$. 所以当 $x > 1$ 时, $f(x) > f(1) = 0$, 即 $\mathrm{e}^x > x\mathrm{e}$.

2. 函数的极值

由定义 4.1 可知极值是一个局部概念, 它与函数的单调性密切相关.

如图 4-5 所示, x_1, x_3 为极大值点, x_2, x_4 为极小值点。在极值点两侧, 函数的单调性发生变化, 所不同的是, 在极大值点左侧函数单调递增, 在极大值点右侧函数单调递减; 极小值点左、右两侧情形恰好与之相反.

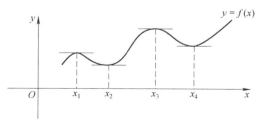

图　4-5

以下分别给出极值的必要条件和充分条件.

(极值的必要条件)　设函数 $f(x)$ 在 x_0 点可导, 且 x_0 点是 $f(x)$ 的极值点, 则 $f'(x_0) = 0$.

该定理即费马定理, 证明见定理 4.1.

由定理 4.8 可知, 可导函数的极值点必为它的驻点. 但是, 反之却不一定成立.

例如, $y = x^3$, 在 $x = 0$ 点可导, 并且 $y'(0) = 0$, 即 $x = 0$ 是它的驻点, 但却不是它的极值点.

此外, 函数在导数不存在的点处也可能取得极值. 例如, $y = |x|$ 在 $x = 0$ 点不可导, 但 $x = 0$ 为函数的极小值点。

综上所述,函数极值点存在于驻点和不可导点组成的集合中,但是集合中的这些点哪些是极值点,以及是极大值点还是极小值点还需要进一步判别.

定理 4.9 （极值的充分条件——判别法则一） 设函数 $f(x)$ 在 x_0 点连续,在 x_0 点的某去心邻域内可导,则

（1）如果 $x < x_0$ 时,$f'(x) > 0$,$x > x_0$ 时,$f'(x) < 0$,则 $f(x)$ 在点 x_0 处取得极大值;

（2）如果 $x < x_0$ 时,$f'(x) < 0$,$x > x_0$ 时,$f'(x) > 0$,则 $f(x)$ 在点 x_0 处取得极小值;

（3）如果在 x_0 点的左、右两侧,$f'(x)$ 符号相同,则 x_0 点不是 $f(x)$ 的极值点.

定理 4.9 是判别极值的一个通用方法. 该定理的证明由定义 4.1 即可得证.

对于 $f(x)$ 驻点的极值性,也可通过下面定理进行判别.

定理 4.10 （极值的充分条件——判别法则二） 若 $f(x)$ 在 x_0 点处有二阶导数,并且 $f'(x_0) = 0$,$f''(x_0) \neq 0$,则

（1）若 $f''(x_0) < 0$,则 $f(x_0)$ 是极大值;

（2）若 $f''(x_0) > 0$,则 $f(x_0)$ 是极小值.

证明 （1）因为 $f'(x_0) = 0$,$f(x)$ 在 x_0 点二阶导数存在,则

$$f''(x_0) = \lim_{x \to x_0} \frac{f'(x) - f'(x_0)}{x - x_0} = \lim_{x \to x_0} \frac{f'(x)}{x - x_0} < 0$$

由极限的局部保号性知,存在 x_0 点的某个邻域 $U(x_0, \delta)$,当 $x \in U(x_0, \delta)$ 时,有 $\frac{f'(x)}{x - x_0} < 0$. 从而,当 $x > x_0$ 时,有 $f'(x) < 0$;当 $x < x_0$ 时,有 $f'(x) > 0$. 由定理 4.9 可知,$f(x_0)$ 为极大值.

（2）的证明与（1）类似,从略.

例 4.22 求函数 $f(x) = \sqrt[3]{x^2}(x - 5)$ 的极值.

解 $f(x)$ 的定义域为 $(-\infty, +\infty)$,$f'(x) = \frac{5(x - 2)}{3\sqrt[3]{x}}$. 令 $f'(x) = 0$ 得 $x_1 = 2$. 另外,$x_2 = 0$ 时 $f(x)$ 不可导. 所以 $x_1 = 2$,$x_2 = 0$ 都可能为 $f(x)$ 的极值点,详见表 4-1.

表 4-1

x	$(-\infty, 0)$	0	$(0, 2)$	2	$(2, +\infty)$
$f'(x)$	+	不存在	−	0	+
$f(x)$	递增	极大值	递减	极小值	递增

由表 4-1 可知,$x_1 = 2$ 是极小值点,极小值 $f(2) = -3\sqrt[3]{4}$;$x_2 = 0$ 是极大值点,极大值 $f(0) = 0$.

例 4.23 求函数 $f(x) = 2x^3 + 3x^2 - 12x + 8$ 的极值

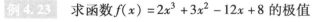

解　$f(x)$的定义域为$(-\infty, +\infty)$.

$f'(x) = 6x^2 + 6x - 12$. 令$f'(x) = 0$,得驻点$x_1 = 1, x_2 = -2$.

又

$f''(x) = 12x + 6$　$f''(1) = 18 > 0, f''(-2) = -18 < 0$ 由定理 4.10 知,$x_1 = 1$是极小值点,极小值$f(1) = 1$;$x_2 = -2$是极大值点,极大值$f(-2) = 28$.

综上可知,**求解函数极值的步骤为**:

(1)写出函数$f(x)$的定义域;

(2)求$f'(x)$并令$f'(x) = 0$,写出函数$f(x)$的所有驻点和不可导点;

(3)用定理4.9(通用)或定理4.10(仅适用于驻点)判别极值点;

(4)求出各极值点的函数值,进而得到$f(x)$的全部极值.

3. 函数的最值

函数的最值(最大值和最小值)与极值既有区别又具关联. 最值是对整个区间而言的,是全局性的概念,最值可以在区间的端点处取得;极值是一个局部性的概念,极值只能在区间的内部取得。但是,在区间内部取得的最值一定是极值,即在区间内部取得的最大值一定是极大值,最小值一定是极小值.

关于最值的讨论,我们分为以下三种情形.

情形一:闭区间$[a,b]$上连续函数的最值.

若函数$f(x)$在$[a,b]$上连续,则$f(x)$在$[a,b]$上最值的求解步骤如下:

(1)求出$f(x)$在(a,b)内所有驻点和不可导点;

(2)计算$f(x)$在区间端点、驻点以及不可导点的函数值;

(3)将这些函数值比较大小,最大的即为最大值,最小的即为最小值.

求函数$f(x) = x + \sqrt{1-x}$在闭区间$[-3,1]$上的最大值和最小值.

解　$f'(x) = 1 - \dfrac{1}{2\sqrt{1-x}}$,令$f'(x) = 0$,解得驻点$x = \dfrac{3}{4}$,又

$f(-3) = -1, f\left(\dfrac{3}{4}\right) = \dfrac{5}{4}, f(1) = 1$.

从而可知,$f(x)$在$[-3,1]$上的最大值为$\dfrac{5}{4}$,最小值为-1.

情形二:开区间(a,b)(可为无穷区间)上连续函数的最值.

若$f(x)$在(a,b)上连续,并且在(a,b)内有唯一的极大值,没有极小值,则该极大值为$f(x)$在(a,b)上的最大值;若$f(x)$在(a,b)内有唯一的极小值,没有极大值,则该极小值为$f(x)$在(a,b)上的最小值.

例 4.25 求函数 $f(x) = x^2 - 2x + 6$ 的最值.

解 $f(x)$ 的定义域为 $(-\infty, +\infty)$. $f'(x) = 2x - 2$ 令 $f'(x) = 0$,得驻点 $x = 1$.

又 $f''(x) = 2$,$f''(1) > 0$,即 $x = 1$ 为 $f(x)$ 在 $(-\infty, +\infty)$ 内唯一的极小值点,从而 $x = 1$ 是 $f(x)$ 的最小值点,最小值 $f(1) = 5$.

情形三:具有实际意义函数的最值

在实际问题的应用中,问题本身可以保证函数 $f(x)$ 的最大值或最小值一定存在,利用这种思想可以求解应用问题的最值.

例 4.26 厂商生商某种产品,已知生产 x 吨产品的利润函数为

$$L(x) = 11 + 4x - 8x^2, \quad (单位:万元)$$

求生产多少产品时,厂商获得的利润最大? 最大利润为多少万元?

解 $L(x)$ 的定义域为 $(0, +\infty)$,$L'(x) = 4 - 16x$,$L'(x) = 0$,令解得唯一驻点 $x = 0.25$

根据问题的实际意义知,厂商的最大利润必定存在。所以 $x = 0.25$ 为利润最大值点,即当生产 0.25 吨产品时,厂商获得最大利润,最大利润为 $L(0.25) = 11.5$(万元).

4.4.2 函数的凹凸性与拐点

观察下面两个单调递增函数的曲线(见图 4-6a 和图 4-6b). 不难发现,曲线的弯曲方向是不同的. 对此,我们可以通过函数的凹凸性进行描述.

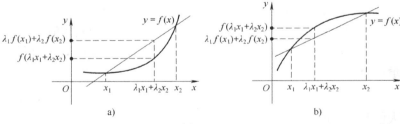

图 4-6

定义 4.2 设函数 $f(x)$ 在 $[a, b]$ 内有定义,若对于任意 $x_1, x_2 \in [a, b]$ 恒有

$$f(\lambda_1 x_1 + \lambda_2 x_2) \leq \lambda_1 f(x_1) + \lambda_2 f(x_2),$$

则称 $f(x)$ 在 $[a, b]$ 内是**凸函数**;如果恒有

$$f(\lambda_1 x_1 + \lambda_2 x_2) \geq \lambda_1 f(x_1) + \lambda_2 f(x_2),$$

则称 $f(x)$ 在 $[a, b]$ 内是**凹函数**. 其中 $\lambda_1 + \lambda_2 = 1$,$\lambda_1, \lambda_2$ 为任意的非负数.

特别地,若 $f(\lambda_1 x_1 + \lambda_2 x_2) < \lambda_1 f(x_1) + \lambda_2 f(x_2)$,则称 $f(x)$ 在 $[a, b]$ 内是**严格凸函数**;若 $f(\lambda_1 x_1 + \lambda_2 x_2) > \lambda_1 f(x_1) + \lambda_2 f(x_2)$,则

称 $f(x)$ 在 $[a,b]$ 内是**严格凹函数**.

由图 4-6 可知,对于凸函数,当 x 逐渐增大时,其图像上每一点切线的斜率是逐渐增加的,即 $f'(x)$ 是单调递增函数(图 4-6a);对于凹函数,当 x 逐渐增大时,其图像上每一点切线的斜率是逐渐减少的,即 $f'(x)$ 是单调递减函数(图 4-6b).

基于凹凸函数的上述几何直观性,当 $f(x)$ 有二阶导数时,可以得到曲线 $y = f(x)$ 凹凸性的判定定理.

(凹凸性判定定理)　设函数 $y = f(x)$ 在区间 $[a, b]$ 上连续,在 (a,b) 具有二阶导数,则

(1)若 $f''(x) > 0$, $x \in (a,b)$,则 $f(x)$ 在 $[a,b]$ 上是凸函数;

(2)若 $f''(x) < 0$, $x \in (a,b)$,则 $f(x)$ 在 $[a,b]$ 上是凹函数.

判断函数 $y = 3x^2 - x^3$ 的凹凸性.

解　因为 $y' = 6x - 3x^2$, $y'' = 6 - 6x = 6(1 - x)$

所以　当 $x \in (-\infty, 1)$ 时, $y'' > 0$,函数在 $(-\infty, 1)$ 内是凸函数;

当 $x \in (1, +\infty)$ 时, $y'' < 0$,函数在 $(1, +\infty)$ 内是凹函数.

连续函数 $f(x)$ 曲线上凹凸性的分界点 $(x_0, f(x_0))$ 称为曲线的**拐点**.

求曲线 $y = x^4 - 2x^3$ 的单调区间与极值点、凹凸区间与拐点.

注意　二阶导数 $f''(x) = 0$ 的点或 $f''(x)$ 不存在的点可能为 $f(x)$ 的拐点.

解　$y = x^4 - 2x^3$ 的定义域为 $(-\infty, +\infty)$,

由 $y' = 4x^3 - 6x^2$,令 $y' = 0$ 得 $x_1 = 0, x_2 = \dfrac{3}{2}$,

由 $y'' = 12x^2 - 12x$,令 $y'' = 0$ 得 $x_3 = 0, x_4 = 1$,

表　4-2

x	$(-\infty, 0)$	0	$(0,1)$	1	$\left(1, \dfrac{3}{2}\right)$	$\dfrac{3}{2}$	$\left(\dfrac{3}{2}, +\infty\right)$
y'	$-$	0	$-$	$-$	$-$	0	$+$
y''	$+$	0	$-$	0	$+$	$+$	$+$
y	递减,凸	拐点$(0,0)$	递减,凹	拐点$(1,-1)$	递减,凸	极小值点	递增,凸

综上可知,函数的单调递增区间为 $\left(\dfrac{3}{2}, +\infty\right)$;单调递减区间为 $\left(-\infty, \dfrac{3}{2}\right]$,极小值点为 $x = \dfrac{3}{2}$,极小值为 $f\left(\dfrac{3}{2}\right) = -\dfrac{27}{16}$

凸区间为 $(-\infty, 0), (1, +\infty)$;凹区间为 $(0,1)$;拐点坐标为 $(0,0)$ 和 $(1, -1)$.

4.4.3　曲线的渐近线

为了更好地描绘出函数图形,除了上述对函数单调性和凹凸性的分析之外,还需要研究函数的渐近线。

通常,渐近线有三种情形:水平渐近线、垂直渐近线和斜渐近线.

（1）水平渐近线

若 $\lim\limits_{x\to\infty}f(x)=A$（也可以是单侧极限 $\lim\limits_{x\to+\infty}f(x)=A$ 或 $\lim\limits_{x\to-\infty}f(x)=A$）,

则称直线 $y=A$ 为曲线 $y=f(x)$ 的水平渐近线.

例如,由 $\lim\limits_{x\to+\infty}\dfrac{1}{x}=0$ 可知 $y=0$ 为 $y=\dfrac{1}{x}$ 的水平渐近线;

由 $\lim\limits_{x\to+\infty}\arctan x=\dfrac{\pi}{2}$,$\lim\limits_{x\to-\infty}\arctan x=-\dfrac{\pi}{2}$,有 $y=\dfrac{\pi}{2}$ 和 $y=-\dfrac{\pi}{2}$

为曲线 $y=\arctan x$ 的两条水平渐近线.

（2）垂直渐近线

若 $\lim\limits_{x\to x_0}f(x)=\infty$（也可以是单侧极限 $\lim\limits_{x\to x_0^+}f(x)=\infty$ 或 $\lim\limits_{x\to x_0^-}f(x)=\infty$）,

则称直线 $x=x_0$ 为曲线 $y=f(x)$ 的垂直渐近线.

例如,由 $\lim\limits_{x\to1}\dfrac{1}{x-1}=\infty$,知 $x=1$ 为曲线 $y=\dfrac{1}{x-1}$ 的垂直渐近线.

（3）斜渐近线

若 $\lim\limits_{x\to\infty}[f(x)-kx-b]=0$（也可以是单侧极限 $\lim\limits_{x\to+\infty}[f(x)-kx-b]=0$

或 $\lim\limits_{x\to-\infty}[f(x)-kx-b]=0$）,其中 $k\neq0$,则直线 $y=kx+b$ 称为曲线

$y=f(x)$ 的斜渐近线. 斜率 $k=\lim\limits_{x\to\infty}\dfrac{f(x)}{x}$,截距 $b=\lim\limits_{x\to\infty}[f(x)-kx]$.

例如,对于函数 $f(x)=\dfrac{x^3}{x^2+2x-3}$,

$$k=\lim\limits_{x\to\infty}\dfrac{f(x)}{x}=\lim\limits_{x\to\infty}\dfrac{x^3}{x(x+3)(x-1)}=1,$$

$$b=\lim\limits_{x\to\infty}[f(x)-kx]=\lim\limits_{x\to\infty}\left[\dfrac{x^3}{(x+3)(x-1)}-x\right]=-2.$$

从而函数有斜渐近线 $y=x-2$.

4.4.4 函数曲线作图

综合前面对函数基本性质的讨论,我们可以将函数大致图形描绘出来. 一般步骤归纳如下:

（1）求出函数 $y=f(x)$ 的定义域,判断函数的奇偶性,周期性;

（2）求出函数单调区间、极值点、凹凸区间及拐点;

（3）求出函数曲线的渐近线（如果存在）;

（4）写出关键点坐标,描点绘出函数图形.

例 4.29 描绘函数 $f(x)=\dfrac{x^3}{x^2+2x-3}$ 的图形.

解 函数 $f(x)=\dfrac{x^3}{x^2+2x-3}$ 的定义域为 $(-\infty,-3)\cup(-3,1)$

$\cup(1, +\infty)$.

由于 $\lim\limits_{x \to 1} \dfrac{x^3}{(x+3)(x-1)} = \infty$，$\lim\limits_{x \to -3} \dfrac{x^3}{(x+3)(x-1)} = \infty$，从而，曲线有两条垂直渐近线 $x = -3$ 和 $x = 1$.

由前述分析知曲线有斜渐近线 $y = x - 2$.

进一步地，$f'(x) = \dfrac{x^4 + 4x^3 - 9x^2}{(x^2 + 2x - 3)^2}$，令 $f'(x) = 0$，得 $x_1 = 0$，$x_2 = -2 + \sqrt{13}$，$x_3 = -2 - \sqrt{13}$；

$f''(x) = \dfrac{2x(7x^2 - 18x + 27)}{(x^2 + 2x - 3)^3}$，令 $f''(x) = 0$，得 $x_4 = 0$.

表　4-3

x	$(-\infty, -2-\sqrt{13})$	$-2-\sqrt{13}$	$(-2-\sqrt{13}, -3)$	$(-3, 0)$	0	$(0,1)$	$(1, -2+\sqrt{13})$	$-2+\sqrt{13}$	$(-2+\sqrt{13}, +\infty)$
y'	+	0	−	+	0	−	−	0	+
y''	−		−	+	0	−	+	+	+
y	递增，凹	极大值点	递减，凹	递减，凸	拐点 $(0,0)$	递减，凹	递减，凸	极小值点	递增，凸

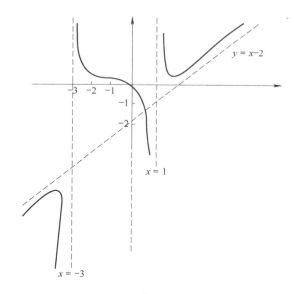

图　4-7

练习4.4

1. 求下列函数的单调区间与极值.

（1）$y = x - \ln(1+x)$；　　（2）$y = (\sqrt{x} - 1)e^x$；

(3) $y = e^x + e^{-x}$;　　　(4) $y = \dfrac{x}{1+x^2}$.

2. 求下列函数在给定区间上的最值.

(1) $y = x^5 - 5x^4 + 5x^3 + 1, x \in [-1, 2]$;

(2) $y = \ln(1 + x^2), x \in [-1, \sqrt{e-1}]$;

(3) $y = \sin x + \cos x, x \in [0, 2\pi]$.

3. 求下列函数的凹凸区间与拐点.

(1) $y = (x^2 - x)e^x$;　　　(2) $y = 6x^2 - x^3$;

(3) $y = \sqrt{1 + x^2}$;　　　(4) $y = x - x^{\frac{1}{3}}$.

4. 求下列函数的渐近线

(1) $y = \dfrac{x^2}{1+x}$;　　　(2) $y = \dfrac{e^x}{x+1}$;

(3) $y = e^{-\frac{1}{x}}$;　　　(4) $y = \dfrac{2x}{\sqrt{9 - x^2}}$

4.5　导数在经济中的应用

最值问题是指在一定条件下,求解目标函数的最大值或最小值. 在实际中,比如"利润最大"、"成本最小"、"效率最高"等问题都是最值问题. 本节讨论如何应用导数解决经济管理中的最值求解,从而帮助管理者作出最优决策.

1. 利润最大化问题

例 4.30　设某产品价格为 $P = 60 - 0.02x$,其中 x 为销售量. 生产这种产品 x 件的总成本 $C(x) = 100 + 10x$,试求收益函数并计算市场出清时产量为多少利润达到最大.

解: 收益函数为

$$R(x) = P \cdot x = 60x - 0.02x^2,$$

故利润为

$$L(x) = R(x) - C(x) = 50x - 0.02x^2 - 100.$$

令 $L'(x) = 50 - 0.04x = 0$,得 $x = 1250$.

由于 $x = 1250$ 为唯一驻点,并且根据问题的实际意义知,最大利润必定存在. 所以 $x = 1250$ 件时,利润达到最大.

2. 成本最小化问题

例 4.31　设成本函数为 $C(Q) = 3Q^2 + 12Q + 48$,试求最小平均成本及相应产量.

解　平均成本为

$$\overline{C}(Q) = \frac{C(Q)}{Q} = 3Q + 12 + \frac{48}{Q},$$

得　　　　$\overline{C}'(Q) = -\dfrac{48}{Q^2} + 3.$ 令 $\overline{C}'(Q) = 0$，解得 $Q = 4.$

又由于　　　$\overline{C}''(Q) = \dfrac{96}{Q^3} > 0$　（当 $Q > 0$ 时），

所以，$Q = 4$ 是平均成本的极小值点，也是最小值点。此时，最小平均成本为 $\overline{C}(4) = 36.$

3. 政府税收问题

设商品的供给函数和需求函数分别为 $Q_S = 2P - 9$ 和 $Q_d = 30 - \dfrac{1}{2}\tilde{P}$（其中 P 是相应函数中的和 $\tilde{P}$ 商品价格，单位：元），政府决定对单位商品征税 t. 假设市场达到均衡，试求最大化政府税收的 t 值.

解　商品需求中的价格由供给价格和政府税收两部分构成，即

$$\tilde{P} = P + t.$$

市场达到供需均衡，即 $Q_S = Q_d$ 时，有 $2P - 9 = 30 - \dfrac{1}{2}(P + t).$

解得 $P = \dfrac{78 - t}{5}$，从而 $Q_S = \dfrac{111 - 2t}{5}.$

政府总税收为　　　$T = tQ_S = \dfrac{111t - 2t^2}{5}.$

令 $T' = \dfrac{111}{5} - \dfrac{4t}{5} = 0$，得 $t = \dfrac{111}{4}.$ 又 $T'' = -\dfrac{4}{5} < 0.$ 从而可知，当 $t = \dfrac{111}{4}$ 时，政府总税收最大.

4. 最优批量问题

某厂每年需要原材料 1000 吨，每次订货费为 2 万元，每吨原材料每年保管费 0.4 万元. 求最优批量以及最优批次和最小库存总费用.

解　设厂家每次购入 x 吨，则每年平均库存量为 $\dfrac{x}{2}$ 吨. 每年库存保管费为 $0.4 \cdot \dfrac{x}{2}$ 万元. 每年分 $\dfrac{1000}{x}$ 次进货，每次订货费用为 $2 \cdot \dfrac{1000}{x}$ 万元，从而总费用为

$$C(x) = 2 \cdot \frac{1000}{x} + 0.4 \cdot \frac{x}{2} = \frac{2000}{x} + 0.2x$$

$$C'(x) = -\frac{2000}{x^2} + 0.2$$

令 $C'(x) = 0$，得 $x = 100$

由驻点唯一，根据问题的实际意义知，当 $x = 100$ 时，总费用最

小,且 $C(100) = 40$(万元)

$$\frac{1000}{100} = 10(\text{次})$$

综上可知,最优批量为每次购入 100 吨,最优批次为 10 次,最小库存总费用 40 万元.

练习 4.5

1. 某商品的成本函数为 $C = 6Q^2 + 24Q + 150$, Q 为生产量. 求产量为多少时,平均成本达到最小?并求最小平均成本.

2. 某公司每年电视机销售量为 800 台,每次进货费用为 150 元,每台电视机购入单价为 3000 元,年保管费用率为库存总价值的 20%,求最优批量和最优批次以及最小总费用.

3. 某产品日产量为 x(单位:kg),总成本函数为 $C(x) = \frac{1}{4}x^2 + 5x + 40$,价格函数为 $P(x) = 20 - \frac{1}{2}x$. 求日产量为多少时,总利润最大,并求最大利润.

4. 商家销售某种商品,价格为 $P = 7 - 0.2Q$(单位:万元/吨), Q 为销售量(单位:t),成本函数 $C = 5Q + 2$(单位:万元). 求(1)若每销售 1 吨商品,政府征税 t(万元),求商家获得最大利润时的销售量;(2) t 为何值时,政府税收最大.

综合习题 4

1. 设 $f(x), g(x)$ 在 $[a,b]$ 上连续,在 (a,b) 内可导,且 $f(a) = f(b) = 0$,证明:存在一点 $\xi \in (a,b)$,使得 $f'(\xi) + f(\xi)g'(\xi) = 0$

2. 已知函数 $f(x)$ 在区间 $[0,1]$ 上连续,在 $(0,1)$ 内可导,且 $f(0) = 0, f(1) = 1$,证明:

(1) 存在 $\xi \in (0,1)$,使得 $f(\xi) = 1 - \xi$;

(2) 存在两个不同的点. $\eta_1, \eta_2 \in (0,1)$,使得
$$f'(\eta_1)f'(\eta_2) = 1.$$

3. 设不恒为常数的函数 $f(x)$ 在 $[a,b]$ 上连续,在 (a,b) 内可导,且 $f(a) = f(b)$. 证明:存在 $\xi, \eta \in (a,b)$,使 $f'(\xi) > 0, f'(\eta) < 0$.

4. 证明当 $x = 1$ 时,有不等式 $\ln x > \frac{2(x-1)}{1+x}$ 成立.

5. 求下列极限:

(1) $\lim\limits_{x \to 0} \dfrac{e^{-x} - 1 + \ln(1+x)}{\sin x}$; (2) $\lim\limits_{x \to \infty} \dfrac{x^2 + x\sin 3x}{5x^2 - x + 1}$;

（3）$\lim\limits_{x \to 0} \dfrac{1}{x^3}\left[\left(\dfrac{2+\cos x}{3}\right)^x - 1\right]$；　（4）$\lim\limits_{x \to +\infty}(3^x + 5^x)^{\frac{1}{x}}$；

（5）$\lim\limits_{x \to 0}\left(\dfrac{2}{\sin^2 x} - \dfrac{1}{1-\cos x}\right)$；　（6）$\lim\limits_{x \to 0}\left(\dfrac{e^x + e^{2x} + \cdots + e^{nx}}{n}\right)^{\frac{1}{x}}$；

6. 求函数 $y = x^2 + \dfrac{2}{x}$ 的单调区间、凹凸区间、极值、拐点和渐近线.

7. 确定函数 $y = \dfrac{(x-1)^2}{2x}$ 的定义域，单调区间、凹凸区间、极值、拐点和渐近线.

8. 某厂生产某产品 Q 吨时的总成本为 $C(Q) = 32 + 2Q^2$（万元），问当产量 Q 为多少时，产品的平均成本最低，并求最低平均成本.

9. 某公司生产某产品 x 件的总成本为 $C(x) = 80 + 10x - 0.2x^2$（单位：万元）. 该产品的单价与销售量 x 之间关系为 $P = 100 - 0.5x$（单位：万元）.

（1）求生产并全部售出该产品 x 件时的总利润 $L(x)$；

（2）为使总利润最大，公司必须生产并全部售出该产品多少件？

（3）达到最大总利润时产品的单价是多少？

第 5 章

不定积分

在前面的微分学部分,我们介绍了求一个已知函数的导数与微分的问题. 也就是,对于一个给定的函数 $F(x)$,在满足可导的条件下,有 $F'(x) = f(x)$ 成立,其中 $f(x)$ 称为 $F(x)$ 的导函数.

如果我们已知 $f(x)$,如何求解 $F(x)$ 呢? 这便是求导的逆运算,即求解原函数或不定积分的问题.

本章将介绍不定积分的概念,性质及求解不定积分的方法:换元积分法和分部积分法.

本章内容及相关知识点如下:

不定积分	
内容	知识点
不定积分的概念与性质	(1)原函数的定义; (2)不定积分的定义与运算性质; (3)基本积分公式.
换元积分法	(1)第一换元积分法(凑微分法); (2)第二换元积分法:三角代换、根式代换、倒数代换; (3)有理函数的不定积分.
分部积分法	(1)分部积分公式; (2)两种不同类型的基本初等函数乘积作被积函数时,与 $\mathrm{d}x$ 结合凑微分的顺序.

5.1 不定积分的概念与性质

首先,我们给出不定积分的概念,进而分析不定积分的性质,在此基础上得到基本积分公式表,最后通过例子介绍基于积分公式表的直接积分法.

1. 不定积分的概念

定义 5.1 如果函数 $F(x)$ 在区间 I 上可导,其导函数为 $f(x)$,即 $F'(x) = f(x)$,$x \in I$,则称 $F(x)$ 为 $f(x)$ 在区间 I 上的一个**原函数**.

例如,$(\sin x)' = \cos x, x \in (-\infty, +\infty)$,所以 $\sin x$ 是 $\cos x$ 在区间 $(-\infty, +\infty)$ 上的一个原函数. 又 $(\sin x + C)' = \cos x$ (C 为任意常数),所以 $\sin x + C$ 也是 $\cos x$ 在区间 $(-\infty, +\infty)$ 上的原函数.

可见,一个函数如果存在原函数,那么它的原函数有无穷多个,并且这些原函数之间相差一个常数 C. 那么,是不是所有函数都存在原函数呢?

（原函数存在定理） 如果函数 $f(x)$ 在区间 I 上连续,那么必存在可导函数 $F(x)$,使得对任意 $x \in I$,满足 $F'(x) = f(x)$.

可见,连续函数必存在原函数.

如果 $F(x)$ 和 $G(x)$ 都是 $f(x)$ 在区间 I 上的原函数,则存在常数 C,使得 $F(x) = G(x) + C$.

因为 $[F(x) - G(x)]' = F'(x) - G'(x) = f(x) - f(x) = 0$,所以 $F(x) - G(x) = C$,即 $F(x) = G(x) + C$.

函数 $f(x)$ 在区间 I 上的原函数全体称为 $f(x)$ 在区间 I 上的**不定积分**,记为 $\int f(x)\,\mathrm{d}x$. 其中 $\int$ 称为**积分号**,$f(x)$ 称为**被积函数**,$f(x)\,\mathrm{d}x$ 称为**被积表达式**,x 称为**积分变量**.

若 $F(x)$ 是函数 $f(x)$ 在区间 I 上的一个原函数,则

$$\int f(x)\,\mathrm{d}x = F(x) + C,$$

即不定积分 $\int f(x)\,\mathrm{d}x$ 表示一个集合,该集合也称为原函数族.

设曲线通过点 $(1,2)$,且其上任一点 x 处的切线斜率为 $2x$,求这条曲线的方程.

解 设曲线方程为 $y = f(x)$,根据题意知 $y' = 2x$,从而有

$$\int 2x\,\mathrm{d}x = x^2 + C.$$

又曲线通过点 $(1,2)$,所以 $f(1) = 1^2 + C = 2$,即 $C = 1$. 于是,所求曲线方程为

$$y = x^2 + 1.$$

例 5.1 的曲线方程可由下图表示(见图 5-1).

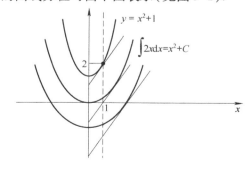

图 5-1

由图 5-1 可知，$\int 2x\mathrm{d}x = x^2 + C$ 表示一族平行的积分曲线，过横坐标为 $x = 1$ 的点，每条积分曲线在该点的切线都平行，并且斜率为

$$(x^2 + C)'\big|_{x=1} = 2x\big|_{x=1} = 2.$$

例 5.2 求不定积分 $\int \dfrac{1}{x}\mathrm{d}x$.

解 当 $x > 0$ 时，由于 $(\ln x)' = \dfrac{1}{x}$，从而 $\int \dfrac{1}{x}\mathrm{d}x = \ln x + C, x \in (0, +\infty)$；

当 $x < 0$ 时，由于 $[\ln(-x)]' = \dfrac{1}{x}$，从而 $\int \dfrac{1}{x}\mathrm{d}x = \ln(-x) + C$, $x \in (-\infty, 0)$.

综上可知，$\int \dfrac{1}{x}\mathrm{d}x = \ln|x| + C$.

2. 不定积分的性质

由不定积分的定义可知，不定积分是求导（或求微分）的逆运算，从而不定积分有如下运算性质：

性质 5.1 $\int F'(x)\mathrm{d}x = F(x) + C; \int \mathrm{d}F(x) = F(x) + C$.

性质 5.2 $\dfrac{\mathrm{d}}{\mathrm{d}x}\left[\int f(x)\mathrm{d}x\right] = f(x); \mathrm{d}\left[\int f(x)\mathrm{d}x\right] = f(x)\mathrm{d}x$.

性质 5.3 $\int [f(x) \pm g(x)]\mathrm{d}x = \int f(x)\mathrm{d}x \pm \int g(x)\mathrm{d}x$.

性质 5.4 $\int kf(x)\mathrm{d}x = k\int f(x)\mathrm{d}x$ （k 为非零常数）

3. 不定积分基本公式

由导数基本公式可直接推得以下不定积分的**基本积分公式**.

（1）$\int k\mathrm{d}x = kx + C$ （k 为常数）；

（2）$\int x^{\alpha}\mathrm{d}x = \dfrac{x^{\alpha+1}}{\alpha+1} + C$ （$\alpha \neq -1$）；

（3）$\int \dfrac{1}{x}\mathrm{d}x = \ln|x| + C$；

（4）$\int a^x\mathrm{d}x = \dfrac{1}{\ln a}a^x + C$；

（5）$\int \mathrm{e}^x\mathrm{d}x = \mathrm{e}^x + C$；

（6）$\int \sin x\mathrm{d}x = -\cos x + C$；

（7）$\int \cos x\mathrm{d}x = \sin x + C$；

（8）$\int \dfrac{1}{\sqrt{1-x^2}}\mathrm{d}x = \arcsin x + C$；

(9) $\int \dfrac{1}{1+x^2}dx = \arctan x + C$;

(10) $\int \sec^2 x dx = \int \dfrac{1}{\cos^2 x}dx = \tan x + C$;

(11) $\int \csc^2 x dx = \int \dfrac{1}{\sin^2 x}dx = -\cot x + C$;

(12) $\int \sec x \tan x dx = \sec x + C$;

(13) $\int \csc x \cot x dx = -\csc x + C$.

求解下列不定积分:

(1) $\int 3^x e^x dx$;　　　(2) $\int \tan^2 x dx$;　　　(3) $\int \dfrac{1}{1+\cos 2x}dx$;

(4) $\int \dfrac{1+x+x^2}{x(1+x^2)}dx$;　(5) $\int \dfrac{\cos 2x}{\sin^2 x \cos^2 x}dx$;　(6) $\int \dfrac{dx}{1+\sin x}$.

解　(1) $\int 3^x e^x dx = \int (3e)^x dx = \dfrac{(3e)^x}{\ln(3e)} + C = \dfrac{3^x e^x}{1+\ln 3} + C$;

(2) $\int \tan^2 x dx = \int (\sec^2 x - 1)dx = \int \sec^2 x dx - \int 1 dx$

$\qquad\qquad = \tan x - x + C$;

(3) $\int \dfrac{1}{1+\cos 2x}dx = \int \dfrac{1}{2\cos^2 x}dx = \dfrac{1}{2}\int \sec^2 x dx = \dfrac{1}{2}\tan x + C$;

(4) $\int \dfrac{1+x+x^2}{x(1+x^2)}dx = \int \dfrac{dx}{1+x^2} + \int \dfrac{dx}{x}$

$\qquad\qquad = \arctan x + \ln|x| + C$;

(5) $\int \dfrac{\cos 2x}{\sin^2 x \cos^2 x}dx = \int \dfrac{\cos^2 x - \sin^2 x}{\sin^2 x \cos^2 x}dx = \int \dfrac{1}{\sin^2 x}dx - \int \dfrac{1}{\cos^2 x}dx$

$\qquad\qquad = -\cot x - \tan x + C$;

(6) $\int \dfrac{dx}{1+\sin x} = \int \dfrac{1-\sin x}{(1+\sin x)(1-\sin x)}dx$

$\qquad\qquad = \int \dfrac{1-\sin x}{\cos^2 x}dx = \int \dfrac{1}{\cos^2 x}dx - \int \dfrac{\sin x}{\cos^2 x}dx$

$\qquad\qquad = \int \sec^2 x dx - \int \sec x \tan x dx$

$\qquad\qquad = \tan x - \sec x + C$

某厂日产量 x 与总成本 y 的变化率之间的函数关系为 $y' = 10 + \dfrac{1}{2}x$,已知固定成本为 1000 元,求总成本与日产量的函数关系.

解　因为总成本是总成本变化率 y' 的原函数,所以

$$y = \int \left(10 + \dfrac{1}{2}x\right)dx = 10x + \dfrac{1}{2}x^2 + C.$$

已知当 $x = 0$ 时,$y = 1000$,因此有 $C = 1000$,于是总成本 y 与日

产量 x 的函数为 $y = 10x + \dfrac{1}{2}x^2 + 1000$.

练习 5.1

1. 求下列不定积分：

(1) $\displaystyle\int \left(x^2 - 8x + \dfrac{2}{\sqrt{x}} \right) \mathrm{d}x$；

(2) $\displaystyle\int \dfrac{(1+x)(x+3)}{x} \mathrm{d}x$；

(3) $\displaystyle\int \dfrac{1 + \cos^2 x}{1 + \cos 2x} \mathrm{d}x$；

(4) $\displaystyle\int \dfrac{1 + \sin 2x}{\sin x + \cos x} \mathrm{d}x$；

(5) $\displaystyle\int \dfrac{x^4}{x^2 + 1} \mathrm{d}x$；

(6) $\displaystyle\int (\mathrm{e}^x - 3\cos x) \mathrm{d}x$；

(7) $\displaystyle\int (\sqrt{x} + 1)(\sqrt{x} - 1) \mathrm{d}x$；

(8) $\displaystyle\int \dfrac{x^3 + x - 1}{x^2(1 + x^2)} \mathrm{d}x$；

(9) $\displaystyle\int \dfrac{\sqrt{1 + x^2}}{\sqrt{1 - x^4}} \mathrm{d}x$；

(10) $\displaystyle\int \dfrac{4x^2 - 1}{1 + x^2} \mathrm{d}x$.

2. 已知一曲线 $y = f(x)$ 过点 $(0,3)$，且其上任意点的斜率为 $2x + \mathrm{e}^x$，求 $f(x)$.

3. 已知 $f(x)$ 的一个原函数是 $x\sin^2 x$，求不定积分 $\displaystyle\int f'(x) \mathrm{d}x$.

5.2 换元积分法

上一节中，我们介绍了不定积分的概念和性质，利用不定积分的运算性质和基本积分公式，可以求解一些简单函数的不定积分．但是这种方式所能求解的不定积分较为有限，更多不定积分的求解需要其他方法来完成．

本书介绍复合函数求导的逆问题，通过适当的变量代换，求解不定积分，这种方法称为**换元积分法**.

5.2.1 第一换元积分法（又称凑微分法）

考虑不定积分 $\displaystyle\int \mathrm{e}^{2x} \mathrm{d}x$. 由于 $\displaystyle\int \mathrm{e}^x \mathrm{d}x = \mathrm{e}^x + C$，但是 $\displaystyle\int \mathrm{e}^{2x} \mathrm{d}x \neq \mathrm{e}^{2x} + C$，因为 $(\mathrm{e}^{2x} + C)' = 2\mathrm{e}^{2x}$. 如果将 $2x$ 视为一个整体，即令 $t = 2x$，则 $\mathrm{d}t = 2\mathrm{d}x$，从而 $\displaystyle\int \mathrm{e}^{2x} \mathrm{d}x = \dfrac{1}{2}\int \mathrm{e}^t \mathrm{d}t = \dfrac{1}{2}\mathrm{e}^t + C = \dfrac{1}{2}\mathrm{e}^{2x} + C$，并且验证

$$\left(\dfrac{1}{2}\mathrm{e}^{2x} + C \right)' = \mathrm{e}^{2x},\ \text{所以} \int \mathrm{e}^{2x} \mathrm{d}x = \dfrac{1}{2}\mathrm{e}^{2x} + C.$$

上述的求解方法具有一般性.

设 $F'(u) = f(u)$，则 $\displaystyle\int f(u) \mathrm{d}u = F(u) + C$. 如果 $u = \varphi(x)$，并且 $\varphi(x)$ 可微，那么有 $\{F[\varphi(x)]\}' = F'[\varphi(x)]\varphi'(x) = F'(u)\varphi'(x) =$

$f[\varphi(x)]\varphi'(x)$，即

$$\int f[\varphi(x)]\varphi'(x)\mathrm{d}x = \int f(u)\mathrm{d}u = F[\varphi(x)] + C.$$

（第一换元积分法） 设 $u = \varphi(x)$ 可导，如果 $\int f[\varphi(x)]\varphi'(x)\mathrm{d}x$ 存在，并且 $f(u)$ 具有原函数 $F(u)$，即 $\int f(u)\mathrm{d}u = F(u) + C$，那么

$$\int f[\varphi(x)]\varphi'(x)\mathrm{d}x = \int f(u)\mathrm{d}u = F[\varphi(x)] + C.$$

在定理 5.2 中，可以将 $\int f[\varphi(x)]\varphi'(x)\mathrm{d}x$ 中的 $\varphi'(x)\mathrm{d}x$ 凑成微分 $\mathrm{d}\varphi(x)$，进而将 $\varphi(x)$ 视为一个整体 u，即 $\int f[\varphi(x)]\varphi'(x)\mathrm{d}x = \int f(u)\mathrm{d}u$，从而解得不定积分结果为 $F[\varphi(x)] + C$. 所以，第一换元积分法又称**凑微分法**.

求不定积分 $\int \dfrac{1}{a^2 + x^2}\mathrm{d}x\ (a > 0)$.

解
$$\int \frac{1}{a^2 + x^2}\mathrm{d}x = \frac{1}{a^2}\int \frac{1}{1 + \left(\frac{x}{a}\right)^2}\mathrm{d}x$$
$$= \frac{1}{a}\int \frac{1}{1 + \left(\frac{x}{a}\right)^2}\mathrm{d}\left(\frac{x}{a}\right)$$
$$= \frac{1}{a}\arctan \frac{x}{a} + C.$$

类似地，可以得到

$$\int \frac{1}{\sqrt{a^2 - x^2}}\mathrm{d}x(a > 0) = \int \frac{1}{\sqrt{1 - \left(\frac{x}{a}\right)^2}}\mathrm{d}\left(\frac{x}{a}\right) = \arcsin \frac{x}{a} + C.$$

求不定积分 $\int \tan x\mathrm{d}x$

解 $\int \tan x\mathrm{d}x = \int \dfrac{\sin x}{\cos x}\mathrm{d}x = -\int \dfrac{1}{\cos x}\mathrm{d}\cos x = -\ln|\cos x| + C.$

类似地，有 $\int \cot x\mathrm{d}x = \ln|\sin x| + C.$

求不定积分 $\int \dfrac{1}{x^2 - a^2}\mathrm{d}x$.

解
$$\int \frac{1}{x^2 - a^2}\mathrm{d}x = \frac{1}{2a}\int\left(\frac{1}{x - a} - \frac{1}{x + a}\right)\mathrm{d}x$$
$$= \frac{1}{2a}\left[\int \frac{1}{x - a}\mathrm{d}(x - a) - \int \frac{1}{x + a}\mathrm{d}(x + a)\right]$$
$$= \frac{1}{2a}(\ln|x - a| - \ln|x + a|) + C$$

$$= \frac{1}{2a}\ln\left|\frac{x-a}{x+a}\right| + C.$$

例5.8 求不定积分 $\int \sec x \mathrm{d}x$.

解
$$\int \sec x \mathrm{d}x = \int \frac{1}{\cos x}\mathrm{d}x = \int \frac{\cos x}{\cos^2 x}\mathrm{d}x = \int \frac{1}{1-\sin^2 x}\mathrm{d}\sin x$$
$$= \frac{1}{2}\int\left(\frac{1}{1+\sin x} + \frac{1}{1-\sin x}\right)\mathrm{d}\sin x$$
$$= \frac{1}{2}\left[\int \frac{1}{1+\sin x}\mathrm{d}(1+\sin x) - \int \frac{1}{1-\sin x}\mathrm{d}(1-\sin x)\right]$$
$$= \frac{1}{2}\ln\left|\frac{1+\sin x}{1-\sin x}\right| + C = \frac{1}{2}\ln\frac{(1+\sin x)^2}{\cos^2 x} + C$$
$$= \ln|\sec x + \tan x| + C.$$

类似地,可以得到
$$\int \csc x \mathrm{d}x = \ln|\csc x - \cot x| + C.$$

例5.9 求解下列不定积分:

(1) $\int 3x^2\cos x^3 \mathrm{d}x$; (2) $\int xe^{x^2+4}\mathrm{d}x$; (3) $\int \sin^2 x \mathrm{d}x$;

(4) $\int \tan^5 x\sec^3 x \mathrm{d}x$; (5) $\int \frac{1}{1+e^x}\mathrm{d}x$; (6) $\int \frac{1}{\sqrt{x}\sqrt{1+\sqrt{x}}}\mathrm{d}x$.

解 (1) $\int 3x^2\cos x^3 \mathrm{d}x = \int \cos x^3 \mathrm{d}x^3 = \sin x^3 + C$;

(2) $\int xe^{x^2+4}\mathrm{d}x = \frac{1}{2}\int e^{x^2+4}\mathrm{d}(x^2+4) = \frac{1}{2}e^{x^2+4} + C$;

(3) $\int \sin^2 x \mathrm{d}x = \int \frac{1-\cos 2x}{2}\mathrm{d}x = \int \frac{1}{2}\mathrm{d}x - \frac{1}{2}\int \cos 2x \mathrm{d}x$
$$= \frac{1}{2}x - \frac{1}{4}\int \cos 2x \mathrm{d}(2x)$$
$$= \frac{1}{2}x - \frac{1}{4}\sin 2x + C;$$

(4) $\int \tan^5 x\sec^3 x \mathrm{d}x = \int \tan^4 x \cdot \tan x \cdot \sec^2 x \cdot \sec x \mathrm{d}x$
$$= \int (\sec^2 x - 1)^2 \cdot \sec^2 x \mathrm{d}\sec x$$
$$= \int (\sec^6 x - 2\sec^4 x + \sec^2 x)\mathrm{d}\sec x$$
$$= \frac{1}{7}\sec^7 x - \frac{2}{5}\sec^5 x + \frac{1}{3}\sec^3 x + C;$$

(5) $\int \frac{1}{1+e^x}\mathrm{d}x = \int \frac{1+e^x-e^x}{1+e^x}\mathrm{d}x = \int 1\mathrm{d}x - \int \frac{e^x}{1+e^x}\mathrm{d}x$
$$= x - \int \frac{1}{1+e^x}\mathrm{d}(e^x+1) = x - \ln(1+e^x) + C;$$

(6) $\int \dfrac{1}{\sqrt{x}\sqrt{1+\sqrt{x}}} = 2\int \dfrac{\mathrm{d}\sqrt{x}}{\sqrt{1+\sqrt{x}}} = 2\int \dfrac{\mathrm{d}(1+\sqrt{x})}{\sqrt{1+\sqrt{x}}} = 4\sqrt{1+\sqrt{x}} + C.$

凑微分法是求不定积分的重要方法之一,使用这种方法,如何凑微分是关键. 一般而言,该方法在使用中有一定技巧性,比较灵活,需要大家对复合函数的求导比较熟悉. 多数情况下,被积函数中能和 $\mathrm{d}x$ 结合来凑微分的函数不止一个,但是通常选择哪个函数与 $\mathrm{d}x$ 结合来凑微分,应本着**"凑微分得到的函数,即 $\mathrm{d}\varphi(x)$ 中的 $\varphi(x)$ 应与被积函数中剩余的部分具有函数关系"**,这也是定理 5.2 所体现的凑微分原则.

5.2.2 第二换元积分法

第一换元积分法是通过变量代换 $u = \varphi(x)$,将积分 $\int f[\varphi(x)]\varphi'(x)\mathrm{d}x$ 化为 $\int f(u)\mathrm{d}u.$ 第二换元积分法则是通过令 $x = \psi(t)$,将积分 $\int f(x)\mathrm{d}x$ 化为 $\int f[\psi(t)]\psi'(t)\mathrm{d}t.$

定理 5.3 **(第二换元积分法)** 设 $f(x)$ 为连续函数,$x = \psi(t)$ 具有连续导数,且 $x = \psi(t)$ 存在连续反函数 $t = \psi^{-1}(x)$. 如果 $\int f[\psi(t)]\psi'(t)\mathrm{d}t = F(t) + C$,则

$$\int f(x)\mathrm{d}x = F[\psi^{-1}(x)] + C.$$

由定理 5.3 可知,第二换元积分法的思路是:先将 x 代换为 $\psi(t)$,得到 $\int f[\psi(t)]\psi'(t)\mathrm{d}t = F(t) + C$,再反换元,将 t 代换为 $\psi^{-1}(x)$,从而解得 $\int f(x)\mathrm{d}x = F[\psi^{-1}(x)] + C.$ 在代换过程中,为保证 $\psi^{-1}(x)$ 存在,通常取 $x = \psi(t)$ 为单调函数.

在第二换元积分法中,我们将介绍三种重要的换元方法:**三角代换、根式代换和倒数代换**.

1. 三角代换

一般而言,被积函数中含有 $\sqrt{a^2-x^2}$,$\sqrt{a^2+x^2}$ 以及 $\sqrt{x^2-a^2}$ 的积分,可用新变量 t 的三角函数来代替原积分变量 x,从而达到去掉根号的目的.

三角代换常有下列规律:

(1)被积函数中含有 $\sqrt{a^2-x^2}$ $(a>0)$,可令 $x = a\sin t$ 或 $x = a\cos t$;

(2)被积函数中含有 $\sqrt{a^2+x^2}$ $(a>0)$,可令 $x = a\tan t$ 或 $x = a\cot t$;

(3)被积函数中含有 $\sqrt{x^2-a^2}$ ($a>0$),可令 $x=a\sec t$ 或 $x=a\csc t$.

例 5.10 求不定积分 $\int \dfrac{1}{\sqrt{x^2-a^2}}\mathrm{d}x$ ($a>0$).

解:被积函数 $f(x)=\dfrac{1}{\sqrt{x^2-a^2}}$ 的定义域为 $(-\infty,-a)\cup(a,+\infty)$.

(1)当 $x\in(a,+\infty)$ 时.

令 $x=a\sec t$,$t\in\left(0,\dfrac{\pi}{2}\right)$,则 $\mathrm{d}x=a\sec t\tan t\,\mathrm{d}t$,故

$$\int \frac{1}{\sqrt{x^2-a^2}}\mathrm{d}x=\int \frac{a\sec t\tan t\,\mathrm{d}t}{a\tan t}=\int \sec t\,\mathrm{d}t=\ln|\sec t+\tan t|+C_1$$

由图 5-2 所示,$\sec t=\dfrac{1}{\cos t}=\dfrac{x}{a}$,$\tan t=\dfrac{\sqrt{x^2-a^2}}{a}$,所以

$$\int \frac{1}{\sqrt{x^2-a^2}}=\ln|x+\sqrt{x^2-a^2}|+C \quad (C=C_1-\ln a)$$

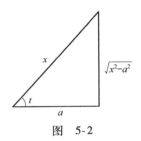

图 5-2

(2)当 $x\in(-\infty,-a)$ 时

令 $x=a\sec t$,$t\in\left(\dfrac{\pi}{2},\pi\right)$,则 $\mathrm{d}x=a\sec t\tan t\,\mathrm{d}t$,故

$$\int \frac{1}{\sqrt{x^2-a^2}}\mathrm{d}x=\int \frac{a\sec t\tan t\,\mathrm{d}t}{-a\tan t}=-\int \sec t\,\mathrm{d}t$$

$$=-\ln|\sec t+\tan t|+C_1$$

$$=-\ln|x-\sqrt{x^2-a^2}|+C_2$$

$$=-\ln\left|\frac{(x-\sqrt{x^2-a^2})(x+\sqrt{x^2-a^2})}{(x+\sqrt{x^2-a^2})}\right|+C_2$$

$$=\ln|x+\sqrt{x^2-a^2}|+C \quad (C=C_2-\ln a)$$

综上所述,不论 $x\in(a,+\infty)$ 还是 $x\in(-\infty,-a)$,均有

$$\int \frac{\mathrm{d}x}{\sqrt{x^2-a^2}}=\ln|x+\sqrt{x^2-a^2}|+C,(a>0).$$

例 5.11 求不定积分 $\int \sqrt{a^2-x^2}\mathrm{d}x$ ($a>0$).

注意 今后在计算不定积分时,一般不再分区间讨论.

解 令 $x=a\sin t$,$t\in\left(-\dfrac{\pi}{2},\dfrac{\pi}{2}\right)$,则 $\mathrm{d}x=a\cos t\,\mathrm{d}t$,故

$$\int \sqrt{a^2-x^2}\mathrm{d}x=\int a\cos t\cdot a\cos t\,\mathrm{d}t=a^2\int \cos^2 t\,\mathrm{d}t=a^2\int \frac{1+\cos 2t}{2}\mathrm{d}t$$

$$=\frac{a^2}{2}t+\frac{a^2}{2}\sin t\cos t+C.$$

由图 5-3 所示,$t=\arcsin\dfrac{x}{a}$,$\sin t=\dfrac{x}{a}$,$\cos t=\dfrac{\sqrt{a^2-x^2}}{a}$,

$$\int \sqrt{a^2-x^2}\mathrm{d}x=\frac{a^2}{2}\arcsin\frac{x}{a}+\frac{1}{2}x\sqrt{a^2-x^2}+C.$$

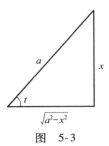

图 5-3

例题 求不定积分 $\int \dfrac{1}{\sqrt{x^2 + a^2}}\mathrm{d}x \quad (a > 0)$.

解 令 $x = a\tan t, t \in \left(-\dfrac{\pi}{2}, \dfrac{\pi}{2} \right)$，则 $\mathrm{d}x = a\sec^2 t\,\mathrm{d}t$，故

$$\int \frac{1}{\sqrt{x^2 + a^2}}\mathrm{d}x = \int \frac{1}{a\sec t}a\sec^2 t\,\mathrm{d}t = \int \sec t\,\mathrm{d}t = \ln|\sec t + \tan t| + C_1,$$

由图 5-4 所示：$\sec t = \dfrac{\sqrt{a^2 + x^2}}{a}, \tan t = \dfrac{x}{a}$，

$$\begin{aligned}
\int \frac{1}{\sqrt{x^2 + a^2}}\mathrm{d}x &= \ln\left| \frac{x}{a} + \frac{\sqrt{x^2 + a^2}}{a} \right| + C_1 \\
&= \ln|x + \sqrt{x^2 + a^2}| - \ln|a| + C_1 \\
&= \ln|x + \sqrt{x^2 + a^2}| + C.
\end{aligned}$$

除了上述三角代换外，去根式还可采用其他方法，下面我们介绍根式代换法.

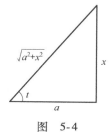

图 5-4

2. 根式代换

例题 求下列不定积分

(1) $\displaystyle\int \frac{1}{\sqrt{1 - x} + 1}\mathrm{d}x$; 　　(2) $\displaystyle\int \frac{x^5}{\sqrt{1 + x^2}}\mathrm{d}x$;

(3) $\displaystyle\int \frac{\sin\sqrt{x}}{\sqrt{x}}\mathrm{d}x$ 　　(4) $\displaystyle\int \sqrt{1 + \mathrm{e}^x}\,\mathrm{d}x$.

解 (1) 令 $t = \sqrt{1 - x}$，则 $t^2 = 1 - x, x = 1 - t^2$，从而 $\mathrm{d}x = -2t\,\mathrm{d}t$

$$\begin{aligned}
\int \frac{1}{\sqrt{1 - x} + 1}\mathrm{d}x &= -2\int \frac{t}{t + 1}\mathrm{d}t = -2\int \frac{t + 1 - 1}{t + 1}\mathrm{d}t = \\
&= -2\int \left(1 - \frac{1}{t + 1} \right)\mathrm{d}t = -\int 1\mathrm{d}t + 2\int \frac{1}{t + 1}\mathrm{d}(t + 1) \\
&= -t + 2\ln|t + 1| + C \\
&= -\sqrt{1 - x} + 2\ln|\sqrt{1 - x} + 1| + C
\end{aligned}$$

(2) 令 $t = \sqrt{1 + x^2}$，则 $x^2 = t^2 - 1, x\mathrm{d}x = t\mathrm{d}t$，故

$$\begin{aligned}
\int \frac{x^5}{\sqrt{1 + x^2}}\mathrm{d}x &= \int \frac{(t^2 - 1)^2}{t}t\,\mathrm{d}t = \int (t^2 - 1)^2\mathrm{d}t = \int (t^4 - 2t^2 + 1)\mathrm{d}t \\
&= \frac{1}{5}t^5 - \frac{2}{3}t^3 + t + C = \frac{1}{5}\sqrt{(1 + x^2)^5} - \frac{2}{3} \\
&\quad \sqrt{(1 + x^2)^3} + \sqrt{1 + x^2} + C;
\end{aligned}$$

(3) 令 $\sqrt{x} = t, x = t^2, \mathrm{d}x = 2t\,\mathrm{d}t$，故 $\displaystyle\int \frac{\sin\sqrt{x}}{\sqrt{x}}\mathrm{d}x = \int \frac{\sin t}{t} \cdot 2t\,\mathrm{d}t =$

$2\displaystyle\int \sin t\,\mathrm{d}t = -2\cos t + C = -2\cos\sqrt{x} + C;$

(4) 令 $t = \sqrt{1 + \mathrm{e}^x}$，则 $1 + \mathrm{e}^x = t^2, x = \ln(t^2 - 1), \mathrm{d}x = \dfrac{2t}{t^2 - 1}\mathrm{d}t$

$$\int \sqrt{1 + e^x} dx = \int t \cdot \frac{2t}{t^2 - 1} dt = 2\int \frac{t^2 - 1 + 1}{t^2 - 1} dt = 2t + \ln \left| \frac{t - 1}{t + 1} \right| + C$$

$$= 2\sqrt{1 + e^x} + \ln \left| \frac{\sqrt{1 + e^x} - 1}{\sqrt{1 + e^x} + 1} \right| + C.$$

例 5.14 求不定积分 $\int \frac{1}{\sqrt{x}(4 + \sqrt[3]{x})} dx$.

解 令 $t = x^{\frac{1}{6}}$,则 $x = t^6$,$dx = 6t^5 dt$,故

$$\int \frac{1}{\sqrt{x}(1 + \sqrt[3]{x})} dx = \int \frac{6t^5}{t^3(4 + t^2)} dt = \int \frac{6t^2}{4 + t^2} dt = 6\int \frac{t^2 + 4 - 4}{t^2 + 4} dt$$

$$= 6t - 24\int \frac{1}{t^2 + 4} dt = 6t - 12\int \frac{1}{\left(\frac{t}{2}\right)^2 + 1} d\left(\frac{t}{2}\right)$$

$$= 6\sqrt[6]{x} - 12\arctan\left(\frac{\sqrt[6]{x}}{2}\right) + C.$$

注意 当被积函数含有两种或两种以上根式 $\sqrt[k]{x}$,$\cdots$,$\sqrt[l]{x}$ 时,可采用令 $t = x^{\frac{1}{n}}$,其中 n 为各根指数的最小公倍数。例如上题中,$\sqrt{x} = x^{\frac{1}{2}}$,$\sqrt[3]{x} = x^{\frac{1}{3}}$,它们根指数的最小公倍数为 6,故令 $t = x^{\frac{1}{6}}$。这样做的目的是同时将被积函数中的根式去掉.

3. 倒数代换

当被积函数中分母含有 x 的高次方幂项,而分子中 x 的次数较低时,往往采用倒数代换令 $x = \frac{1}{t}$,来缩小分子与分母中 x 次数的"差距".

例 5.15 求不定积分 $\int \frac{1}{x(x^n + 1)} dx$.

解 令 $x = \frac{1}{t}$,则 $dx = -\frac{1}{t^2} dt$,故

$$\int \frac{1}{x(x^n + 1)} dx = \int \frac{t}{\left(\frac{1}{t}\right)^n + 1} \cdot \left(-\frac{1}{t^2}\right) dt = -\int \frac{t^{n-1}}{1 + t^n} dt$$

$$= -\frac{1}{n}\ln|1 + t^n| + C = -\frac{1}{n}\ln\left|1 + \frac{1}{x^n}\right| + C.$$

本节中一些例题的结果以后会经常遇到,可以作为公式使用。为此,我们将 5.1 节的基本积分公式做如下补充.

$(14) \int \frac{1}{a^2 + x^2} dx = \frac{1}{a}\arctan \frac{x}{a} + C;$ $\cdots\cdots\cdots\cdots$ (例 5.5)

$(15) \int \frac{1}{\sqrt{a^2 - x^2}} dx = \arcsin \frac{x}{a} + C;$ $\cdots\cdots\cdots\cdots$ (例 5.5)

$(16) \int \tan x dx = -\ln|\cos x| + C;$ $\cdots\cdots\cdots\cdots\cdots$ (例 5.6)

$(17) \int \cot x dx = \ln|\sin x| + C;$ $\cdots\cdots\cdots\cdots\cdots$ (例 5.6)

$(18) \int \frac{1}{x^2 - a^2} dx = \frac{1}{2a}\ln\left|\frac{x - a}{x + a}\right| + C;$ $\cdots\cdots\cdots$ (例 5.7)

$(19) \int \sec x dx = \ln|\sec x + \tan x| + C;$ $\cdots\cdots\cdots$ (例 5.8)

(20) $\int \csc x \mathrm{d}x = \ln |\csc x - \cot x| + C;$ ……………… （例 5.8）

(21) $\int \dfrac{1}{\sqrt{x^2 \pm a^2}} \mathrm{d}x = \ln |x + \sqrt{x^2 \pm a^2}| + C.$ ………………

（例 5.10 和例 5.12）

5.2.3 有理函数的不定积分

本部分我们简单介绍有理函数不定积分的求解方法.

形如 $\int \dfrac{P(x)}{Q(x)} \mathrm{d}x$ 的不定积分称为**有理函数不定积分**, 其中 $P(x)$ 和 $Q(x)$ 为 x 的多项式, 具体如下:

$$\frac{P(x)}{Q(x)} = \frac{a_0 x^m + a_1 x^{m-1} + \cdots + a_{m-1} x + a_m}{b_0 x^n + b_1 x^{n-1} + \cdots + b_{n-1} x + b_n},$$

其中 m, n 为非负整数, $a_0, a_1, \cdots, a_m$ 和 $b_0, b_1, \cdots, b_n$ 是实数, 且 $a_0 \neq 0, b_0 \neq 0$.

如果 $m < n$, 称 $\dfrac{P(x)}{Q(x)}$ 为真分式; 如果 $m \geqslant n$, 称 $\dfrac{P(x)}{Q(x)}$ 为假分式, 利用多项式除法, 假分式可以化成一个多项式和一个真分式之和. 因此, 在考虑有理函数的积分时, 我们只需要关注真分式如何求解积分即可.

在 真 分 式 中, 我 们 把 形 如 $\dfrac{A}{x-a}$, $\dfrac{A}{(x-a)^k}$, $\dfrac{Mx+N}{x^2+px+q}$, $\dfrac{Mx+N}{(x^2+px+q)^k}$ 的有理真分式称为**最简分式**, 其中 $k \geqslant 2, k \in \mathbf{N}$, 且 $p^2 - 4q < 0$.

由代数学知识可知, **任何一个有理真分式都可以分解成有限个最简分式之和**.

经上述分析可见, 有理函数不定积分的求解步骤为:

(1) 将假分式化为一个多项式与一个真分式之和;

(2) 将真分式分解成若干个最简分式之和;

(3) 求解每个最简分式的原函数.

因此, 计算有理函数的不定积分, 关键是如何将真分式分解为最简分式之和. 下面我们不加证明地给出以下结论:

(1) 若分母中有因式 $(x-a)^k, k \geqslant 1$, 则可分解为

$$\frac{A_1}{x-a} + \frac{A_2}{(x-a)^2} + \cdots + \frac{A_k}{(x-a)^k},$$

(2) 若分母中有因式 $(x^2+px+q)^k, (p^2-4q<0)$, 则有

$$\frac{M_1 x + N_1}{x^2+px+q} + \frac{M_2 x + N_2}{(x^2+px+q)^2} + \cdots + \frac{M_k x + N_k}{(x^2+px+q)^k},$$

其中 $A_i, M_i, N_i (i=1,2,\cdots,k)$ 是待定常数.

例 5.16 求不定积分 $\displaystyle\int \frac{1}{x(x^2+1)}\mathrm{d}x$.

解 设 $\displaystyle\frac{1}{x(x^2+1)}=\frac{A}{x}+\frac{Bx+C}{x^2+1}=\frac{(A+B)x^2+Cx+A}{x(x^2+1)}$

从而 $\begin{cases} A+B=0 \\ C=0 \\ A=1 \end{cases}$ 因此 $A=1, B=-1, C=0$.

故 $\displaystyle\int \frac{1}{x(x^2+1)}\mathrm{d}x = \int\left(\frac{1}{x}+\frac{-x}{x^2+1}\right)\mathrm{d}x$

$$= \ln|x| - \frac{1}{2}\int \frac{1}{x^2+1}\mathrm{d}(x^2+1)$$

$$= \ln|x| - \frac{1}{2}\ln(x^2+1) + C.$$

例 5.17 求不定积分 $\displaystyle\int \frac{2x^2-x+2}{(x-1)(x^2+x+1)}\mathrm{d}x$.

解 设 $\displaystyle\frac{2x^2-x+2}{(x-1)(x^2+x+1)}=\frac{A}{x-1}+\frac{Bx+C}{x^2+x+1}$

$$=\frac{A(x^2+x+1)+(Bx+C)(x-1)}{(x-1)(x^2+x+1)}$$

$$=\frac{(A+B)x^2+(A-B+C)x+(A-C)}{(x-1)(x^2+x+1)}$$

由待定系数法知：$\begin{cases} A+B=2, \\ A-B+C=-1, \\ A-C=2, \end{cases}$ 从而 $\begin{cases} A=\ \ 1, \\ B=\ \ 1, \\ C=-1. \end{cases}$

故 $\displaystyle\int \frac{2x^2-x+2}{(x+1)(x^2+x+1)}\mathrm{d}x = \int \frac{1}{x-1}\mathrm{d}x + \int \frac{x-1}{x^2+x+1}\mathrm{d}x$

$$= \ln|x-1| + \frac{1}{2}\int \frac{2x-2}{x^2+x+1}\mathrm{d}x = \ln|x-1| + \frac{1}{2}\int \frac{2x+1-3}{x^2+x+1}\mathrm{d}x$$

$$= \ln|x-1| + \frac{1}{2}\int \frac{2x+1}{x^2+x+1}\mathrm{d}x - \frac{3}{2}\int \frac{1}{x^2+x+1}\mathrm{d}x$$

$$= \ln|x-1| + \frac{1}{2}\ln|x^2+x+1| - \frac{3}{2}\int \frac{1}{\left(x+\frac{1}{2}\right)^2+\frac{3}{4}}\mathrm{d}x$$

$$= \ln|x-1| + \frac{1}{2}\ln|x^2+x+1| - \sqrt{3}\arctan\left(\frac{2\sqrt{3}}{3}x+\frac{\sqrt{3}}{3}\right) + C.$$

练习 5.2

1. 求下列不定积分(第一换元法)：

(1) $\displaystyle\int (2x+3)^{100}\mathrm{d}x$;

(2) $\displaystyle\int \frac{1}{x(2+\ln x)^2}\mathrm{d}x$;

（3）$\int \tan^5 x \sec^2 x \mathrm{d}x$；

（4）$\int \dfrac{\mathrm{e}^x}{\mathrm{e}^{2x} + 1} \mathrm{d}x$；

（5）$\int \dfrac{\sin x + \cos x}{(\sin x - \cos x)^2} \mathrm{d}x$；

（6）$\int \cos^3 x \mathrm{d}x$；

（7）$\int \dfrac{2^{\arcsin x}}{\sqrt{1 - x^2}} \mathrm{d}x$；

（8）$\int \dfrac{(\arctan x)^3}{1 + x^2} \mathrm{d}x$；

（9）$\int \dfrac{2\ln x + 1}{x} \mathrm{d}x$；

（10）$\int \dfrac{1}{\cos^2 x \sqrt{1 + 3\tan x}} \mathrm{d}x$；

（11）$\int \dfrac{\ln(\ln x)}{x \ln x} \mathrm{d}x$；

（12）$\int \dfrac{1}{x \ln x \ln(\ln x)} \mathrm{d}x$；

（13）$\int \tan^4 x \mathrm{d}x$；

（14）$\int \dfrac{1}{9x^2 + 4} \mathrm{d}x$；

（15）$\int \dfrac{\arctan \sqrt{x}}{\sqrt{x}(1 + x)} \mathrm{d}x$；

（16）$\int \dfrac{1 + \ln x}{(x \ln x)^2} \mathrm{d}x$.

2. 求下列不定积分（第二换元法）

（1）$\int \dfrac{1}{1 + \sqrt{x}} \mathrm{d}x$；

（2）$\int \dfrac{\sqrt{1 + \sqrt[3]{x}}}{x} \mathrm{d}x$；

（3）$\int \sqrt{x - x^2} \mathrm{d}x$；

（4）$\int \dfrac{1}{1 + \sqrt{1 - x^2}} \mathrm{d}x$；

（5）$\int \dfrac{\sqrt{x^2 - 1}}{x} \mathrm{d}x$；

（6）$\int \sqrt{1 + 2x - x^2} \mathrm{d}x$；

（7）$\int \dfrac{1}{\sqrt{x} + \sqrt[3]{x}} \mathrm{d}x$；

（8）$\int \dfrac{1}{x(x^{10} + 2)} \mathrm{d}x$；

（9）$\int \dfrac{2x^2 - x}{x + 1} \mathrm{d}x$；

（10）$\int \dfrac{1}{x^2 + x + 1} \mathrm{d}x$.

（11）$\int \dfrac{x - 1}{x(x + 1)^2} \mathrm{d}x$；

（12）$\int \dfrac{x^3 + 1}{x^2 + x - 2} \mathrm{d}x$；

5.3　分部积分法

　　在上一节中介绍的换元积分法可以求解很多不定积分问题．但是，有些不定积分，如 $\int \arcsin x \mathrm{d}x$，$\int \ln x \mathrm{d}x$ 等，则无法用换元法求解.

　　本节我们介绍另一种求解不定积分的常用方法——**分部积分法**．分部积分法是函数乘积求导的逆运算．

　　设函数 $u(x)$ 和 $v(x)$ 具有连续导数，由函数乘积的求导法则知

$$[u(x)v(x)]' = u'(x)v(x) + u(x)v'(x),$$

移项,得
$$u(x)v'(x) = [u(x)v(x)]' - u'(x)v(x),$$
上式两边取不定积分
$$\int u(x)v'(x)\mathrm{d}x = \int [u(x)v(x)]'\mathrm{d}x - \int u'(x)v(x)\mathrm{d}x,$$
即
$$\int u(x)v'(x)\mathrm{d}x = u(x)v(x) - \int u'(x)v(x)\mathrm{d}x,$$
或
$$\int u(x)\mathrm{d}v(x) = u(x)v(x) - \int v(x)\mathrm{d}u(x),$$
上式称为**分部积分公式**.

由公式可以看出,分部积分法的意义在于当不定积分 $\int u(x)\mathrm{d}v(x)$ 难以求出,而不定积分 $\int v(x)\mathrm{d}u(x)$ 比较容易求出时,分部积分法可以将难以求解的不定积分转化为容易求解的形式.因此,使用分部积分法的关键是恰当选取 $u(x)$ 和 $v(x)$,使得 $\int v(x)\mathrm{d}u(x)$ 比 $\int u(x)\mathrm{d}v(x)$ 简单易求.

例 5.18 求解下列不定积分

(1) $\int x\mathrm{e}^x\mathrm{d}x$;　　　　(2) $\int \mathrm{e}^x\sin x\mathrm{d}x$;

(3) $\int x\sin x\mathrm{d}x$;　　　　(4) $\int x\arctan x\mathrm{d}x$

解 (1)将 e^x 与 $\mathrm{d}x$ 结合,凑成 $\mathrm{d}\mathrm{e}^x$,即令 $u(x)=x,v(x)=\mathrm{e}^x$,由分部积分公式得
$$\int x\mathrm{e}^x\mathrm{d}x = \int x\mathrm{d}\mathrm{e}^x = x\mathrm{e}^x - \int \mathrm{e}^x\mathrm{d}x = x\mathrm{e}^x - \mathrm{e}^x + C.$$

(2)**方法一** 将 e^x 与 $\mathrm{d}x$ 结合,凑成 $\mathrm{d}\mathrm{e}^x$,即令 $u(x)=\sin x,v(x)=\mathrm{e}^x$,则由分部积分公式知
$$\int \mathrm{e}^x\sin x\mathrm{d}x = \int \sin x\mathrm{d}\mathrm{e}^x = \sin x\mathrm{e}^x - \int \mathrm{e}^x\mathrm{d}\sin x = \sin x\mathrm{e}^x - \int \mathrm{e}^x\cos x\mathrm{d}x,$$
在不定积分 $\int \mathrm{e}^x\cos x\mathrm{d}x$ 中,继续使用分部积分公式得
$$\int \mathrm{e}^x\cos x\mathrm{d}x = \int \cos x\mathrm{d}\mathrm{e}^x = \cos x\mathrm{e}^x - \int \mathrm{e}^x\mathrm{d}\cos x = \cos x\mathrm{e}^x + \int \mathrm{e}^x\sin x\mathrm{d}x,$$
从而
$$\int \mathrm{e}^x\sin x\mathrm{d}x = \sin x\mathrm{e}^x - \cos x\mathrm{e}^x - \int \mathrm{e}^x\sin x\mathrm{d}x,$$
将 $\int \mathrm{e}^x\sin x\mathrm{d}x$ 看成未知量,解方程得
$$\int \mathrm{e}^x\sin x\mathrm{d}x = \frac{1}{2}\mathrm{e}^x(\sin x - \cos x) + C.$$

注意 如果将 x 与 $\mathrm{d}x$ 结合,凑成 $\frac{1}{2}\mathrm{d}x^2$,即令 $u(x)=\mathrm{e}^x,v(x)=x^2$,则由分部积分公式知
$$\int x\mathrm{e}^x\mathrm{d}x = \frac{1}{2}\int \mathrm{e}^x\mathrm{d}x^2$$
$$= \frac{1}{2}x^2\mathrm{e}^x - \frac{1}{2}\int x^2\mathrm{d}\mathrm{e}^x$$
$$= \frac{1}{2}x^2\mathrm{e}^x - \frac{1}{2}\int x^2\mathrm{e}^x\mathrm{d}x.$$

可见,此时不定积分 $\int x^2\mathrm{e}^x\mathrm{d}x$ 比 $\int x\mathrm{e}^x\mathrm{d}x$ 更复杂,再按此方法继续运算将无法得到结果.

方法二　将 $\sin x$ 与 $\mathrm{d}x$ 结合,凑成 $-\mathrm{d}\cos x$,即令 $u(x)=\mathrm{e}^x,v(x)=\cos x$,则由分部积分公式知

$$\int \mathrm{e}^x\sin x\mathrm{d}x = -\int \mathrm{e}^x\mathrm{d}\cos x = -\mathrm{e}^x\cos x + \int \cos x\mathrm{e}^x\mathrm{d}x,$$

继续使用分部积分法得

$$\int \cos x\mathrm{e}^x\mathrm{d}x = \int \mathrm{e}^x\mathrm{d}\sin x = \mathrm{e}^x\sin x - \int \sin x\mathrm{e}^x\mathrm{d}x,$$

从而

$$\int \mathrm{e}^x\sin x\mathrm{d}x = -\mathrm{e}^x\cos x + \mathrm{e}^x\sin x - \int \sin x\mathrm{e}^x\mathrm{d}x,$$

即

$$\int \mathrm{e}^x\sin x\mathrm{d}x = \frac{1}{2}\mathrm{e}^x(\sin x - \cos x) + C.$$

> **注意**　此题中令 $u(x)=\mathrm{e}^x,v(x)=\sin x$ 或者反过来,都可以求解出不定积分.

(3)将 $\sin x$ 与 $\mathrm{d}x$ 结合,凑成 $-\mathrm{d}\cos x$,即令 $u(x)=x,v(x)=\cos x$,则由分部积分公式知

$$\int x\sin x\mathrm{d}x = -\int x\mathrm{d}\cos x = -x\cos x + \int \cos x\mathrm{d}x = -x\cos x + \sin x + C.$$

(4)将 x 与 $\mathrm{d}x$ 结合,凑微分 $\frac{1}{2}\mathrm{d}x^2$,令 $u(x)=\arctan x,v(x)=x^2$,则由分部积分公式知

$$
\begin{aligned}
\int x\arctan x\mathrm{d}x &= \frac{1}{2}\int \arctan x\mathrm{d}x^2 = \frac{1}{2}x^2\arctan x - \frac{1}{2}\int x^2\mathrm{d}\arctan x\\
&= \frac{x^2}{2}\arctan x - \int \frac{x^2}{2}\cdot\frac{1}{1+x^2}\mathrm{d}x\\
&= \frac{x^2}{2}\arctan x - \frac{1}{2}\int\left(1 - \frac{1}{1+x^2}\right)\mathrm{d}x\\
&= \frac{x^2}{2}\arctan x - \frac{1}{2}(x - \arctan x) + C.
\end{aligned}
$$

> **注意**　如果将 x 与 $\mathrm{d}x$ 结合,凑成 $\frac{1}{2}\mathrm{d}x^2$,即令 $u(x)=\sin x,v(x)=x^2$,则有
> $$\int x\sin x\mathrm{d}x = \frac{1}{2}\int \sin x\mathrm{d}x^2$$
> $$= \frac{1}{2}x^2\sin x - \frac{1}{2}\int x^2\mathrm{d}\sin x$$
> $$= \frac{1}{2}x^2\sin x - \frac{1}{2}\int x^2\cos x\mathrm{d}x,$$
> 可见,此时 $\int x^2\cos x\mathrm{d}x$ 比 $\int x\sin x\mathrm{d}x$ 更复杂,继续计算无法解得结果. 说明这种结合(凑微分)的方式是不合适的.

由例 5.18 可以看出,凑微分法与分部积分法相辅相成,通常在应用分部积分法之前,先借助凑微分对被积函数作适当的变形.

因此,在使用分部积分法之前,选择 $u(x)$ 和 $v(x)$,即选择被积函数中哪类函数与 $\mathrm{d}x$ 结合来凑微分非常关键. 通常结合"优先权"按如下顺序排列.

(1)指数函数(如 a^x)、三角函数(如 $\sin x,\cos x$);

(2)幂函数(如 x^u);

(3)对数函数、反三角函数(不能与 $\mathrm{d}x$ 结合凑微分).

具体而言:

① 若被积函数为指数函数与三角函数的乘积,那么它们均可与 $\mathrm{d}x$ 结合,凑成微分 $\mathrm{d}u(x)$ 的形式,如例 5.18 第(2)题;

② 若被积函数为指数函数与幂函数或三角函数与幂函数的乘积,那么只能是指数函数或三角函数与 $\mathrm{d}x$ 结合,凑成微分 $\mathrm{d}u(x)$ 的形式,如例 5.18 第(1)、(3)题;

③ 若被积函数为对数函数或反三角函数与其他函数的乘积,

则其他类型函数与 $\mathrm{d}x$ 结合,凑成微分 $\mathrm{d}u(x)$ 的形式,如例 5.18 第 (4)题.

特别地,若被积函数仅为一种函数,并且无法用换元方法求解,则考虑将积分变量 x 视为函数 $u(x)$,直接用分部积分法求解,见下例.

例 5.19 求解下列不定积分

(1) $\int \ln x \mathrm{d}x$;   (2) $\int \arctan x \mathrm{d}x$.

解 (1) $\int \ln x \mathrm{d}x = x\ln x - \int x\mathrm{d}\ln x = x\ln x - \int x \cdot \dfrac{1}{x}\mathrm{d}x = x\ln x - x + C$

(2) $\int \arctan x \mathrm{d}x = x\arctan x - \int x\mathrm{d}\arctan x = x\arctan x - \int x \cdot$

$\dfrac{1}{1+x^2}\mathrm{d}x = x\arctan x - \dfrac{1}{2}\int \dfrac{1}{1+x^2}\mathrm{d}x^2 = x\arctan x - \dfrac{1}{2}\ln(1+x^2) + C$

通常在求解不定积分时,换元积分法和分部积分法在同一题目中会结合使用.

例 5.20 求解下列不定积分:

(1) $\int \mathrm{e}^{\sqrt[3]{x}}\mathrm{d}x$;   (2) $\int \dfrac{\arctan \mathrm{e}^x}{\mathrm{e}^x}\mathrm{d}x$.

解 (1)令 $\sqrt[3]{x} = t$,则 $t^3 = x$,$\mathrm{d}x = 3t^2\mathrm{d}t$,从而

$$\int \mathrm{e}^{\sqrt[3]{x}}\mathrm{d}x = 3\int t^2\mathrm{e}^t\mathrm{d}t$$
$$= 3\int t^2\mathrm{d}\mathrm{e}^t$$
$$= 3t^2\mathrm{e}^t - 3\int \mathrm{e}^t \cdot 2t\mathrm{d}t$$
$$= 3t^2\mathrm{e}^t - 6\int t\mathrm{d}\mathrm{e}^t$$
$$= 3t^2\mathrm{e}^t - 6t\mathrm{e}^t + 6\int \mathrm{e}^t\mathrm{d}t$$
$$= 3t^2\mathrm{e}^t - 6t\mathrm{e}^t + 6\mathrm{e}^t + C$$
$$= 3\sqrt[3]{x^2}\mathrm{e}^{\sqrt[3]{x}} - 6\sqrt[3]{x}\mathrm{e}^{\sqrt[3]{x}} + 6\mathrm{e}^{\sqrt[3]{x}} + C$$

(2)令 $\mathrm{e}^x = t$,$x = \ln t$,则 $\mathrm{d}x = \dfrac{1}{t}\mathrm{d}t$,从而

$$\int \dfrac{\arctan \mathrm{e}^x}{\mathrm{e}^x}\mathrm{d}x = \int \dfrac{\arctan t}{t} \cdot \dfrac{1}{t}\mathrm{d}t = \int \arctan t \mathrm{d}\left(-\dfrac{1}{t}\right)$$
$$= -\dfrac{1}{t}\arctan t + \int \dfrac{1}{t}\mathrm{d}(\arctan t)$$
$$= -\dfrac{1}{t}\arctan t + \int \dfrac{1}{t(1+t^2)}\mathrm{d}t$$
$$= -\dfrac{1}{t}\arctan t + \int \dfrac{1}{t}\mathrm{d}t - \int \dfrac{t}{1+t^2}\mathrm{d}t$$
$$= -\dfrac{1}{t}\arctan t + \ln|t| - \dfrac{1}{2}\ln(1+t^2) + C$$
$$= -\dfrac{1}{\mathrm{e}^x}\arctan \mathrm{e}^x + x - \ln\sqrt{1+\mathrm{e}^{2x}} + C$$

已知 $f(x)$ 的一个原函数是 $\dfrac{e^x}{x}$，求 $\displaystyle\int xf'(x)\,dx$

解 $\displaystyle\int xf'(x)\,dx = \int x\,df(x) = xf(x) - \int f(x)\,dx$

因为 $f(x)$ 的一个原函数是 $\dfrac{e^x}{x}$，即 $\displaystyle\int f(x)\,dx = \dfrac{e^x}{x} + C$，从而可知 $f(x)$

$= \dfrac{xe^x - e^x}{x^2}$. 所以 $\displaystyle\int xf'(x)\,dx = \dfrac{e^x(x-1)}{x} - \dfrac{e^x}{x} + C = \dfrac{e^x(x-2)}{x} + C$

练习 5.3

求下列不定积分

(1) $\displaystyle\int \dfrac{\ln x}{x^2}\,dx$；

(2) $\displaystyle\int x\sin\dfrac{x}{2}\,dx$；

(3) $\displaystyle\int x^2 e^{-x}\,dx$；

(4) $\displaystyle\int \cos\sqrt{x}\,dx$；

(5) $\displaystyle\int (\arcsin x)^2\,dx$；

(6) $\displaystyle\int \arctan\sqrt{x}\,dx$；

(7) $\displaystyle\int \sin(\ln x)\,dx$；

(8) $\displaystyle\int \sec^3 x\,dx$；

(9) $\displaystyle\int \dfrac{x^2 e^x}{(x+2)^2}\,dx$；

(10) $\displaystyle\int \ln(x + \sqrt{1+x^2})\,dx$；

(11) $\displaystyle\int x(1 + \sec^2 x)\,dx$；

(12) $\displaystyle\int \dfrac{x}{\sqrt{1-x^2}}e^{\arcsin x}\,dx$；

综合习题 5

1. 已知 $\dfrac{\sin x}{x}$ 是 $f(x)$ 的一个原函数，求 $\displaystyle\int xf'(x)\,dx$.

2. 已知 $\ln^2 x$ 是 $f(x)$ 的一个原函数，求 $\displaystyle\int xf''(x)\,dx$.

3. 已知 $\displaystyle\int f(x)\,dx = F(x) + C$，求不定积分 $\displaystyle\int e^{-x}f(e^{-x})\,dx$

4. 已知 $\displaystyle\int f(x)\,dx = \dfrac{\sin x}{x} + C$，求不定积分 $\displaystyle\int xf(1 - 3x^2)\,dx$

5. 已知 $\displaystyle\int f(e^x - 1)\,dx = x^2 + 2x + C$，求函数 $f(x)$

6. 若 $f(x) = e^x + x^2$，求 $\displaystyle\int f'(2x)\,dx$

7. 已知 $f'(\ln x) = x^2 + 1$，求 $f(x)$

8. 求下列不定积分

(1) $\displaystyle\int x^3\sqrt{x-1}\,dx$；

(2) $\displaystyle\int \dfrac{x}{x^2 - 6x + 18}\,dx$

(3) $\displaystyle\int \frac{e^x}{\sqrt{e^x - 1}} dx$; (4) $\displaystyle\int \frac{x}{\sqrt{1 - x^2}} \arcsin \sqrt{1 - x^2} dx$

(5) $\displaystyle\int \frac{e^x + e^{-x}}{e^{2x} + e^{-2x} - 2} dx$; (6) $\displaystyle\int \frac{\ln(1 + x^2)}{x^3} dx$

(7) $\displaystyle\int \frac{xe^x}{(1 + e^x)^2} dx$; (8) $\displaystyle\int \frac{1 - \ln x}{(x - \ln x)^2} dx$

(9) $\displaystyle\int \ln\left(1 + \sqrt{\frac{1 - x}{x}}\right) dx$; (10) $\displaystyle\int \frac{dx}{x + \sqrt{x^2 + 1}}$

第6章
定积分及其应用

本章介绍一元函数微积分学中的一个重要概念——定积分. 定积分起源于对实际问题(如曲边封闭图形面积)的求解. 因此,本章首先从两个实际例子出发引入定积分的概念并讨论定积分的性质,通过微积分基本定理——牛顿－莱布尼茨公式建立定积分与不定积分的关系,给出定积分的计算方法,对反常积分简要分析,最后介绍定积分的应用.

本章内容及相关知识点如下:

定积分及其应用	
内容	知识点
定积分的概念与性质	(1)定积分的定义 (2)定积分的几何意义 (3)定积分的基本性质
微积分基本定理	(1)变限积分函数 (2)变限积分函数的可导性及求导公式 (3)牛顿－莱布尼茨公式
定积分的换元积分法 与分部积分法	(1)定积分的换元积分法 (2)定积分的分部积分法
反常积分	(1)无穷限积分的概念 (2)瑕积分的概念
定积分的应用	(1)定积分求平面图形的面积 (2)定积分求立体体积(平行截面已知的立体体积、旋转体体积) (3)定积分在经济学中的应用

6.1 定积分的概念与性质

本节我们从两个实际问题,即曲边梯形面积的求解和一定时间内商品销售总量的计算,引出定积分的概念,然后介绍定积分的几何意义和基本性质.

6.1.1 概念的引入

1. 曲边梯形的面积

在初等数学中,我们学习过利用公式求解平面图形的面积,如三角形、梯形、圆形等,但这仅限于规则的平面图形.那么一般图形的面积如何计算呢? 在此,我们考虑**曲边梯形**面积的求解问题.

求由连续曲线 $y=f(x)$ $(f(x)\geqslant 0)$ 与直线 $x=a$ 和 $x=b$ 以及 x 轴所围成的封闭图形(称为**曲边梯形**)的面积 S(如图 6-1 所示).

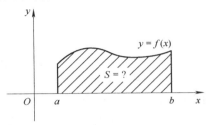

图 6-1

分析:曲边梯形由于底边上各点处的高是变化的,因此不能直接用矩形面积求解公式(矩形面积 = 底×高)来计算.但是,我们可以考虑用已知的知识来推导未知的内容.如果把 $[a,b]$ 划分为若干个小区,同时将曲边梯形分成若干个小曲边梯形;对于每个小曲边梯形的面积用同底的小矩形面积(小矩形的高为小矩形底边任意一点的函数值)来近似;这样根据面积的可加性通过求和,便可得到整个曲边梯形面积 S 的近似值;最后,对底边 $[a,b]$ 的分割越细,近似度越高,通过取极限,将得到曲面梯形的面积值.

现将上述分析步骤具体描述如下:

(1)分割 在区间 $[a,b]$ 内任意插入 $n-1$ 个分点
$$a=x_0<x_1<\cdots<x_{i-1}<x_i<x_{i+1}<\cdots<x_n=b.$$
将区间分成 n 个小区间 $[x_{i-1},x_i]$,每个小区间长度记为 $\Delta x_i=x_i-x_{i-1}$, $i=1,2,\cdots,n$. 过每个分点 x_i 作 x 轴垂线,这些垂线将整个曲边梯形分为 n 个小曲边梯形,每个小曲边梯形的面积记为 ΔS_i $(i=1,2,\cdots,n)$.

(2)近似 在每个小区间 $[x_{i-1},x_i]$ 中,任取一点 ξ_i $(x_{i-1}\leqslant\xi_i\leqslant x_i)$,以 $f(\xi_i)$ 为高,Δx_i 为底,作矩形(如图 6-2 所示),则第 i 个小边梯形的面积 ΔS_i 可以近似为

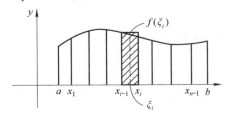

图 6-2

$$\Delta S_i \approx f(\xi_i)\Delta x_i \quad (i=1,2,\cdots,n).$$

（3）求和　整个曲边梯形的面积 S 为 n 个小曲边梯形面积之和,它可由 n 个小矩形面积加和来近似,即

$$S = \sum_{i=1}^{n} \Delta S_i \approx \sum_{i=1}^{n} f(\xi_i)\Delta x_i.$$

（4）取极限　不难看出,对于曲边梯形的分割越细,小矩形面积之和与曲边梯形的面积近似程度越高.当对 $[a,b]$ 无限细分时,即小区间的最大长度

$$\lambda = \max\{\Delta x_1,\Delta x_2,\cdots,\Delta x_n\}.$$

趋近于零 $(\lambda \to 0)$,便可得到所求曲边梯形的面积为

$$S = \lim_{\lambda \to 0}\sum_{i=1}^{n} f(\xi_i)\Delta x_i.$$

2. 销售总量问题

某商品在时间段 $[T_1,T_2]$ 内的销售速度 $v=v(t)$ 是随 t 变动的 $(t \in [T_1,T_2])$ 一个连续函数,并且 $v(t) \geqslant 0$. 那么该商品在 $[T_1,T_2]$ 内的销售总量 Q 该如何计算?

分析: 如果销售速度 v 不随时间变化,那么

销售总量 = 销售速度 × 时间

即 $Q = v \times (T_2 - T_1)$. 但是 $v(t)$ 是随 t 变动的连续函数,当时间间隔很小时,销售速度变化也很小,即 $\Delta t \to 0$ 时, $\Delta v \to 0$. 从而对于销售总量的求解可通过下述步骤完成:

（1）分割　在时间间隔 $[T_1,T_2]$ 内任意插 $n-1$ 个分点

$$T_1 = t_0 < t_1 < \cdots < t_{i-1} < t_i < t_{i+1} < \cdots t_n = T_2.$$

将时间间隔分成 n 个小区间 $[t_{i-1},t_i]$,每个小区间的时间长度 $\Delta t_i = t_i - t_{i-1}(i=1,2,\cdots,n)$.

（2）近似　在每一个小时间段 $[t_{i-1},t_i]$ 内,任取时刻 $\tau_i(t_{i-1} \leqslant \tau_i \leqslant t_i)$,以 $v(\tau_i)$ 近似 $[t_{i-1},t_i]$ 上各时刻的销售速度,得到第 i 个小时间段内销售量的近似值,即

$$\Delta Q_i \approx v(\tau_i)\Delta t_i \quad (i=1,2,\cdots,n).$$

（3）求和　将 n 个小时间段内销售量的近似值相加,得到 $[T_1,T_2]$ 时间段内商品销售总量的近似值,即

$$Q = \sum_{i=1}^{n} \Delta Q_i \approx \sum_{i=1}^{n} \Delta v(\tau_i)\Delta t_i.$$

（4）取极限　当对 $[T_1,T_2]$ 无限细分时,记

$$\lambda = \max\{\Delta t_1,\Delta t_2,\cdots,\Delta t_n\}$$

当 $\lambda \to 0$ 时,得 $[T_1,T_2]$ 时间段内的商品销售总量为

$$Q = \lim_{\lambda \to 0}\sum_{i=1}^{n} v(\tau_i)\Delta t_i.$$

上述两个问题,一个是几何学中的求解面积,一个是经济学中

思考　你能用图形表示销售总量与时间和销售速度 v 之间的关系吗?与图 6-2 进行比较.

的求解销售总量. 虽然它们的实际意义不同,但从数量角度来看,表达式都归结为一个特定函数和式的极限.

现实中,还有很多类似问题:如物理学中的变力作功,管理学中库存变化量等,这些问题都可以用上述分析思路完成求解. 在数学上,将上述问题的本质和共性抽象概括,得出定积分的概念.

6.1.2 定积分的概念

定义6.1 设函数 $f(x)$ 在 $[a,b]$ 上有定义,在 $[a,b]$ 中任意插入 $n-1$ 个分点

$$a = x_0 < x_1 < x_2 < \cdots < x_{i-1} < x_i < x_{i+1} < \cdots < x_n = b$$

将 $[a,b]$ 分成 n 个小区间,每个小区间长度记为 Δx_i,即 $\Delta x_i = x_i - x_{i-1}(i=1,2,\cdots,n)$. 在小区间 $[x_{i-1},x_i]$ 上 $(i=1,2,\cdots,n)$ 任取一点 $\xi_i(x_{i-1} \leqslant \xi_i \leqslant x_i)$,做乘积 $f(\xi_i)\Delta x_i$,并求和 $\sum_{i=1}^{n} f(\xi_i)\Delta x_i$. 记 $\lambda = \max\{\Delta x_1, \Delta x_2, \cdots, \Delta x_n\}$. 如果不论对 $[a,b]$ 怎样划分,也不论 ξ_i 在区间 $[x_{i-1},x_i]$ 上如何选取,只要当 $\lambda \to 0$ 时,和式 $\sum_{i=1}^{n} f(\xi_i)\Delta x_i$ 的极限 $\lim_{\lambda \to 0} \sum_{i=1}^{n} f(\xi_i)\Delta x_i$ 都存在,则称 $f(x)$ 在区间 $[a,b]$ 上可积,并将此极限值称为 $f(x)$ 在区间 $[a,b]$ 上的定积分,记为

$$\int_a^b f(x)\,\mathrm{d}x = \lim_{\lambda \to 0} \sum_{i=1}^{n} f(\xi_i)\Delta x_i.$$

其中,函数 $f(x)$ 称为**被积函数**, $f(x)\mathrm{d}x$ 称为**被积表达式**, x 称为**积分变量**, a 称为**积分下限**, b 称为**积分上限**, $[a,b]$ 称为**积分区间**.

显然,由定义6.1可知,上述曲边梯形的面积可以表示为 $S = \int_a^b f(x)\,\mathrm{d}x$. 同样地,销售总量 $Q = \int_{T_1}^{T_2} v(t)\,\mathrm{d}t$.

关于定积分,在以下几点需要注意:

(1)定积分 $\int_a^b f(x)\,\mathrm{d}x$ 是和式的极限,它是一个确定的常数;不定积分 $\int f(x)\,\mathrm{d}x$ 是原函数族,尽管两者在形式上相似,但本质不同.

(2)定积分 $\int_a^b f(x)\,\mathrm{d}x$ 的值仅与被积函数 $f(x)$ 和积分区间 $[a,b]$ 相关,与积分变量用什么字母表示无关,即

$$\int_a^b f(x)\,\mathrm{d}x = \int_a^b f(u)\,\mathrm{d}u = \int_a^b f(t)\,\mathrm{d}t = \cdots$$

(3)定积分与积分区间的分法无关与 ξ_i 的取法也无关,这也正是用定义计算定积分的困难所在;

(4)当函数 $f(x)$ 在区间 $[a,b]$ 上的定积分存在时,称 $f(x)$ 在区间 $[a,b]$ 上可积.

关于 $f(x)$ 在 $[a,b]$ 上可积问题，我们不加证明地给出下面结论：

① 若 $f(x)$ 在 $[a,b]$ 上连续，则 $f(x)$ 在 $[a,b]$ 上必可积；

② 若 $f(x)$ 在 $[a,b]$ 上可积，则 $f(x)$ 在 $[a,b]$ 上是有界函数，即可积函数必有界.

例 利用定义计算定积分 $\int_0^1 x^2 \mathrm{d}x$

解 将 $[0,1]$ 进行 n 等分，小区间 $[x_{i-1}, x_i]$ 的长度 $\Delta x_i = \dfrac{1}{n}$ $(i=1,2,\cdots,n)$. 取 ξ_i 为每个小区间的右端点，即 $\xi_i = x_i = \dfrac{i}{n}$, $(i=1,2,\cdots,n)$，则

$$
\begin{aligned}
\sum_{i=1}^n f(\xi_i)\Delta x_i &= \sum_{i=1}^n \xi_i^2 \cdot \Delta x_i = \sum_{i=1}^n x_i^2 \cdot \Delta x_i \\
&= \sum_{i=1}^n \left(\frac{i}{n}\right)^2 \cdot \frac{1}{n} = \frac{1}{n^3}\sum_{i=1}^n i^2 \\
&= \frac{1}{n^3} \cdot \frac{n(n+1)(2n+1)}{6} = \frac{1}{6}\left(1+\frac{1}{n}\right)\left(2+\frac{1}{n}\right).
\end{aligned}
$$

由于 $\lambda = \dfrac{1}{n}$，当 $\lambda \to 0$ 时，有 $n \to \infty$，从而

$$
\int_0^1 x^2 \mathrm{d}x = \lim_{\lambda \to 0}\sum_{i=1}^n f(\xi_i)\Delta x_i = \lim_{n\to\infty}\frac{1}{6}\left(1+\frac{1}{n}\right)\left(2+\frac{1}{n}\right) = \frac{1}{3}.
$$

思考 在定义 6.1 中，能否将极限过程 $\lambda \to 0$ 替换为 $n \to \infty$，其中 n 表示对区间 $[a,b]$ 分割的份数.

6.1.3 定积分的几何意义

由曲边梯形面积的求解可知，若 $f(x) \geqslant 0$，定积分 $\int_a^b f(x)\mathrm{d}x$ 在几何上表示曲线 $y=f(x)$，直线 $x=a$, $x=b$ 及 x 轴所围曲边梯形的面积（如图 6-3a 所示）.

若 $f(x) \leqslant 0$，此时由 $y=f(x)$, $x=a$, $x=b$ 以及 x 轴所围图形位于 x 轴下方，那么定积分 $\int_a^b f(x)\mathrm{d}x$ 在几何上表示所围图形面积的相反数（如图 6-3b 所示）.

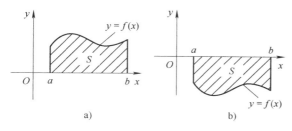

图 6-3

可见，$\int_a^b f(x)\,dx = \begin{cases} S, & \text{当 } f(x) \geqslant 0 \text{ 时,} \\ -S, & \text{当 } f(x) < 0 \text{ 时.} \end{cases}$

其中，S 表示由 $y = f(x)$，$x = a$，$x = b$ 及 x 轴所围图形的面积.

一般地，若函数 $f(x)$ 在区间 $[a,b]$ 上既取得正值又取得负值，则定积分 $\int_a^b f(x)\,dx$ 表示曲线 $y = f(x)$ 与 $x = a$，$x = b$ 及 x 轴所围图形中，x 轴上方的面积减去 x 轴下方的面积，如图 6-4 所示.

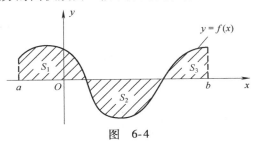

图 6-4

$$\int_a^b f(x)\,dx = S_1 - S_2 + S_3.$$

因此，**定积分的几何意义是**：曲线 $y = f(x)$，直线 $x = a$，$x = b$ 及 x 轴所围面积的代数和.

例 6.2 计算定积分 $\int_0^1 \sqrt{1-x^2}\,dx$.

解 在几何上，定积分 $\int_0^1 \sqrt{1-x^2}\,dx$ 表示以原点为圆心的单位圆在第一象限的面积，即单位圆面积的 $\dfrac{1}{4}$（如图 6-5 所示），所以

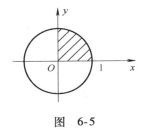

图 6-5

$$\int_0^1 \sqrt{1-x^2}\,dx = \frac{\pi}{4}.$$

例 6.3 证明定积分 $\int_a^b 1\,dx = b - a$ $(a < b)$.

证明 在几何上，$\int_a^b 1\,dx$ 表示高为 1，长为 $b - a$ 的矩形面积（如图 6-6 所示），所以

图 6-6

$$\int_a^b 1\,dx = b - a$$

由定积分的几何意义，可以自然得到下面的结论（如图 6-7 所示）：

（1）$f(x)$ 在 $[-a,a]$ 上可积且 $f(x)$ 是奇函数，则 $\int_{-a}^a f(x)\,dx = 0$；

（2）$f(x)$ 在 $[-a,a]$ 上可积且 $f(x)$ 是偶函数，则 $\int_{-a}^a f(x)\,dx = 2\int_0^a f(x)\,dx$.

6.1.4 定积分的性质

设函数 $f(x)$ 在区间 $[a,b]$ 上可积，在定积分的定义中，实际假

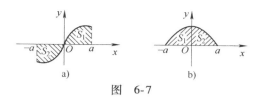

图　6-7

定了积分下限小于积分上限,即 $a < b$,为了今后使用方便,规定:

(1)当 $a > b$ 时, $\int_a^b f(x)\,\mathrm{d}x = -\int_b^a f(x)\,\mathrm{d}x$;

(2)当 $a = b$ 时, $\int_a^b f(x)\,\mathrm{d}x = \int_a^a f(x)\,\mathrm{d}x = 0.$

上述规定意味着:交换积分上、下限,定积分变为原来的相反数;积分上、下限相等,则积分值为 0.

在上述规定的基础上,我们讨论定积分的性质. 这里假定以下所讨论的定积分均存在.

性质 6.1　(线性性质)

(1) $\int_a^b [f(x) \pm g(x)]\,\mathrm{d}x = \int_a^b f(x)\,\mathrm{d}x \pm \int_a^b g(x)\,\mathrm{d}x$;

(2) $\int_a^b kf(x)\,\mathrm{d}x = k\int_a^b f(x)\,\mathrm{d}x$,其中 k 为常数.

证明　(1)由于 $f(x),g(x)$ 在 $[a,b]$ 上均可积,根据定义 6.1 知

$$\int_a^b [f(x) \pm g(x)]\,\mathrm{d}x = \lim_{\lambda \to 0} \sum_{i=1}^n [f(\xi_i) \pm g(\xi_i)]\Delta x_i$$

$$= \lim_{\lambda \to 0} \sum_{i=1}^n f(\xi_i)\Delta x_i \pm \lim_{\lambda \to 0} \sum_{i=1}^n g(\xi_i)\Delta x_i$$

$$= \int_a^b f(x)\,\mathrm{d}x \pm \int_a^b g(x)\,\mathrm{d}x$$

(2) $\int_a^b kf(x)\,\mathrm{d}x = \lim_{\lambda \to 0} \sum_{i=1}^n kf(\xi_i)\Delta x_i$

$$= k \lim_{\lambda \to 0} \sum_{i=1}^n f(\xi_i)\Delta x_i$$

$$= k\int_a^b f(x)\,\mathrm{d}x.$$

性质 6.2　(可加性)　设 $a < c < b$,则有

$$\int_a^b f(x)\,\mathrm{d}x = \int_a^c f(x)\,\mathrm{d}x + \int_c^b f(x)\,\mathrm{d}x.$$

这个性质表明定积分对于积分区间具有可加性.

事实上,不论 a,b,c 的相对位置如何,上述可加性始终成立.

当 $a < b < c$ 时,由于

$$\int_a^c f(x)\,\mathrm{d}x = \int_a^b f(x)\,\mathrm{d}x + \int_b^c f(x)\,\mathrm{d}x$$

于是

微积分(经济类)

$$\int_a^b f(x)\,\mathrm{d}x = \int_b^c f(x)\,\mathrm{d}x - \int_b^c f(x)\,\mathrm{d}x = \int_a^c f(x)\,\mathrm{d}x + \int_c^b f(x)\,\mathrm{d}x.$$

当 $c < a < b$ 时,由于

$$\int_c^b f(x)\,\mathrm{d}x = \int_c^a f(x)\,\mathrm{d}x + \int_a^b f(x)\,\mathrm{d}x$$

于是

$$\int_a^b f(x)\,\mathrm{d}x = \int_c^b f(x)\,\mathrm{d}x - \int_c^a f(x)\,\mathrm{d}x = \int_a^c f(x)\,\mathrm{d}x + \int_c^b f(x)\,\mathrm{d}x.$$

注意 定积分的可加性可以推广至任意有限多个分点情形,例如

$$\int_a^b f(x)\,\mathrm{d}x = \int_a^c f(x)\,\mathrm{d}x + \int_c^d f(x)\,\mathrm{d}x + \int_d^e f(x)\,\mathrm{d}x + \int_e^b f(x)\,\mathrm{d}x.$$

不论 a,b,c,d,e 的相对位置如何,上式总成立.

性质 6.3 (**保号性**) 在区间 $[a,b]$ 上,若 $f(x) \geq 0$,则
$$\int_a^b f(x)\,\mathrm{d}x \geq 0 \quad (a < b).$$

证明 因为 $f(x) \geq 0$,故 $f(\xi_i) \geq 0 (i=1,2,\cdots,n)$,又 $\Delta x_i \geq 0$,所以
$$\sum_{i=1}^n f(\xi_i)\Delta x_i \geq 0,$$
令 $\lambda = \max\{\Delta x_1,\Delta x_2,\cdots,\Delta x_n\}$,从而由极限的保号性知
$$\lim_{\lambda\to 0}\sum_{i=1}^n f(\xi_i)\Delta x_i = \int_a^b f(x)\,\mathrm{d}x \geq 0.$$

推论 6.1 如果 $f(x) \leq g(x)$,$x \in [a,b]$,则
$$\int_a^b f(x)\,\mathrm{d}x \leq \int_a^b g(x)\,\mathrm{d}x \quad (a < b).$$

证明 因为 $f(x) \leq g(x)$,所以 $g(x)-f(x) \geq 0$. 由性质6.3知 $\int_a^b [g(x)-f(x)] \geq 0$,从而 $\int_a^b f(x)\,\mathrm{d}x \leq \int_a^b g(x)\,\mathrm{d}x$.

推论 6.2 $\left|\int_a^b f(x)\,\mathrm{d}x\right| \leq \int_a^b |f(x)|\,\mathrm{d}x \quad (a < b).$

证明 因为 $-|f(x)| \leq f(x) \leq |f(x)|$,由推论6.1知
$$-\int_a^b |f(x)|\,\mathrm{d}x \leq \int_a^b f(x)\,\mathrm{d}x \leq \int_a^b |f(x)|\,\mathrm{d}x,$$
即
$$\left|\int_a^b f(x)\,\mathrm{d}x\right| \leq \int_a^b |f(x)|\,\mathrm{d}x.$$

性质 6.4 (**估值定理**) 设 M 及 m 分别为函数 $f(x)$ 在区间 $[a,b]$ 上的最大值和最小值,则
$$m(b-a) \leq \int_a^b f(x)\,\mathrm{d}x \leq M(b-a).$$

证明 因为 $m \leq f(x) \leq M$,所以
$$\int_a^b m\,\mathrm{d}x \leq \int_a^b f(x)\,\mathrm{d}x \leq \int_a^b M\,\mathrm{d}x,$$

即
$$m(b-a) \leqslant \int_a^b f(x)\,\mathrm{d}x \leqslant M(b-a).$$

（积分中值定理）　设函数 $f(x)$ 在闭区间 $[a,b]$ 上连续,则至少存在一个点 $\xi \in [a,b]$,使得

$$\int_a^b f(x)\,\mathrm{d}x = f(\xi)(b-a)$$

证明　因为 $f(x)$ 在闭区间 $[a,b]$ 上连续,从而存在最小值 m 和最大值 $M.$ 由性质 6.4 知

$$m(b-a) \leqslant \int_a^b f(x)\,\mathrm{d}x \leqslant M(b-a),$$

所以
$$m \leqslant \frac{\int_a^b f(x)\,\mathrm{d}x}{b-a} \leqslant M.$$

根据闭区间上连续函数的介值定理得,至少存在一点 $\xi \in [a,b]$,使得

$$f(\xi) = \frac{\int_a^b f(x)\,\mathrm{d}x}{b-a},$$

即
$$\int_a^b f(x)\,\mathrm{d}x = f(\xi)(b-a).$$

上式称为积分中值公式,该式有明显**几何意义**:

如图 6-8 所示,在区间 $[a,b]$ 上,至少存在一个点 ξ,使得以区间 $[a,b]$ 为底边,以曲线 $y=f(x)$ 为曲边的曲边梯形的面积等于同底的矩形面积,矩形高为 $f(\xi).$ 此外, $f(\xi) = \dfrac{1}{b-a}\int_a^b f(x)\,\mathrm{d}x$ 为函数 $f(x)$ 在 $[a,b]$ 上的**平均值**. 有关函数平均值的问题,我们将在 6.5 节定积分的应用中进一步讨论.

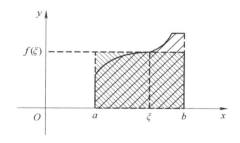

图　6-8

比较积分 $\int_1^2 x\,\mathrm{d}x$ 和 $\int_1^2 x^2\,\mathrm{d}x$ 的大小.

解　因为　当 $x \in [1,2]$ 时,
$$x \leqslant x^2$$
由推论 6.1 知
$$\int_1^2 x\,\mathrm{d}x \leqslant \int_1^2 x^2\,\mathrm{d}x$$

例 6.5 估计积分值 $\int_0^4 \dfrac{1}{2+\sqrt{x}}\mathrm{d}x$ 的大小.

解 令 $f(x)=\dfrac{1}{2+\sqrt{x}}, x\in[0,4]$

则 $\dfrac{1}{4}\le\dfrac{1}{2+\sqrt{x}}\le\dfrac{1}{2}$

由性质 6.4 知

$$\frac{1}{4}\cdot 4 \le \int_0^4 \frac{1}{2+\sqrt{x}}\mathrm{d}x \le \frac{1}{2}\cdot 4$$

所以 $1 \le \int_0^4 \dfrac{1}{2+\sqrt{x}}\mathrm{d}x \le 2$

练习 6.1

1. 利用定积分的几何意义,求解下列定积分的值.

(1) $\int_{-3}^{3}\sqrt{9-x^2}\mathrm{d}x$;   (2) $\int_{-\pi}^{\pi}\sin x\mathrm{d}x$;

(3) $\int_0^1 2x\mathrm{d}x$;   (4) $\int_{-1}^{1}|x|\mathrm{d}x$.

2. 比较下列各组积分值的大小:

(1) $\int_0^1 x\mathrm{d}x$ 与 $\int_0^1 \sqrt{x}\mathrm{d}x$;   (2) $\int_0^1 \mathrm{e}^{-x}\mathrm{d}x$ 与 $\int_0^1 \mathrm{e}^{-x^2}\mathrm{d}x$;

(3) $\int_1^2 \ln x\mathrm{d}x$ 与 $\int_1^2(\ln x)^2\mathrm{d}x$;   (4) $\int_0^1 2^x\mathrm{d}x$ 与 $\int_0^1 3^x\mathrm{d}x$.

3. 估计下列积分值

(1) $\int_1^2(x^2+1)\mathrm{d}x$;   (2) $\int_0^2 \mathrm{e}^{x^2}\mathrm{d}x$.

6.2 微积分基本定理

本节我们首先介绍一种函数的特殊表述形式——变限积分函数. 通过分析变限积分函数的性质（可微性）,得出微积分基本定理——牛顿－莱布尼茨公式.

6.2.1 变限积分函数及其性质

由定积分的定义可知,若 $f(x)$ 在 $[a,b]$ 上可积,那么 $\int_a^b f(x)\mathrm{d}x$ 是一个与被积函数 $f(x)$ 和积分限 a,b 有关的常数. 对于积分区间 $[a,b]$ 内的任意一点 x,积分 $\int_a^x f(t)\mathrm{d}t$ 形成了一个与积分上限 x 相对应的函数;同理,积分 $\int_x^b f(t)\mathrm{d}t$ 表示一个与积分下限 x 相对应的函数. 因此,我们有如下定义.

若函数 $f(x)$ 在 $[a,b]$ 上可积,则对于 $[a,b]$ 内的任意一点 x,积分 $\int_a^x f(t)\,\mathrm{d}t$ 存在且由 x 唯一确定,从而形成了一个定义在 $[a,b]$ 上的关于 x 的函数,记为 $\varPhi(x)$,即

$$\varPhi(x) = \int_a^x f(t)\,\mathrm{d}t, \quad x \in [a,b]$$

称 $\varPhi(x)$ 为**变上限积分**(或积分上限函数).

类似地,记 $G(x) = \int_x^b f(t)\,\mathrm{d}t, x \in [a,b]$,称 $G(x)$ 为**变下限积分**(或积分下限函数). 变上限积分与变下限积分统称为**变限积分**.

以下我们讨论积分上限函数 $\varPhi(x)$ 的性质.

如果 $f(x)$ 在区间 $[a,b]$ 上连续,则积分上限函数 $\varPhi(x) = \int_a^x f(t)\,\mathrm{d}t$ 在 $[a,b]$ 上可导,并且

$$\varPhi'(x) = \left[\int_a^x f(t)\,\mathrm{d}t\right]' = f(x), x \in [a,b].$$

证明 设自变量 x 的改变量为 Δx,不妨设 $\Delta x > 0$,并且 $x + \Delta x \in [a,b]$,则

$$\begin{aligned}
\Delta \varPhi &= \varPhi(x + \Delta x) - \varPhi(x) \\
&= \int_a^{x+\Delta x} f(t)\,\mathrm{d}t - \int_a^x f(t)\,\mathrm{d}t \\
&= \int_a^x f(t)\,\mathrm{d}t + \int_x^{x+\Delta x} f(t)\,\mathrm{d}t - \int_a^x f(t)\,\mathrm{d}t \\
&= \int_x^{x+\Delta x} f(t)\,\mathrm{d}t.
\end{aligned}$$

由性质 6.5 可知,$\Delta \varPhi = f(\xi)\Delta x, \xi \in [x, x + \Delta x]$,从而当 $\Delta x \to 0$ 时,有 $\xi \to x$. 由 $f(x)$ 在 $[a,b]$ 上连续,知

$$\lim_{\Delta x \to 0} \frac{\Delta \varPhi}{\Delta x} = \lim_{\Delta x \to 0} \frac{f(\xi)\Delta x}{\Delta x} = \lim_{\Delta x \to 0} f(\xi) = \lim_{\xi \to x} f(\xi) = f(x)$$

即

$$\varPhi'(x) = f(x), x \in [a,b].$$

定理得证.

求极限 $\lim\limits_{x \to 0} \dfrac{\int_1^{\cos x} \mathrm{e}^{-t^2}\,\mathrm{d}t}{2x^2}$

注意 (1)由定理 6.1 可知,当 $f(x)$ 在 $[a,b]$ 上连续时,$f(x)$ 在 $[a,b]$ 上必存在原函数,并且 $\varPhi(x) = \int_a^x f(t)\,\mathrm{d}t$ 便是 $f(x)$ 在 $[a,b]$ 上的一个原函数. 因此,定理 6.1 称为**原函数存在性定理**.

(2)如果 $f(x)$ 在 $[a,b]$ 上连续,则变下限积分 $G(x) = \int_x^b f(t)\,\mathrm{d}t$ 在 $[a,b]$ 上可导,并且

$$\begin{aligned}
G'(x) &= \left[\int_x^b f(t)\,\mathrm{d}t\right]' = \\
&-f(x), x \in [a,b].
\end{aligned}$$

(3)若 $f(x)$ 在 $[a,b]$ 上连续,$a(x), b(x)$ 在 $[a,b]$ 上可导,且 $a \le a(x), b(x) \le b$,则

$$\left[\int_{a(x)}^{b(x)} f(t)\,\mathrm{d}t\right]' = f[b(x)]b'(x) - f[a(x)]a'(x),$$

解 这是一个"$\dfrac{0}{0}$"型未定式. 由

$$\left[\int_1^{\cos x} e^{-t^2} dt\right]' = e^{-\cos^2 x} \cdot (\cos x)' = -\sin x e^{-\cos^2 x}$$

从而，$\displaystyle\lim_{x\to 0} \frac{\int_1^{\cos x} e^{-t^2} dt}{2x^2} = \lim_{x\to 0} \frac{-\sin x e^{-\cos^2 x}}{4x} = -\frac{1}{4e}$.

6.2.2 微积分基本定理

定理6.2 设 $f(x)$ 在 $[a,b]$ 上连续，$F(x)$ 是 $f(x)$ 在 $[a,b]$ 上的任意一个原函数，则有

$$\int_a^b f(x) dx = F(b) - F(a),$$

上式称为**牛顿 - 莱布尼茨公式**.

证明 由定理 6.1 知，$\varPhi(x) = \displaystyle\int_a^x f(t) dt$ 是 $f(x)$ 的一个原函数. 又由题设知 $F(x)$ 为 $f(x)$ 的任意一个原函数，从而

$$\varPhi(x) = F(x) + C, \quad x \in [a,b].$$

将 $x=a$ 代入上式，得 $\varPhi(a) = F(a) + C = \displaystyle\int_a^a f(t) dt = 0$，从而 $C = -F(a)$.

即

$$\int_a^x f(t) dt = F(x) - F(a)$$

又令 $x=b$，有

$$\int_a^b f(x) dx = F(b) - F(a).$$

为了书写方便，通常记 $F(b) - F(a) = F(x) \big|_a^b$，即

$$\int_a^b f(x) dx = F(x) \big|_a^b = F(b) - F(a).$$

例6.7 计算下列定积分：

(1) $\displaystyle\int_0^1 e^x dx$；　　　　(2) $\displaystyle\int_0^{\frac{\pi}{2}} \left| \frac{1}{2} - \cos x \right| dx$；

(3) $\displaystyle\int_1^e \frac{1}{x} dx$；　　　　(4) $\displaystyle\int_0^2 f(x) dx$，其中

$$f(x) = \begin{cases} 4x, & 0 \leqslant x \leqslant 1, \\ 6, & 1 \leqslant x \leqslant 2. \end{cases}$$

解 (1) $\displaystyle\int_0^1 e^x dx = e^x \big|_0^1 = e - 1$；

(2) $\displaystyle\int_0^{\frac{\pi}{2}} \left| \frac{1}{2} - \cos x \right| dx = \int_0^{\frac{\pi}{3}} \left(\cos x - \frac{1}{2} \right) dx + \int_{\frac{\pi}{3}}^{\frac{\pi}{2}} \left(\frac{1}{2} - \cos x \right) dx$

$$= \left(\sin x - \frac{1}{2}x \right) \Big|_0^{\frac{\pi}{3}} + \left(\frac{1}{2}x - \sin x \right) \Big|_{\frac{\pi}{3}}^{\frac{\pi}{2}}$$

$$= \sin\frac{\pi}{3} - \frac{\pi}{6} + \frac{\pi}{4} - \sin\frac{\pi}{2} - \frac{\pi}{6} + \sin\frac{\pi}{3}$$

$$= \sqrt{3} - 1 - \frac{\pi}{12};$$

（3）$\int_1^e \frac{1}{x}dx = \ln|x|\big|_1^e = 1$；

（4）$\int_0^2 f(x)dx = \int_0^1 4xdx + \int_1^2 6dx = 2x^2\big|_0^1 + 6x\big|_1^2 = 8$.

设 $f(x)$ 在 $[0,1]$ 上连续，且满足 $f(x) = x^2\int_0^1 f(t)dt - \frac{1}{1+x^2}$，求 $\int_0^1 f(x)dx$ 和 $f(x)$.

解 对等式两边求定积分，有

$$\int_0^1 f(x)dx = \int_0^1 \left[x^2\int_0^1 f(t)dt - \frac{1}{1+x^2}\right]dx$$

$$= \int_0^1 f(t)dt \cdot \int_0^1 x^2 dx - \int_0^1 \frac{1}{1+x^2}dx$$

$$= \frac{1}{3}x^3\Big|_0^1 \cdot \int_0^1 f(t)dt - \arctan x\Big|_0^1$$

$$= \frac{1}{3}\int_0^1 f(t)dt - \arctan 1$$

$$= \frac{1}{3}\int_0^1 f(t)dt - \frac{\pi}{4}$$

所以 $\qquad \frac{2}{3}\int_0^1 f(t)dt = -\frac{\pi}{4}$,

从而 $\qquad \int_0^1 f(x)dx = -\frac{3\pi}{8}, \quad f(x) = -\frac{3\pi}{8}x^2 - \frac{1}{1+x^2}$.

练习 6.2

1. 求下列导数：

（1）$\dfrac{d}{dx}\displaystyle\int_{\sqrt{x}}^x (\sin t^2 - \cos t^2)dt$；　　（2）$\dfrac{d}{dx}\displaystyle\int_x^{x^2} \frac{\sin t}{t}dt$ ；

（3）$\dfrac{d}{dx}\displaystyle\int_0^{x^2} (t^2 - x^4)dt$；　　（4）$\dfrac{d}{dx}\displaystyle\int_1^{x^2} e^{x^2 - t^2}dt$

2. 计算下列定积分：

（1）$\displaystyle\int_0^2 \frac{1}{9+x^2}dx$；　　（2）$\displaystyle\int_{\frac{\pi}{4}}^{\frac{\pi}{3}} \frac{1}{\sin x\cos x}dx$；

（3）$\displaystyle\int_1^3 \frac{x}{4+x^2}dx$；　　（4）$\displaystyle\int_0^{\frac{\pi}{4}} \sec^2 x dx$；

（5）$\displaystyle\int_{\frac{\pi}{4}}^{\frac{\pi}{2}} \frac{x\cos x + \sin x}{(x+\sin x)^2}dx$；　　（6）$\displaystyle\int_0^{\pi} \cos^2\frac{x}{2}dx$；

$(7)\int_0^\pi \sin\dfrac{x}{4}\mathrm{d}x;$ $(8)\int_{-\pi}^{\pi}|\sin x|\mathrm{d}x.$

3. 求函数 $F(x)=\displaystyle\int_0^{x^2}\mathrm{e}^t(t-1)\mathrm{d}t$ 在 $[-1,1]$ 上的最大值和最小值.

4. 求解下列极限:

$(1)\lim\limits_{x\to1}\dfrac{\displaystyle\int_1^x \sin t\cdot(1-t)\mathrm{d}t}{(1-x^2)^2};$ $(2)\lim\limits_{x\to0}\dfrac{\displaystyle\int_0^x 2t\sqrt{1+t^2}\mathrm{d}t}{\sin x^2};$

$(3)\lim\limits_{x\to0}\dfrac{\displaystyle\int_0^x \mathrm{e}^{t-x}\mathrm{d}t}{x};$ $(4)\lim\limits_{x\to0}\dfrac{x\displaystyle\int_0^x \mathrm{e}^{t^2}\mathrm{d}t}{1-\mathrm{e}^{x^2}}.$

5. 设函数 $f(x)=\mathrm{e}^{2x}+\sqrt{x}\displaystyle\int_0^1 f(x)\mathrm{d}x$, 求 $\displaystyle\int_0^1 f(x)\mathrm{d}x$ 和 $f(x)$.

6.3 定积分的换元积分法与分部积分法

由牛顿－莱布尼茨公式可知,求解定积分的关键是求解被积函数的一个原函数. 因此,定积分的求解方法也有换元积分法和分部积分法.

6.3.1 定积分的换元积分法

定理6.3 设 $f(x)$ 在 $[a,b]$ 上连续,$x=\varphi(t)$ 单调且有连续导数,又 $\varphi(\alpha)=a,\varphi(\beta)=b$,则

$$\int_a^b f(x)\mathrm{d}x=\int_\alpha^\beta f[\varphi(t)]\varphi'(t)\mathrm{d}t,$$

上式称为定积分的换元公式.

证明 设 $F(x)$ 是 $f(x)$ 的一个原函数,即 $F'(x)=f(x)$. 由复合函数求导法则知,$\{F[\varphi(t)]\}'=f[\varphi(t)]\varphi'(t)$,即 $F[\varphi(t)]$ 是 $f[\varphi(t)]\varphi'(t)$ 的一个原函数. 所以根据牛顿－莱布尼茨公式,有

$$\int_\alpha^\beta f[\varphi(t)]\varphi'(t)\mathrm{d}t=F[\varphi(t)]\bigg|_\alpha^\beta=F[\varphi(\beta)]-F[\varphi(\alpha)]=F(b)-F(a),又$$

所以 $$\int_a^b f(x)\mathrm{d}x=F(x)\bigg|_a^b=F(b)-F(a),$$

$$\int_a^b f(x)\mathrm{d}x=\int_\alpha^\beta f[\varphi(t)]\varphi'(t)\mathrm{d}t,$$

注意 在定积分的换元公式中,积分上、下限孰大孰小无关紧要,重要的是用 $x=\varphi(t)$ 将变量 x 换成新变量 t 时,积分上下限也要相应改变,并且满足 $\varphi(\alpha)=a,\varphi(\beta)=b$,即"**换元要换限,换限必对应**".

例6.9 计算下列定积分.

$(1)\displaystyle\int_0^1 \dfrac{x}{1+\sqrt{x}}\mathrm{d}x;$ $(2)\displaystyle\int_0^{\ln2}\sqrt{\mathrm{e}^x-1}\mathrm{d}x;$

$(3)\displaystyle\int_0^3 \dfrac{x}{\sqrt{1+x}}\mathrm{d}x;$ $(4)\displaystyle\int_0^1 \sqrt{1-x^2}\mathrm{d}x.$

解 （1）令 $t = \sqrt{x}$，则 $x = t^2$，$dx = 2t\,dt$. 当 $x = 0$ 时，$t = 0$；

当 $x = 1$ 时，$t = 1$. 从而有

$$\int_0^1 \frac{x}{1+\sqrt{x}}dx = \int_0^1 \frac{t^2}{1+t} \cdot 2t\,dt$$

$$= 2\int_0^1 \frac{t^3 + 1 - 1}{1+t}dt = 2\int_0^1 (t^2 - t + 1)\,dt - 2\int_0^1 \frac{1}{1+t}dt$$

$$= 2\left(\frac{1}{3}t^3 - \frac{1}{2}t^2 + t\right)\Big|_0^1 - 2\ln|1+t|\Big|_0^1$$

$$= \frac{5}{3} - 2\ln 2$$

（2）令 $t = \sqrt{e^x - 1}$，则 $x = \ln(t^2 + 1)$，$dx = \frac{2t}{1+t^2}dt$.

当 $x = 0$ 时，$t = 0$；当 $x = \ln 2$ 时，$t = 1$. 从而有

$$\int_0^{\ln 2} \sqrt{e^x - 1}\,dx = \int_0^1 t \cdot \frac{2t}{1+t^2}dt = 2\int_0^1 \frac{t^2 + 1 - 1}{1+t^2}dt = 2\int_0^1 dt - 2\int_0^1 \frac{1}{1+t^2}dt$$

$$= 2 - 2\arctan t\Big|_0^1 = 2 - \frac{\pi}{2}$$

（3）令 $t = \sqrt{1+x}$，则 $x = t^2 - 1$，$dx = 2t\,dt$. 当 $x = 0$ 时，$t = 1$；当 $x = 3$时，$t = 2$.

$$\int_0^3 \frac{x}{\sqrt{1+x}}dx = \int_1^2 \frac{t^2 - 1}{t} \cdot 2t\,dt = 2\int_1^2 (t^2 - 1)\,dt = 2\left(\frac{1}{3}t^3 - t\right)\Big|_1^2 = \frac{8}{3};$$

（4）令 $x = \sin t$，$dx = \cos t\,dt$. 当 $x = 1$ 时，$t = \frac{\pi}{2}$；当 $x = 0$ 时，$t = 0$.

从而

$$\int_0^1 \sqrt{1-x^2}\,dx = \int_0^{\frac{\pi}{2}} \cos^2 t\,dt = \frac{1}{2}\int_0^{\frac{\pi}{2}} (1 + \cos 2t)\,dt$$

$$= \frac{1}{2}\left(t + \frac{1}{2}\sin 2t\right)\Big|_0^{\frac{\pi}{2}} = \frac{\pi}{4}$$

可见，利用换元法解得结果与利用定积分几何意义所得结果一致，参见例6.2.

证明若 $f(x)$ 是以 T 为周期的可积函数，则

$$\int_a^{a+T} f(x)\,dx = \int_0^T f(x)\,dx,\ (a \in \mathbf{R})$$

证明 由定积分可加性知

$$\int_a^{a+T} f(x)\,dx = \int_a^0 f(x)\,dx + \int_0^T f(x)\,dx + \int_T^{a+T} f(x)\,dx.$$

对于 $\int_T^{a+T} f(x)\,dx$，令 $x = t + T$，则 $dx = dt$，于是

$$\int_T^{a+T} f(x)\,dx = \int_0^a f(t+T)\,dt = \int_0^a f(t)\,dt$$

又 $\int_0^a f(t)\,dt = \int_0^a f(x)\,dx = -\int_a^0 f(x)\,dx$

所以 $\int_a^{a+T} f(x)\,dx = \int_0^T f(x)\,dx.$

6.3.2 定积分的分部积分法

定理6.4 设函数 $u(x),v(x)$ 在 $[a,b]$ 上有连续导数,则

$$\int_a^b u(x)v'(x)\,dx = u(x)v(x)\Big|_a^b - \int_a^b v(x)u'(x)\,dx.$$

也可简单记为

$$\int_a^b u\,dv = (uv)\Big|_a^b - \int_a^b v\,du.$$

证明 由假设条件知下述等式成立

$$[u(x)v(x)]' = u'(x)v(x) + u(x)v'(x)$$

上述等式中各项都在 $[a,b]$ 上连续,因而可积. 于是有

$$\int_a^b [u(x)v(x)]'\,dx = \int_a^b u'(x)v(x)\,dx + \int_a^b u(x)v'(x)\,dx$$

$$= u(x)v(x)\Big|_a^b$$

所以

$$\int_a^b u(x)v'(x)\,dx = u(x)v(x)\Big|_a^b - \int_a^b u'(x)v(x)\,dx$$

例6.11 计算 $\int_1^e \ln x\,dx$

解 $\int_1^e \ln x\,dx = x\ln x\Big|_1^e - \int_1^e x\,d\ln x$

$$= e - \int_1^e x \cdot \frac{1}{x}\,dx$$

$$= 1.$$

例6.12 计算 $\int_0^1 2x e^{\sqrt[3]{x^2}}\,dx$

解 令 $\sqrt[3]{x^2} = t$ 则 $x^2 = t^3$,两边取微分有 $2x\,dx = 3t^2\,dt$. 当 $x=0$ 时,$t=0$;当 $x=1$ 时,$t=1$.

于是 $\int_0^1 2x e^{\sqrt[3]{x^2}}\,dx = \int_0^1 e^t \cdot 3t^2\,dt$

$$= 3\int_0^1 t^2\,de^t = 3t^2 e^t\Big|_0^1 - 3\int_0^1 e^t\,dt^2$$

$$= 3e - 6\int_0^1 t e^t\,dt = 3e - 6\int_0^1 t\,de^t$$

$$= 3e - 6t e^t\Big|_0^1 + 6\int_0^1 e^t\,dt$$

$$= 3e - 6.$$

例题 已知 $f(x) = \int_1^x \dfrac{\sin t}{t}\mathrm{d}t$，求 $\int_0^1 f(x)\mathrm{d}x$

解　$\int_0^1 f(x)\mathrm{d}x = xf(x)\Big|_0^1 - \int_0^1 x\mathrm{d}f(x)$

$$= f(1) - \int_0^1 xf'(x)\mathrm{d}x$$

又　$f(1) = \int_1^1 \dfrac{\sin t}{t}\mathrm{d}t = 0,\quad f'(x) = \dfrac{\sin x}{x}$

所以　$\int_0^1 f(x)\mathrm{d}x = -\int_0^1 \sin x\mathrm{d}x = \cos x\Big|_0^1 = \cos 1 - 1.$

练习 6.3

1. 计算下列定积分

(1) $\displaystyle\int_0^1 \dfrac{\sqrt{x}}{3 + \sqrt{x}}\mathrm{d}x$；

(2) $\displaystyle\int_0^{\frac{\pi}{2}} \mathrm{e}^{\sin x}\cos x\mathrm{d}x$；

(3) $\displaystyle\int_1^e \dfrac{1}{x\sqrt{1 + \ln x}}\mathrm{d}x$；

(4) $\displaystyle\int_0^{\frac{\pi}{2}} \sqrt{\cos x - \cos^3 x}\,\mathrm{d}x$；

(5) $\displaystyle\int_0^\pi \sqrt{1 + \cos 2x}\,\mathrm{d}x$；

(6) $\displaystyle\int_{\frac{1}{2}}^1 \dfrac{1}{1 + \sqrt{2x - 1}}\mathrm{d}x$；

(7) $\displaystyle\int_{\frac{1}{e}}^e |\ln x|\mathrm{d}x$；

(8) $\displaystyle\int_0^{\frac{\sqrt{2}}{2}} x\arcsin x\mathrm{d}x$；

(9) $\displaystyle\int_1^4 \dfrac{\ln x}{\sqrt{x}}\mathrm{d}x$；

(10) $\displaystyle\int_0^{\frac{\pi}{2}} x\sin 2x\mathrm{d}x$；

(11) $\displaystyle\int_1^e x\ln^2 x\mathrm{d}x$；

(12) $\displaystyle\int_0^1 x^3 \mathrm{e}^{x^2}\mathrm{d}x.$

2. 利用函数的奇偶性计算下列积分：

(1) $\displaystyle\int_{-1}^1 \dfrac{2x^2 + \sin x}{1 + \sqrt{1 - x^2}}\mathrm{d}x$；

(2) $\displaystyle\int_{-\frac{\pi}{2}}^{\frac{\pi}{2}} \dfrac{x}{1 + \cos x}\mathrm{d}x$；

(3) $\displaystyle\int_{-\pi}^\pi x^3 \cos x\mathrm{d}x$；

(4) $\displaystyle\int_{-2}^2 \dfrac{x + |x|}{2 + x^2}\mathrm{d}x.$

3. 若 $f(x)$ 在 $[0, a]$ 上连续，证明

$$\int_0^a f(x)\mathrm{d}x = \int_0^a f(a - x)\mathrm{d}x$$

并由此证明：若 $f(x)$ 在 $[0, 1]$ 上连续则有

$$\int_0^{\frac{\pi}{2}} f(\sin x)\mathrm{d}x = \int_0^{\frac{\pi}{2}} f(\cos x)\mathrm{d}x$$

4. 设 $f(x) = \displaystyle\int_1^{x^2} \dfrac{\sin t}{t}\mathrm{d}t$，求 $\displaystyle\int_0^1 xf(x)\mathrm{d}x.$

6.4 反常积分

前面我们讨论的定积分 $\int_a^b f(x)\mathrm{d}x$ ，要求 $f(x)$ 为有限区间 $[a,b]$ 上的有界函数，这种积分称为常规积分. 在实际应用中，常常需要将积分区间的有限性和被积函数的有界性加以推广.

将有限区间 $[a,b]$ 推广为无限区间 $(-\infty,b]$，$[a,+\infty)$，$(-\infty,+\infty)$，得到无穷限积分；将区间 $[a,b]$ 上的有界函数 $f(x)$ 推广为无界函数，得到瑕积分. 通常无穷限积分和瑕积分统称为反常积分（或广义积分）. 反常积分在物理领域有着广泛的应用.

6.4.1 无穷区间上的反常积分——无穷限积分

首先看一个物理学中的例子：已知由地面垂直向上发射质量为 m 的火箭，当火箭距离地面为 r 时，火箭克服地心引力所作的功 W 为

$$W = \int_0^r \frac{R^2 mg}{(R+x)^2}\mathrm{d}x,$$

其中 R 为地球半径，g 为重力加速度. 显然 r 越大，所作的功也越大. 那么，火箭在上升过程中克服地心引力所作的功 W 为 r 趋于无穷时上述变限积分的极限，也就是

$$W = \lim_{r \to +\infty} \int_0^r \frac{R^2 mg}{(R+x)^2}\mathrm{d}x.$$

定义 6.3 设函数 $f(x)$ 在区间 $[a,+\infty)$ 上有定义，且对任意 $b>a$，$f(x)$ 在 $[a,b]$ 上可积，称 $\int_a^{+\infty} f(x)\mathrm{d}x$ 为函数 $f(x)$ 在 $[a,+\infty)$ 上的**无穷限积分**，记作

$$\int_a^{+\infty} f(x)\mathrm{d}x = \lim_{b \to +\infty} \int_a^b f(x)\mathrm{d}x,$$

如果上述极限存在，则称无穷限积分 $\int_a^{+\infty} f(x)\mathrm{d}x$ **收敛**；如果极限不存在，则称无穷限积分 $\int_a^{+\infty} f(x)\mathrm{d}x$ **发散**.

类似地，对于 $f(x)$ 在 $(-\infty,b]$ 和 $(-\infty,+\infty)$ 上的无穷限积分可以分别表示为

$$\int_{-\infty}^b f(x)\mathrm{d}x = \lim_{a \to -\infty} \int_a^b f(x)\mathrm{d}x,$$

和

$$\int_{-\infty}^{+\infty} f(x)\mathrm{d}x = \int_{-\infty}^0 f(x)\mathrm{d}x + \int_0^{+\infty} f(x)\mathrm{d}x =$$

$$\lim_{a \to -\infty} \int_a^0 f(x)\mathrm{d}x + \lim_{b \to +\infty} \int_0^b f(x)\mathrm{d}x.$$

当上述极限存在时，称相应的无穷限积分**收敛**；如果极限（至少有一个）不存在则称相应的无穷限积分**发散**.

为简便起见，无穷限积分也可记为如下形式：

$$\int_a^{+\infty} f(x)\mathrm{d}x = F(x)\,\Big|_a^{+\infty} = \lim_{b\to+\infty} F(b) - F(a),$$

$$\int_{-\infty}^b f(x)\mathrm{d}x = F(x)\,\Big|_{-\infty}^b = F(b) - \lim_{a\to-\infty} F(a),$$

$$\int_{-\infty}^{+\infty} f(x)\mathrm{d}x = F(x)\,\Big|_{-\infty}^{+\infty} = \lim_{b\to+\infty} F(b) - \lim_{a\to-\infty} F(a),$$

其中 $F(x)$ 为 $f(x)$ 的一个原函数.

例6.13　计算下列无穷限积分：

(1) $\displaystyle\int_{-\infty}^{+\infty} \frac{1}{1+x^2}\mathrm{d}x$;　　　(2) $\displaystyle\int_{-\infty}^{+\infty} \cos x\mathrm{d}x$;

(3) $\displaystyle\int_4^{+\infty} \frac{1}{x^2-5x+6}\mathrm{d}x$　　(4) $\displaystyle\int_0^{+\infty} x\mathrm{e}^{-x}\mathrm{d}x$.

解　(1) $\displaystyle\int_{-\infty}^{+\infty} \frac{1}{1+x^2}\mathrm{d}x = \int_{-\infty}^0 \frac{1}{1+x^2}\mathrm{d}x + \int_0^{+\infty} \frac{1}{1+x^2}\mathrm{d}x$

$$= \lim_{a\to-\infty}\int_a^0 \frac{1}{1+x^2}\mathrm{d}x + \lim_{b\to+\infty}\int_0^b \frac{1}{1+x^2}\mathrm{d}x$$

$$= \lim_{a\to-\infty}\left(\arctan x\,\big|_a^0\right) + \lim_{b\to+\infty}\left(\arctan x\,\big|_0^b\right)$$

$$= \lim_{a\to-\infty}\left(-\arctan a\right) + \lim_{b\to+\infty}\arctan b$$

$$= -\left(-\frac{\pi}{2}\right) + \frac{\pi}{2} = \pi;$$

(2) $\displaystyle\int_{-\infty}^{+\infty} \cos x\mathrm{d}x = \int_{-\infty}^0 \cos x\mathrm{d}x + \int_0^{+\infty} \cos x\mathrm{d}x$

对于 $\displaystyle\int_0^{+\infty} \cos x\mathrm{d}x = \lim_{b\to+\infty}\int_0^b \cos x\mathrm{d}x = \lim_{b\to+\infty} \sin b$;

由于极限 $\displaystyle\lim_{b\to+\infty} \sin b$ 不存在，因此 $\displaystyle\int_0^{\infty} \cos x\mathrm{d}x$ 发散，从而 $\displaystyle\int_{-\infty}^{+\infty} \cos x\mathrm{d}x$ 发散

(3) $\displaystyle\int_4^{+\infty} \frac{1}{x^2-5x+6}\mathrm{d}x$

$$= \int_4^{+\infty}\left(\frac{1}{x-3} - \frac{1}{x-2}\right)\mathrm{d}x$$

$$= \lim_{b\to+\infty}\left[\ln\left(\frac{x-3}{x-2}\right)\,\Big|_4^b\right] = \ln 2;$$

(4) $\displaystyle\int_0^{+\infty} x\mathrm{e}^{-x}\mathrm{d}x = -\int_0^{+\infty} x\mathrm{d}\mathrm{e}^{-x}$

$$= \lim_{b\to+\infty}\left(-x\mathrm{e}^{-x}\,\Big|_0^b - \mathrm{e}^{-x}\,\Big|_0^b\right)$$

$$= \lim_{b\to+\infty}\left(-b\mathrm{e}^{-b} - \mathrm{e}^{-b} + 1\right)$$

$$= 1.$$

例6.14　讨论无穷限积分 $\displaystyle\int_a^{+\infty} \frac{1}{x^p}\mathrm{d}x$　$(a>0)$ 的敛散性.

解　对于任意实数 $b>a$,有

$$\int_a^b \frac{1}{x^p}\mathrm{d}x = \begin{cases} \dfrac{1}{1-p}(b^{1-p}-a^{1-p}), & p \neq 1, \\ \ln b - \ln a, & p = 1. \end{cases}$$

从而

$$\lim_{b\to+\infty}\int_a^b \frac{1}{x^p}\mathrm{d}x = \begin{cases} \dfrac{1}{p-1}a^{1-p}, & p > 1, \\ +\infty, & p \leq 1. \end{cases}$$

所以，当 $p > 1$ 时，$\int_a^{+\infty} \dfrac{1}{x^p}\mathrm{d}x$ 收敛于 $\dfrac{1}{p-1}a^{1-p}$；当 $p \leq 1$ 时，$\int_a^{+\infty} \dfrac{1}{x^p}\mathrm{d}x$ 发散.

6.4.2 无界函数的反常积分——瑕积分

如果函数 $f(x)$ 在 x_0 点的任一邻域内无界，则称 x_0 为 $f(x)$ 的**瑕点**. 例如 $x = a$ 为函数 $f(x) = \dfrac{1}{x-a}$ 的瑕点；$x = 1$ 为函数 $f(x) = \ln(x-1)$ 的瑕点.

定义 6.4 设函数 $f(x)$ 在区间 $[a,b)$ 上连续，b 为 $f(x)$ 的瑕点，对于任意小的正数 $\varepsilon(0 < \varepsilon < b-a)$，$f(x)$ 在 $[a,b-\varepsilon]$ 上可积，称 $\int_a^b f(x)\mathrm{d}x$ 为函数 $f(x)$ 的**瑕积分**，记作

$$\int_a^b f(x)\mathrm{d}x = \lim_{\varepsilon\to 0^+}\int_a^{b-\varepsilon} f(x)\mathrm{d}x.$$

如果上述极限存在，则称瑕积分 $\int_a^b f(x)\mathrm{d}x$ **收敛**；如果极限不存在，则称瑕积分 $\int_a^b f(x)\mathrm{d}x$ **发散**.

类似地，对于 $f(x)$ 在 $(a,b]$ 上连续，a 为 $f(x)$ 的瑕点；$f(x)$ 在 $[a,b]$ 上除 c 点 $(a<c<b)$ 外连续，c 为 $f(x)$ 瑕点的情形，相应的瑕积分分别表示为

$$\int_a^b f(x)\mathrm{d}x = \lim_{\varepsilon\to 0^+}\int_{a+\varepsilon}^b f(x)\mathrm{d}x;$$

和

$$\int_a^b f(x)\mathrm{d}x = \int_a^c f(x)\mathrm{d}x + \int_c^b f(x)\mathrm{d}x$$
$$= \lim_{\varepsilon\to 0^+}\int_a^{c-\varepsilon} f(x)\mathrm{d}x + \lim_{\varepsilon'\to 0^+}\int_{c+\varepsilon'}^b f(x)\mathrm{d}x.$$

如果上述极限存在，则称瑕积分 $\int_a^b f(x)\mathrm{d}x$ **收敛**；如果极限（至少有一个）不存在，则称瑕积分 $\int_a^b f(x)\mathrm{d}x$ **发散**.

例 6.16 计算下列瑕积分：

(1) $\int_0^1 \ln(1-x)\mathrm{d}x$；　(2) $\int_0^1 \dfrac{1}{\sqrt{1-x}}\mathrm{d}x$；　(3) $\int_{-1}^1 \dfrac{1}{x}\mathrm{d}x$.

解　$(1) x = 1$ 为被积函数 $\ln(1 - x)$ 的瑕点,从而

$$\int_0^1 \ln(1 - x)\mathrm{d}x = \lim_{\varepsilon \to 0^+}\int_0^{1-\varepsilon}\ln(1 - x)\mathrm{d}x$$

$$= \lim_{\varepsilon \to 0^+}\left[x\ln(1 - x)\Big|_0^{1-\varepsilon} - \int_0^{1-\varepsilon}\frac{1 - x - 1}{1 - x}\mathrm{d}x\right]$$

$$= \lim_{\varepsilon \to 0^+}\left[(1 - \varepsilon)\ln\varepsilon - (1 - \varepsilon) - \ln\varepsilon\right]$$

$$= \lim_{\varepsilon \to 0^+}(-\varepsilon\ln\varepsilon - 1 + \varepsilon)$$

由洛必达法则知 $\lim\limits_{\varepsilon \to 0^+}\varepsilon\ln\varepsilon = 0$

因此 $\int_0^1 \ln(1 - x)\mathrm{d}x = -1$;

$(2) x = 1$ 为被积函数 $\dfrac{1}{\sqrt{1 - x}}$ 的瑕点,从而

$$\int_0^1 \frac{1}{\sqrt{1 - x}}\mathrm{d}x = \lim_{\varepsilon \to 0^+}\int_0^{1-\varepsilon}\frac{1}{\sqrt{1 - x}}\mathrm{d}x = -2\lim_{\varepsilon \to 0^+}\left(\sqrt{1 - x}\Big|_0^{1-\varepsilon}\right)$$

$$= -2\lim_{\varepsilon \to 0^+}(\sqrt{\varepsilon} - 1) = 2;$$

$(3) x = 0$ 为被积函数 $\dfrac{1}{x}$ 的瑕点,从而

$$\int_{-1}^1 \frac{1}{x}\mathrm{d}x = \int_{-1}^0 \frac{1}{x}\mathrm{d}x + \int_0^1 \frac{1}{x}\mathrm{d}x = \lim_{\varepsilon \to 0^+}\int_{-1}^{\varepsilon}\frac{1}{x}\mathrm{d}x + \lim_{\varepsilon' \to 0^+}\int_{\varepsilon'}^1 \frac{1}{x}\mathrm{d}x.$$

由于 $\lim\limits_{\varepsilon \to 0^+}\int_{-1}^{\varepsilon}\dfrac{1}{x}\mathrm{d}x = \lim\limits_{\varepsilon \to 0^+}(\ln|x|\,|_{-1}^{\varepsilon}) = \lim\limits_{\varepsilon \to 0^+}\ln\varepsilon,$

$\lim\limits_{\varepsilon \to 0^+}\ln\varepsilon$ 不存在,因此 $\int_{-1}^0 \dfrac{1}{x}\mathrm{d}x$ 发散,从而 $\int_{-1}^1 \dfrac{1}{x}\mathrm{d}x$ 发散.

讨论积分 $\int_a^b \dfrac{1}{(x - a)^p}\mathrm{d}x$ $(a < b)$ 的敛散性.

解　当 $p \le 0$ 时,积分 $\int_a^b \dfrac{1}{(x - a)^p}\mathrm{d}x$ 为常规积分,积分值为 $\dfrac{(b - a)^{1-p}}{1 - p}$;

当 $p > 0$ 时,$\int_a^b \dfrac{1}{(x - a)^p}\mathrm{d}x$ 为瑕积分,$x = a$ 为瑕点.

进一步地,当 $p \ne 1$ 时,

$$\int_a^b \frac{1}{(x - a)^p}\mathrm{d}x = \lim_{\varepsilon \to 0^+}\int_{a+\varepsilon}^b \frac{1}{(x - a)^p}\mathrm{d}x$$

$$= \lim_{\varepsilon \to 0^+}\frac{1}{1 - p}\left[(b - a)^{1-p} - \varepsilon^{1-p}\right]$$

$$= \begin{cases}\dfrac{(b - a)^{1-p}}{1 - p}, & p < 1, \\ +\infty, & p > 1;\end{cases}$$

当 $p = 1$ 时,$\int_a^b \dfrac{1}{(x - a)^p}\mathrm{d}x = \lim\limits_{\varepsilon \to 0^+}\int_{a+\varepsilon}^b \dfrac{1}{x - a}\mathrm{d}x = \lim\limits_{\varepsilon \to 0^+}\left[\ln(b - a) - \ln\varepsilon\right] = +\infty.$

综上可知，当 $p \geqslant 1$ 时，积分 $\int_a^b \dfrac{1}{(b-a)^p}\mathrm{d}x$ 发散；当 $p < 1$ 时，积分 $\int_a^b \dfrac{1}{(x-a)^p}$ 收敛于 $\dfrac{(b-a)^{1-p}}{1-p}$.

练习 6.4

1. 计算下列无穷限积分

(1) $\displaystyle\int_0^{+\infty} \mathrm{e}^{\sqrt{x}}\mathrm{d}x$;

(2) $\displaystyle\int_2^{+\infty} \dfrac{1}{x^2+x-2}\mathrm{d}x$;

(3) $\displaystyle\int_0^{+\infty} \dfrac{\mathrm{e}^{-x}}{1+\mathrm{e}^{-x}}\mathrm{d}x$;

(4) $\displaystyle\int_{-\infty}^2 x\mathrm{e}^{-x^2}\mathrm{d}x$;

(5) $\displaystyle\int_2^{+\infty} \dfrac{1}{x(\ln x)^2}\mathrm{d}x$;

(6) $\displaystyle\int_{\frac{2}{\pi}}^{+\infty} \dfrac{1}{x^2}\sin\dfrac{1}{x}\mathrm{d}x$.

2. 计算下列瑕积分

(1) $\displaystyle\int_{-1}^1 \dfrac{1}{\sqrt{1-x^2}}\mathrm{d}x$;

(2) $\displaystyle\int_1^{\mathrm{e}} \dfrac{\mathrm{d}x}{x\sqrt{1-(\ln x)^2}}$;

(3) $\displaystyle\int_0^2 \ln(4-x^2)\mathrm{d}x$;

(4) $\displaystyle\int_1^2 \dfrac{1}{\sqrt{(x-1)(2-x)}}\mathrm{d}x$.

6.5 定积分的应用

定积分在很多领域有着广泛的应用. 由定积分的定义可知，定积分可以用于求解曲边梯形的面积. 除此之外，本节我们还将介绍定积分在体积求解以及经济学中的应用.

6.5.1 平面图形的面积

对于用定积分求解平面图形面积的问题，可根据定积分的几何意义分为如下情形.

情形 1 由直线 $x=a$，$x=b$，曲线 $y=f(x)$，$y=g(x)$（其中 $f(x)$，$g(x)$ 为 $[a,b]$ 上的连续函数）所围成的平面图形的面积（如图 6-9 所示）为

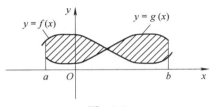

图 6-9

$$S = \int_a^b |f(x) - g(x)|\,\mathrm{d}x$$

特别地，由 $x=a$，$x=b$，x 轴以及曲线 $y=f(x)$（$f(x)$ 在 $[a,b]$ 上连

续,且函数值可正可负)所围图形的面积如图 6-10 所示为

$$S = \int_a^b |f(x)| \mathrm{d}x$$

情形2　由直线 $y = c, y = d$,曲线 $x = \varphi(y), x = \psi(y)$(其中 $\varphi(y),$ $\psi(y)$ 为 $[c,d]$ 上的连续函数)所围成的平面图形的面积(如图 6-11 所示)为

注意　$S = S_1 + S_2 + S_3,$ S_2' 与 S_2 关于 x 轴对称, $S_2' = S_2$

$$S = \int_c^d |\varphi(y) - \psi(y)| \mathrm{d}y.$$

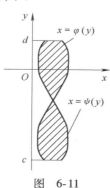

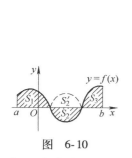

图　6-10　　　　　　　图　6-11

特别地,由直线 $y = c, y = d, y$ 轴以及曲线 $x = \varphi(y)$($\varphi(y)$ 在 $[c,d]$ 上连续,且函数值可正可负)所围成的平面图形的面积(如图 6-12 所示)为

$$S = \int_c^d |\varphi(y)| \mathrm{d}y$$

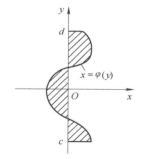

图　6-12

说明　对于用定积分求解平面图形面积的计算公式,为方便记忆,可从如下角度考虑:

(1)"**X – 型**",即积分变量为 x,积分上下限为平面图形在 x 轴上的"最大跨度"。此时被积函数为上方函数减去下方函数,简记为 "**上 – 下**"(见情形1);

(2)"**Y – 型**",即积分变量为 y,积分上下限为平面图形在 y 轴上的"最大跨度".此时被积函数为右方函数减去左方函数,简记为 "**右 – 左**"(见情形2).

例6.1　求由曲线 $y = x^2, x = y^2$ 所围平面图形的面积.

解　由题意知,平面图形如图 6-13 所示.

解法一　$S = \int_0^1 (\sqrt{x} - x^2) \mathrm{d}x = \left(\frac{2}{3}x^{\frac{3}{2}} - \frac{1}{3}x^3\right)\Big|_0^1 = \frac{1}{3}$

解法二　$S = \int_0^1 (\sqrt{y} - y^2) \mathrm{d}y = \left(\frac{2}{3}y^{\frac{3}{2}} - \frac{1}{3}y^3\right)\Big|_0^1 = \frac{1}{3}$

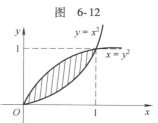

图　6-13

例6.2　求直线 $y = x - 2$ 和曲线 $y^2 = x$ 所围成的图形的面积.

解:由题意知,平面图形如图 6-14 所示.

解法一　$S = \int_0^1 [\sqrt{x} - (-\sqrt{x})] \mathrm{d}x$

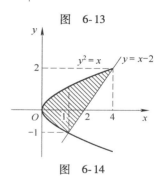

图　6-14

$$+ \int_1^4 \left[\sqrt{x} - (x - 2) \right] \mathrm{d}x$$

$$= 2 \cdot \frac{2}{3} x^{\frac{3}{2}} \Big|_0^1 + \left(\frac{2}{3} x^{\frac{3}{2}} - \frac{1}{2} x^2 + 2x \right) \Big|_1^4$$

$$= 4 \frac{1}{2}$$

解法二

$$S = \int_{-1}^2 \left[(y + 2) - y^2 \right] \mathrm{d}y$$

$$= \left(\frac{1}{2} y^2 + 2y - \frac{1}{3} y^3 \right) \Big|_{-1}^2$$

$$= 4 \frac{1}{2}$$

6.5.2 立体的体积

1. 平行截面面积已知的立体体积

空间中,介于平面 $x = a$ 和 $x = b (a < b)$ 之间的立体,其体积公式为

$$V = \int_a^b S(x) \mathrm{d}x$$

其中 $S(x)$ 为垂直于 x 轴的平行面与立体相交所得的截面面积,并且 $S(x)$ 为 $[a,b]$ 上的连续函数,截点 $x \in [a,b]$,如图 6-15 所示.

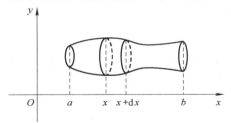

图　6-15

可见,立体体积 V 可由 $S(x) \mathrm{d}x$ 从 $x = a$ 到 $x = b$ "累积"而得.

上述体积公式可用"**微元法**"进行分析. 具体步骤如下:

(1)选取积分变量 x,确定积分区间 $[a,b]$;

(2)将 $[a,b]$ 任意分为 n 份,在任一小区间 $[x, x + \mathrm{d}x]$ 上的体积微元(如图 6-15 所示)为

$$\mathrm{d}V = S(x) \mathrm{d}x$$

(3)总体积 V 是体积微元在区间 $[a,b]$ 上的积分,即

$$V = \int_a^b \mathrm{d}V = \int_a^b S(x) \mathrm{d}x.$$

微元法是定积分应用的基本分析方法,其实质是"化整为零,积零为整",即先把整体(如体积 V)分解为 n 个微元(如 $\mathrm{d}V$),再将微元在区间上进行积分(如 $V = \int_a^b \mathrm{d}V$).

类似地,可用微元法得到前面平面图形面积的求解公式,请读者自行分析.

例题 求半径为 a 的球 $x^2 + y^2 + z^2 \leqslant a^2 (a > 0)$ 的体积.

解 如图 6-16 所示,取 x 为积分变量,$x \in [-a, a]$. 垂直于 x 轴,截点为 x 的截面为圆,其半径

$$r = \sqrt{a^2 - x^2},$$

从而截面圆的面积为

$$S(x) = \pi(a^2 - x^2),$$

因此,半径为 a 的球的体积:

$$
\begin{aligned}
V &= \int_{-a}^{a} S(x)\,dx \\
&= \pi \int_{-a}^{a} (a^2 - x^2)\,dx \\
&= \frac{4}{3}\pi a^3.
\end{aligned}
$$

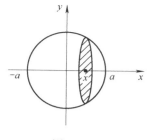

图　6-16

例题 一个平面经过半径为 R 的圆柱体的底圆中心,并与底面的夹角为 α. 计算平面截圆柱体所得的立体体积.

解 根据题意知,平面截圆柱体所得的立体如图 6-17a 所示. 取平面与圆柱体底圆的交线为 x 轴,过底圆中心且垂直于 x 轴的直线为 y 轴,建立直角坐标系.

垂直于 x 轴的平面截立体所得截面为直角三角形(如图 6-17b 所示). 由图 6-17c 知 $AB = \sqrt{R^2 - x^2}$,从而

$BC = AB \cdot \tan\alpha = \sqrt{R^2 - x^2}\tan\alpha$. 因此,垂直于 x 轴的截面面积为

$$S(x) = \frac{1}{2}AB \cdot BC = \frac{1}{2}(R^2 - x^2)\tan\alpha.$$

从而立体体积

$$V = \int_{-R}^{R} S(x)\,dx = \int_{0}^{R} (R^2 - x^2) \cdot \tan\alpha \cdot dx = \frac{2}{3}R^3\tan\alpha.$$

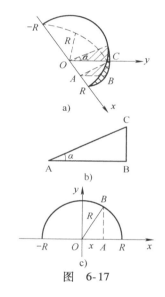

图　6-17

2. 旋转体体积

旋转体是指一个平面图形绕着同平面内的一条直线旋转一周所形成的立体,该直线称为旋转轴. 旋转体是一类特殊的平行截面面积已知的立体,垂直于旋转轴的截面均是圆面(或圆环面). 下面介绍常见的旋转体体积的计算方法.

情形 1 由直线 $x = a$, $x = b$, x 轴以及连续曲线 $y = f(x)$ 所围图形绕 x 轴旋转一周所形成的旋转体(如图 6-18 所示)的体积.

$$V_x = \int_a^b S(x)\,dx = \int_a^b \pi f^2(x)\,dx.$$

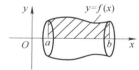

图　6-18

特别地,由直线 $x = a$, $x = b$ 以及连续曲线 $y = f(x)$, $y = g(x)$ 所围成的图形绕 x 轴旋轴一周所形成的旋转体(如图 6-19 所示)的体积.

$$
\begin{aligned}
V_x &= \int_a^b S_f(x)\,dx - \int_a^b S_g(x)\,dx \\
&= \int_a^b \pi[f^2(x) - g^2(x)]\,dx.
\end{aligned}
$$

图　6-19

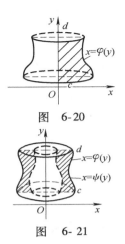

图 6-20

情形 2 由直线 $y = c$，$y = d$，y 轴以及连续曲线 $x = \varphi(y)$ 所围图形绕 y 轴旋转一周所形成的旋转体（如图 6-20 所示）的体积.

$$V_y = \int_c^d S(y) \mathrm{d}y = \int_c^d \pi\varphi^2(y) \mathrm{d}y.$$

特别地，由直线 $y = c$，$y = d$ 以及连续曲线 $x = \varphi(y)$，$x = \psi(y)$ 所围成的图形绕 y 轴旋轴一周所形成的旋转体（如图 6-21 所示）的体积.

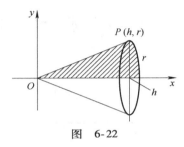

图 6-21

$$V_y = \int_c^b S_\varphi(y) \mathrm{d}y - \int_c^d S_\psi(y) \mathrm{d}y$$

$$= \int_c^d \pi[\varphi^2(y) - \psi^2(y)] \mathrm{d}y.$$

例 6.22 连接坐标原点 O 及点 $P(h, r)$ 的直线，直线 $x = h$，x 轴所围成的直角三角形，求将它绕 x 轴旋转一周所得的圆锥体体积.

解 由题意知旋转体如图 6-22 所示. 直线 OP 的方程为 $y = \dfrac{r}{h}x$. 圆锥体的体积

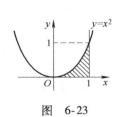

图 6-22

$$V = \int_0^h \pi\left(\frac{r}{h}x\right)^2 \mathrm{d}x = \frac{\pi r^2}{h^2}\int_0^h x^2 \mathrm{d}x = \frac{\pi r^2 h}{3}$$

例 6.23 求由曲线 $y = x^2$，直线 $x = 1$ 及 x 轴所围成的平面图形分别绕 x 轴与 y 轴旋转一周得到的旋转体体积.

解 由题意知，平面图形如图 6-23 所示.

（1）平面图形绕 x 轴旋转一周所得的旋转体体积

$$V_x = \int_0^1 \pi(x^2)^2 \mathrm{d}x = \frac{\pi}{5}x^5 \Big|_0^1 = \frac{\pi}{5}.$$

（2）平面图形绕 y 轴旋转一周所得的旋转体体积

$$V_y = \int_0^1 \pi[1^2 - (\sqrt{y})^2] \mathrm{d}y$$

$$= \pi\left(y - \frac{1}{2}y^2\right)\Big|_0^1$$

$$= \frac{\pi}{2}.$$

6.5.3 函数的平均值

在 6.1 节中，由积分中值定理可知，若 $f(x)$ 在 $[a, b]$ 上连续，那么至少存在一点 $\xi \in [a, b]$，使得

$$f(\xi) = \frac{1}{b - a}\int_a^b f(x) \mathrm{d}x$$

$f(\xi)$ 即为函数 $f(x)$ 在区间 $[a, b]$ 上的平均值. 可见，应用定积分可以求解函数在一个区间上的平均值问题.

例 6.24 求函数 $y = \ln x$ 在区间 $[\mathrm{e}, \mathrm{e}^2]$ 上的平均值.

解　由积分中值定理可知,函数在区间$[e,e^2]$上的平均值为

$$\overline{y} = \frac{1}{e^2 - e}\int_e^{e^2}\ln x\mathrm{d}x.$$

又

$$\int_e^{e^2}\ln x\mathrm{d}x = x\ln x\Big|_e^{e^2} - \int_e^{e^2}x\cdot\mathrm{d}\ln x$$
$$= 2e^2 - e - e^2 + e$$
$$= e^2$$

从而

$$\overline{y} = \frac{e^2}{e^2 - e} = \frac{e}{e - 1}$$

设某厂商欲在 $T = 16$ 时销售完数量为 640 单位的商品,已知销售速度为 $y(t) = 3k\sqrt{t}, t\in[0,16], k > 0$. 求在时间段 $[0,4]$ 上的平均销售速度.

解　由已知得

$$\int_0^{16}y(t)\mathrm{d}t = 640$$

即

$$\int_0^{16}3k\sqrt{t}\mathrm{d}t = 2kt^{\frac{3}{2}}\Big|_0^{16} = 640$$

从而

$$k = 5$$

进而由积分中值定理知,在 $[0,4]$ 时间段上的平均销售速度为

$$\overline{y} = \frac{1}{4}\int_0^4 15\sqrt{t}\mathrm{d}t$$
$$= 20$$

6.5.4　定积分在经济学中的应用

定积分在经济学中常用于解决已知边际函数求总函数的问题. 例如,记总成本函数 $C = C(Q)$,总收益函数 $R = R(Q)$,已知边际成本函数 $MC = C'(Q)$,边际收益函数 $MR = R'(Q)$,则

总成本函数　$C(Q) = \int_0^Q C'(x)\mathrm{d}x + C_0$;

总收益函数　$R(Q) = \int_0^Q R'(x)\mathrm{d}x$;

总利润函数　$L(Q) = R(Q) - C(Q) = \int_0^Q[R'(x) - C'(x)]\mathrm{d}x - C_0$,

其中 C_0 为固定成本.

已知某产品的边际成本和边际收益函数分别为

$$C'(Q) = 6Q^2 - 4Q + 4$$
$$R'(Q) = 100 - 4Q$$

固定成本为 50,求 Q 为多少时,厂商利润最大,并计算最大利润.

解　总利润函数 $L(Q) = R(Q) - C(Q)$,其中

$$R(Q) = \int_0^Q(100 - 4x)\mathrm{d}x = 100Q - 2Q^2$$

$$C(Q) = \int_0^q (6x^2 - 4x + 4)\,dx + 50 = 2Q^3 - 2Q^2 + 4Q + 50,$$

从而
$$L(Q) = R(Q) - C(Q) = -2Q^3 + 96Q - 50$$
$$L'(Q) = -6Q^2 + 96$$

令 $L'(Q) = 0$，得 $Q = 4$. 又 $L''(Q) = -12Q$，$L''(4) = -48 < 0$，所以当 $Q = 4$ 时，厂商利润最大，并且最大利润为 106.

下面我们讨论经济学中的两个概念——**消费者剩余**和**生产者剩余**. 消费者剩余是指：消费者为购买一定数量的商品，其愿意支付的总额与实际支付总额之间的差值，如图 6-24 所示。

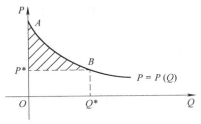

图　6-24

在图 6-24 中，需求曲线 $P = P(Q)$，商品市场价格为 P^*，消费者购买 Q^* 单位商品. 消费者愿意支付的总额为曲边梯形 $OABQ^*$，而实际支付总额为 OP^*BQ^*. 因此曲边三角形 P^*AB 为消费者剩余. 用定积分表示为

$$CS = \int_0^{Q^*} P(Q)\,dQ - P^*Q^*$$

例 6.27　设需求函数为 $P = 30 - 2Q^2$，求购买量 $Q^* = 3$ 时的消费者剩余.

当 $Q^* = 3$ 时，$P^* = 30 - 2 \times 3^2 = 12$

解
$$CS = \int_0^3 (30 - 2Q^2)\,dQ - P^*Q^*$$
$$= \left(30Q - \frac{2}{3}Q^3\right)\Bigg|_0^3 - 36$$
$$= 36.$$

即当 $Q^* = 3$ 时，消费者剩余为 36.

与消费者剩余类似. 生产者剩余是指：厂商在供给某种产品时，实际接受的总支付与愿意接受的总支付之间的差值（如图 6-25 所示）. 厂商实际接受的总支付为 P^*Q^*，而愿意接受的总支付为曲边梯形 $OCBQ^*$，即 $\int_0^{Q^*} \widetilde{P}(Q)\,dQ$. 因此消费者剩余为

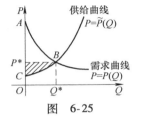

图　6-25

$$PS = P^*Q^* - \int_0^{Q^*} \widetilde{P}(Q)\,dQ.$$

例 6.28　设某商品需求函数为 $P = 35 - 2Q^2$ 供给函数为 $\widetilde{P} = 8 + Q^2$，求在供需平衡时，生产者剩余.

解　由 $P = \widetilde{P}$ 知 $Q^* = 3$　$P^* = 17$ 从而生产者剩余

$$PS = P^* Q^* - \int_0^{Q^*} (8 + Q^2) \, dQ$$

$$= 3 \times 17 - \left(8Q + \frac{1}{3}Q^3\right) \Big|_0^3$$

$$= 18.$$

练习 6.5

1. 求由下列曲线所围成图形的面积

(1) $y = x^2$ 与 $y = 3x$；

(2) $y = \ln x$ 与直线 $y = 0, x = e$；

(3) $y = \dfrac{6}{x}$ 与 $y = 5 - x$；

(4) $y = \dfrac{1}{x}$ 与 $y = x, x = 2$.

2. 求下列旋转体的体积

(1) 曲线 $y = \dfrac{2}{x}$ 与直线 $x = 1, x = 2$ 和 x 轴所围平面图形分别绕 x 轴和 y 轴旋转一周所得的旋转体体积；

(2) 曲线 $y = 4x^3$ 与直线 $x = 1, y = 0$ 所围平面图形分别绕 x 轴和 y 轴旋转一周所得的旋转体体积；

(3) 由 $y = \sin x, x = 0, x = \pi$ 所围平面图形分别绕 x 轴和 y 轴旋转一周所得的旋转体体积；

(4) 由曲线 $y = x^2$ 与 $x = y^2$ 所围平面图形分别绕 x 轴和 y 轴旋转一周所得的旋转体体积.

3. 求函数 $y = \sin x$ 在 $[0, \pi]$ 上的平均值.

4. 设某商品的边际利润为

$$L'(Q) = 3Q^2 - 2Q - 10$$

且 $L(0) = 0$，试求销售量为 10 时的总利润.

5. 设需求函数为 $P = 40 - 5Q$，供给函数为 $\widetilde{P} = 16 + Q^2$，在完全竞争的情况下，试求消费者剩余和生产者剩余.

综合习题 6

1. 利用定积分的定义计算下列极限：

(1) $\displaystyle \lim_{n \to \infty} \frac{1}{n} \left(\frac{n^2}{n^2 + 1^2} + \frac{n^2}{n^2 + 2^2} + \cdots + \frac{n^2}{n^2 + n^2} \right)$

(2) $\displaystyle \lim_{n \to \infty} \left(\frac{1}{n+1} + \frac{1}{n+2} + \cdots + \frac{1}{n+n} \right)$

(3) $\displaystyle \lim_{n \to \infty} \frac{1}{n} \left(\cos \frac{1}{n} + \cos \frac{2}{n} + \cdots + \cos \frac{n}{n} \right)$

2. 计算下列极限：

（1）$\lim\limits_{x\to 0^+}\dfrac{x-\int_0^x e^{-t^2}\mathrm{d}t}{x^2\sin x}$；

（2）$\lim\limits_{x\to a}\dfrac{x^2\int_a^x f(t)\,\mathrm{d}t}{x-a}$（$f(t)$ 为 $(-\infty,+\infty)$ 上的连续函数）；

（3）$\lim\limits_{x\to 0}\dfrac{\int_0^x(x-t)f(t)\,\mathrm{d}t}{\int_0^x f(x-t)\,\mathrm{d}t}$（$f(x)$ 为连续函数且 $f(0)\neq 0$）

3. 求解下列积分：

（1）$\int_2^7 e^{\sqrt{x+2}}\mathrm{d}x$；　　　　（2）$\int_a^b \sqrt{(a-x)(x-b)}\,\mathrm{d}x$

（3）$\int_{-1}^1 \dfrac{\mathrm{d}x}{1+\sqrt{1-x^2}}$；　　（4）$\int_1^3 \arctan\sqrt{x}\,\mathrm{d}x$

（5）$\int_{-\pi}^{\pi} x^2\cos 2x\,\mathrm{d}x$；　　（6）$\int_{-1}^1 \dfrac{x+\sin x+|x|}{1+x^2}\mathrm{d}x$

（7）$\int_1^{+\infty}\dfrac{\ln x}{x^2}\mathrm{d}x$；　　（8）$\int_2^4 \dfrac{1}{\sqrt{4x-x^2}}\mathrm{d}x$

4. 已知函数 $f(x)=\begin{cases}\dfrac{1}{1+x^2},&x\geq 0,\\ 1+e^x,&x<0.\end{cases}$ 求积分 $\int_{-2}^2 f(x-1)\,\mathrm{d}x$.

5. 设 $f(x)$ 是连续函数，$\int_0^x tf(x-t)\,\mathrm{d}t=1-\cos x$，求 $\int_0^{\frac{\pi}{2}}f(x)\,\mathrm{d}x$.

6. 若 $f''(x)$ 在 $[0,\pi]$ 上连续，$f(0)=-2$，$f(\pi)=3$，求定积分 $\int_0^{\pi}[f(x)+f''(x)]\sin x\,\mathrm{d}x$.

7. 求由 $y=e^x$，$x=0$，$y=e$ 所围平面图形的面积以及该图形分别绕 x 轴和 y 轴旋转一周所得的旋转体体积.

8. 求由 $y=\sqrt{x}$，$x=4$ 和 x 轴所围平面图形的面积以及该图形分别绕 x 轴和 y 轴旋转一周所得的旋转体体积.

9. 求由 $y=x^2+1$，$y=x+1$ 所围平面图形的面积以及该图形分别绕 x 轴和 y 轴旋转一周所得的旋转体体积.

10. 已知做变速直线运动的物体其速度为 $v(t)=7t^2$，$t\in[0,\infty)$，求在时间段 $[3,6]$ 上的平均速度.

11. 某厂的边际成本函数为 $C'(x)=3x^2-12x+20$，当产出为 2 时，总成本为 27. 求：（1）总成本函数和平均单位成本函数；（2）生产了 2 个单位后，再生产 3 个单位产品需要追加的成本数；（3）再生产的 3 个单位产品的平均单位成本.

第 7 章

多元函数微积分学

前几章中,我们以一元函数为研究对象,利用极限讨论了一元函数的连续性、可微性、可积性. 在实际问题中,对于一种变化过程的描述常常涉及多个自变量,即多元函数. 本章主要以二元函数为研究对象,着重分析二元函数的微分和积分问题. 对于二元函数的研究方法和相关结论,大多可以直接推广到一般的 n 元函数中.

本章内容及相关知识点如下:

<table>
<tr><td colspan="2" align="center">多元函数微积分学</td></tr>
<tr><td align="center">内容</td><td align="center">知识点</td></tr>
<tr><td>二元函数的极限与连续</td><td>1. 多元函数的概念;
2. 二元函数极限的定义;
3. 二元函数连续的定义;
4. 二元函数在有界闭区域上的连续性.</td></tr>
<tr><td>偏导数与全微分</td><td>1. 二元函数偏导数的定义及几何意义;
2. 二元函数全微分的定义及可微的充分、必要条件;
3. 高阶偏导数与高阶全微分的定义.</td></tr>
<tr><td>多元复合函数与多元
隐函数的求导法则</td><td>1. 多元复合函数求偏导的链式法则;
2. 多元隐函数求偏导的公式法.</td></tr>
<tr><td>多元函数的
极值与最值</td><td>1. 二元函数无条件极值的求解与判别;
2. 二元函数条件极值的求解——拉格朗日乘数法;
3. 多元函数的最值.</td></tr>
<tr><td>二重积分</td><td>1. 二重积分的定义与性质;
2. 二重积分在直角坐标系下的计算;
3. 二重积分在极坐标系下的计算.</td></tr>
</table>

7.1 二元函数的极限与连续

本节我们首先介绍多元函数的概念,进而对于二元函数给出函数在一点的极限及在一点连续的定义,并说明二元函数在有界闭区

145

域上连续的相关性质.

7.1.1 多元函数的概念

一维数轴上的点常用 $x=a$ 表示,

二维平面上的点可由二元有序数组 (x,y) 表示,三维空间中的点则由三元有序数组 (x,y,z) 表示. 依次类推,**n 维空间**中的点由 n 元有序数组 $(x_1,x_2,\cdots,x_n)$ 表示,n 维空间记作 $\mathbf{R}^n$,即

$$\mathbf{R}^n = \{(x_1,x_2,\cdots,x_n)\,|\,x_i \in \mathbf{R}, i=1,2,\cdots,n\}$$

其中有序数组 $(x_1,x_2,\cdots,x_n)$ 表示 $\mathbf{R}^n$ 中的一个点,也称为这个点的坐标,x_i 称为该点的第 i 个坐标分量.

n 维空间 $\mathbf{R}^n$ 中任意两点 $P(x_1,x_2,\cdots,x_n)$ 和 $Q(y_1,y_2,\cdots,y_n)$ 间的距离定义为

$$|PQ| = \sqrt{(x_1-y_1)^2 + (x_2-y_2)^2 + \cdots + (x_n-y_n)^2}.$$

在 $\mathbf{R}^n$ 中引入了上述距离,R^n 就称为 **n 维欧几里得空间**,简称 **n 维欧氏空间**.

定义 7.1 设 D 是 n 维欧氏空间 R^n 中的一个非空点集,若存在一个对应法则 f,使得对于 D 中的每一个点 $P(x_1,x_2,\cdots,x_n)\in D$,根据对应法则,有唯一的实数 y 与之对应,则称对应法则 f 为定义在 D 上的 **n 元函数**,记为

$$y = f(x_1,x_2,\cdots,x_n),(x_1,x_2,\cdots,x_n)\in D.$$
或
$$y = f(P),P\in D.$$

其中 $(x_1,x_2,\cdots,x_n)$ 称为**自变量**,y 称为**因变量**,点集 D 称为函数的**定义域**,记为 $D(f)$. $f(x_1,x_2,\cdots,x_n)$ 称为点 $(x_1,x_2,\cdots,x_n)$ 对应的函数值,全体函数值的集合称为函数 f 的**值域**,记为 $R(f)$.

当 $n=1$ 时,由定义 7.1 得一元函数 $y=f(x),x\in D$;当 $n=2$ 时,得二元函数,记为 $z=f(x,y),(x,y)\in D,D\subset R^2$. 可见,"元"指的是自变量,二元函数指有两个自变量的函数. 二元及二元以上的函数统称为**多元函数**.

在 xOy 平面上,到点 $P_0(x_0,y_0)$ 的距离小于 δ 的点的全体称为点 P_0 的 **δ 邻域**,记为 $U(P_0,\delta)$,即 $U(P_0,\delta) = \{(x,y)\,|\,\sqrt{(x-x_0)^2+(y-y_0)^2}<\delta\}$. 点 P_0 的 **δ 去心邻域**,记为

$$\mathring{U}(P_0,\delta) = \{(x,y)\,|\,0<\sqrt{(x-x_0)^2+(y-y_0)^2}<\delta\}$$

与一元函数类似,多元函数的定义域指的是使函数有意义的自变量的取值范围.

例 7.1 求下列函数的定义域:

$(1)z=\ln(y-x^2)+\sqrt{1-x^2-y^2}$;$(2)z=\sqrt{1-|x|-|y|}$.

解 (1)要使函数有意义,则应有 $y-x^2>0$,即 $y>x^2$,并且 $1-x^2-y^2\geq0$,即 $x^2+y^2\leq1$.

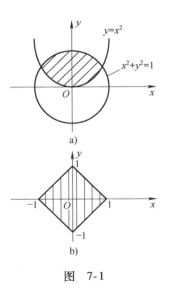

图 7-1

从而函数的定义域　$D(f) = \{(x,y)|y > x^2$ 且 $x^2 + y^2 \leqslant 1\}$ 如图 7-1a 阴影部分所示.

（2）要使函数有意义,则应有 $1 - |x| - |y| \geqslant 0$,即函数的定义域为

$$D(f) = \{(x,y) \mid |x| + |y| \leqslant 1\},$$

如图 7-1b 阴影部分所示.

通常,在空间直角坐标系中,由二元函数 $z = f(x,y)$ 所确定的点 (x,y,z) 构成空间中一张曲面,曲面在 xOy 平面上的投影区域 D 就是这个二元函数的定义域(如图 7-2 所示),$M_0(x_0,y_0,z_0)$ 点在 xOy 平面的投影为 $P_0(x_0,y_0)$ 这便是二元函数的几何图形.

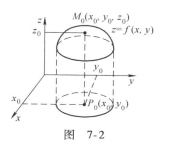

图　7-2

7.1.2 二元函数的极限

设函数 $z = f(x,y)$ 在点 $P_0(x_0,y_0)$ 的某一去心邻域内有定义,对于该邻域中任意点 $P(x,y)$,当 $(x,y) \to (x_0,y_0)$,即 $P \to P_0$ 时,函数 $f(x,y)$ 无限趋近于某一常数 A,则称 A 为 $f(x,y)$ 当 $(x,y) \to (x_0,y_0)$ 时的**极限**. 记为

$$\lim_{(x,y)\to(x_0,y_0)} f(x,y) = A \quad 或 \quad \lim_{P\to P_0} f(P) = A.$$

也可记为

$$\lim_{\substack{x\to x_0 \\ y\to y_0}} f(x,y) = A.$$

有时为了区别于一元函数的极限,称二元函数的极限为**二重极限**.

判断 $f(x,y) = \begin{cases} \dfrac{xy}{x^2 + y^2}, & x^2 + y^2 \neq 0, \\ 0, & x^2 + y^2 = 0, \end{cases}$ 在 $(0,0)$ 点处的极限是否存在.

解　在 xOy 平面上,当 $P(x,y)$ 点沿着直线 $y = kx$ 趋向于 $(0,0)$ 时,有

$$\lim_{\substack{(x,y)\to(0,0) \\ y=kx}} f(x,y) = \lim_{x\to 0} \frac{kx^2}{(1 + k^2)x^2} = \frac{k}{1 + k^2}.$$

极限值与路径的斜率 k 相关,说明点 $P(x,y)$ 在这种路径下趋近于原点 $(0,0)$ 时,二元函数将因 k 不同而. 趋近于不同常数. 因此 $f(x,y)$ 在 $(0,0)$ 点的极限不存在.

二元函数的极限与一元函数极限具有类似的性质和运算法则,在此不再赘述.

求解下列函数的极限

注意　（1）在一元函数极限 $\lim\limits_{x\to x_0} f(x) = A$ 中,$x \to x_0$ 的方式是 x 沿 x 轴从 x_0 的左、右两侧趋近于 x_0,从而一元函数的极限有左极限和右极限. 然而,二元函数的定义域在二维平面上(如图 7-2),因此平面上的点 P 趋近于 P_0 的过程可以是**任意方式**、**任意路径**.

（2）二元函数 $z = f(x,y)$ 在 $P_0(x_0,y_0)$ 点的极限为 A 也可由 $\varepsilon - \delta$ 语言描述如下:

$$\lim_{(x,y)\to(x_0,y_0)} f(x,y) = A \Leftrightarrow \forall \varepsilon > 0, \exists \delta > 0,$$

当 $0 < \sqrt{(x - x_0)^2 + (y - y_0)^2} < \delta$ 时,有 $|f(x,y) - A| < \varepsilon$.

$(1) \lim\limits_{(x,y)\to(0,1)} \dfrac{\tan xy}{x}$; $\quad (2) \lim\limits_{\substack{x\to\infty\\y\to\infty}} \dfrac{|x|+|y|}{x^2+y^2}$;

$(3) \lim\limits_{(x,y)\to(0,0)} \dfrac{xy}{\sqrt{1+xy}-1}$.

解 （1）当 $(x,y)\to(0,1)$ 时，$xy\to 0$，$\sin xy \sim xy$，因此

$$\lim\limits_{(x,y)\to(0,1)} \frac{\tan xy}{x} = \lim\limits_{(x,y)\to(0,1)} \frac{xy}{x} = \lim\limits_{y\to1} y = 1.$$

（2）由于 $x^2+y^2 \geqslant 2xy$，所以

$$0 \leqslant \frac{|x|+|y|}{x^2+y^2} \leqslant \frac{|x|+|y|}{2|xy|} = \frac{1}{2|y|} + \frac{1}{2|x|}. \text{ 又当 } x\to\infty, y\to\infty \text{ 时，}$$

$\dfrac{1}{2|y|} + \dfrac{1}{2|x|} \to 0$. 因此，由夹逼性知 $\lim\limits_{\substack{x\to\infty\\y\to\infty}} \dfrac{|x|+|y|}{x^2+y^2} = 0$.

（3）$\lim\limits_{(x,y)\to(0,0)} \dfrac{xy}{\sqrt{1+xy}-1} = \lim\limits_{(x,y)\to(0,0)} \dfrac{xy(\sqrt{1+xy}+1)}{xy}$,

令 $t = xy$，当 $(x,y)\to(0,0)$ 时 $t\to 0$，从而

$$\lim\limits_{(x,y)\to(0,0)} \frac{xy}{\sqrt{1+xy}-1} = \lim\limits_{t\to0}(\sqrt{1+t}+1) = 2.$$

7.1.3　二元函数的连续性

定义7.3　若二元函数 $f(x,y)$ 在 $P_0(x_0,y_0)$ 点的某个邻域内有定义，如果 $\lim\limits_{(x,y)\to(x_0,y_0)} f(x,y)$ 存在，并且满足 $\lim\limits_{(x,y)\to(x_0,y_0)} f(x,y) = f(x_0,y_0)$，则称 $f(x,y)$ 在点 $P_0(x_0,y_0)$ 处**连续**.

若函数 $f(x,y)$ 在区域 D 内每一点都连续，则称 $f(x,y)$ 在 D 内连续. 在区域 D 上连续的函数 $f(x,y)$，其几何图形为空间中一张连续的曲面.

与一元函数的连续性相类似，对于二元函数，我们直接给出以下结论.

性质7.1　二元初等函数在其定义域内连续.

性质7.2　如果 $f(x,y)$ 与 $g(x,y)$ 在区域 D 内连续，则 $f(x,y) \pm g(x,y), f(x,y)g(x,y), f(x,y)/g(x,y)(g(x,y)\neq0)$ 均为区域 D 上的连续函数.

性质7.3　连续二元函数的复合函数仍是连续函数.

下面我们介绍有界闭区域的概念，进而给出有界闭区域上连续二元函数的性质.

设 D 是 xOy 平面上的一个点集，P 为 xOy 平面上的任意一点，则 P 与 D 有以下三种关系：

（1）若存在 $\delta > 0$，使得 $U(P_0,\delta) \subset D$，则称点 P 是 D 的**内点**；

（2）若存在 $\delta > 0$，使得 $U(P_0,\delta) \cap D = \phi$，则称点 P 为 D 的**外点**；

（3）若对于 $\forall \delta > 0$，在 $U(P_0,\delta)$ 中既含有属于 D 的点，又含有不属于 D 的点，则称点 P 为 D 的**边界点**. D 的所有边界点的集合称为 D 的**边界**.

如果 D 内任意一点均为 D 的内点，则称 D 为**开集**；若 D 内任意两点，可由 D 内有限条折线连接起来，则称 D 为**连通的**；若 D 为开集并且是连通的，则称 D 为**区域**（或**开区域**）；一个开区域与其边界的并集，称为**闭区域**；如果 D 为闭区域，并且存在 $R > 0$，使得 $D \subset U(O,R)$，则称 D 为**有界闭区域**.

（最值定理）如果函数 $f(x,y)$ 在有界闭区域 D 上连续，则 $f(x,y)$ 在 D 上一定有最大值 M 和最小值 m，即存在 $(x_1,y_1) \in D$，$(x_2,y_2) \in D$ 使得 $f(x_1,y_1) = M$，$f(x_2,y_2) = m$.

（有界性定理）如果 $f(x,y)$ 在有界闭区域 D 上连续，则 $f(x,y)$ 在 D 上一定有界，即对于 $\forall (x,y) \in D$，存在 $M > 0$，使得 $|f(x,y)| \leqslant M$.

（介值定理）如果 $f(x,y)$ 在有界闭区域 D 上连续，M 和 m 分别是 $f(x,y)$ 在 D 上的最大值和最小值，则对 $\forall c \in [m,M]$，必存在一点 $(x_0,y_0) \in D$，使得 $f(x_0,y_0) = c$.

练习 7.1

1. 求解下列函数的定义域：

（1）$z = \arccos(x^2 + y^2)$；　　　　（2）$z = \sqrt{\sqrt{x} - y}$；

（3）$z = \ln(x^2 - 2y + 1)$；

（4）$z = \dfrac{1}{\sqrt{x^2 + y^2 + 2}}$.

2. 求解下列函数的极限

（1）$\lim\limits_{\substack{x \to \infty \\ y \to \infty}} \left(1 + \dfrac{1}{xy}\right)^{x\sin y}$；（2）$\lim\limits_{\substack{x \to \infty \\ y \to \infty}} (x^2 + y^2)\sin\dfrac{3}{x^2 + y^2}$；

（3）$\lim\limits_{(x,y) \to (1,0)} \dfrac{\ln(x + e^y)}{\sqrt{x^2 + y^2}}$；（4）$\lim\limits_{(x,y) \to (\infty, \ln 2)} \left(1 + \dfrac{y}{x}\right)^x$.

3. 证明：极限 $\lim\limits_{(x,y) \to (0,0)} \dfrac{x^2 y}{x^4 + y^2}$ 不存在.

7.2　偏导数与全微分

本节我们讨论二元函数的可微性. 首先介绍偏导数的概念及其运算.

7.2.1 偏导数

与一元函数 $y = f(x)$ 在 x_0 点的导数定义类似,二元函数 $z = f(x, y)$ 在 $P_0(x_0, y_0)$ 点关于自变量 x 和 y 的偏导数定义如下.

定义 7.4 设二元函数 $z = f(x, y)$ 在点 $P_0(x_0, y_0)$ 的某个邻域内有定义. 如果极限

$$\lim_{\Delta x \to 0} \frac{\Delta_x z}{\Delta x} = \lim_{\Delta x \to 0} \frac{f(x_0 + \Delta x, y_0) - f(x_0, y_0)}{\Delta x},$$

存在,则称此极限为 $z = f(x, y)$ 在点 $P_0(x_0, y_0)$ 处**关于 x 的偏导数**,记作

$$\frac{\partial z}{\partial x}\bigg|_{(x_0, y_0)}, \frac{\partial f}{\partial x}\bigg|_{(x_0, y_0)}, z'_x\bigg|_{(x_0, y_0)}, f'_x(x_0, y_0) \text{ 或 } f'_1(x_0, y_0).$$

其中,$\Delta_x z = f(x_0 + \Delta x, y_0) - f(x_0, y_0)$ 称为 $z = f(x, y)$ **关于 x 的偏增量**.

同理,若

$$\lim_{\Delta y \to 0} \frac{\Delta_y z}{\Delta y} = \lim_{\Delta y \to 0} \frac{f(x_0, y_0 + \Delta y) - f(x_0, y_0)}{\Delta y},$$

存在,则称此极限为函数 $z = f(x, y)$ 在点 $P_0(x_0, y_0)$ 处**关于 y 的偏导数**,记作

$$\frac{\partial z}{\partial y}\bigg|_{(x_0, y_0)}, \frac{\partial f}{\partial y}\bigg|_{(x_0, y_0)}, z'_y\bigg|_{(x_0, y_0)}, f'_y\bigg|_{(x_0, y_0)} \text{ 或 } f'_2(x_0, y_0).$$

其中,$\Delta_y z = f(x_0, y_0 + \Delta y) - f(x_0, y_0)$ 称为 $z = f(x, y)$ **关于 y 的偏增量**.

由定义 7.4 可知,$z = f(x, y)$ 在 $P_0(x_0, y_0)$ 处的偏导数 $f'_x(x_0, y_0)$ 为固定 $y = y_0$ 对于一元函数 $f(x, y_0)$ 关于 x 求导的结果;偏导数 $f'_y(x_0, y_0)$ 为固定 $x = x_0$ 对于一元函数 $f(x_0, y)$ 关于 y 求导的结果.

进一步地,如果 $z = f(x, y)$ 在区域 D 内任意一点 (x, y) 处对 x 的偏导数都存在,则得到 $f(x, y)$ 关于 x 的偏导函数(简称偏导数),记作 $\frac{\partial z}{\partial x}, \frac{\partial f}{\partial x}, z'_x$ 或 f'_x. 同理,可得到 $f(x, y)$ 关于 y 的偏导函数,记作 $\frac{\partial z}{\partial y}, \frac{\partial f}{\partial y}, z'_y$ 或 f'_y.

偏导数的概念可以推广到三元及三元以上多元函数的情形. 例如,对于三元函数 $u = f(x, y, z)$,其偏导数为:

$$f'_x(x, y, z) = \lim_{\Delta x \to 0} \frac{f(x + \Delta x, y, z) - f(x, y, z)}{\Delta x},$$

$$f'_y(x, y, z) = \lim_{\Delta y \to 0} \frac{f(x, y + \Delta y, z) - f(x, y, z)}{\Delta y},$$

$$f'_y(x, y, z) = \lim_{\Delta z \to 0} \frac{f(x, y, z + \Delta z) - f(x, y, z)}{\Delta z}.$$

例 7.4 求下列函数的偏导数:

（1）$z = x^y + \mathrm{e}^{xy}(x > 0, y > 0)$；（2）$u = \sin(x^2 + y^2 + z^2)$

解　（1）将 y 看作常数，对 x 求导，得

$$\frac{\partial z}{\partial x} = yx^{y-1} + y\mathrm{e}^{xy},$$

将 x 看作常数，对 y 求导，得

$$\frac{\partial z}{\partial y} = x^y \ln x + x\mathrm{e}^{xy},$$

（2）将 y, z 看作常数，对 x 求导，得

$$\frac{\partial u}{\partial x} = 2x\cos(x^2 + y^2 + z^2),$$

将 x, z 看作常数，对 y 求导，得

$$\frac{\partial u}{\partial y} = 2y\cos(x^2 + y^2 + z^2),$$

将 x, y 看作常数，对 z 求导，得

$$\frac{\partial u}{\partial z} = 2z\cos(x^2 + y^2 + z^2).$$

二元函数 $f(x, y)$ 在 $P_0(x_0, y_0)$ 点的偏导数有明显的**几何意义**：$f'_x(x_0, y_0)$ 表示曲面 $z = f(x, y)$ 与平面 $y = y_0$ 的交线在曲面点 M_0 (x_0, y_0, z_0)（其中 $z_0 = f(x_0, y_0)$）处的切线斜率 $\tan\alpha$；$f'_y(x_0, y_0)$ 表示曲面 $z = f(x, y)$ 与平面 $x = x_0$ 的交线在 M_0 点处的切线斜率 $\tan\beta$，如图 7-3 所示.

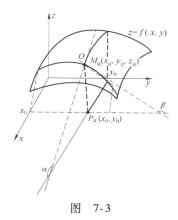

图　7-3

在一元函数中，我们有"可导必连续"的结论. 对于二元函数 $z = f(x, y)$ 来说，即使 $f(x, y)$ 在 $P_0(x_0, y_0)$ 点的两个偏导数都存在，$f(x, y)$ 也不一定在 P_0 点处连续.

例如，对于函数　$f(x, y) = \begin{cases} \dfrac{xy}{x^2 + y^2}, & x^2 + y^2 \neq 0, \\ 0 & x^2 + y^2 = 0, \end{cases}$

由偏导数的定义知

$$f'_x(0, 0) = \lim_{\Delta x \to 0} \frac{f(\Delta x, 0) - f(0, 0)}{\Delta x} = 0;$$

$$f'_y(0, 0) = \lim_{\Delta y \to 0} \frac{f(0, \Delta y) - f(0, 0)}{\Delta y} = 0$$

即 $f(x, y)$ 在 $(0, 0)$ 点处的两个偏导数都存在，但是由例 7.2 知 $f(x, y)$ 在 $(0, 0)$ 点处的极限不存在，从而在 $(0, 0)$ 点处不连续.

7.2.2　全微分

二元函数 $f(x, y)$ 与一元函数类似，也有可微的概念.

定义 7.6　　设函数 $z = f(x, y)$ 在 $P_0(x_0, y_0)$ 点的某一邻域内有定义，对于 x_0, y_0 的增量 Δx 和 Δy，如果 z 的增量（称为全增量）可以表示成

$$\Delta z = f(x_0 + \Delta x, y_0 + \Delta y) - f(x_0, y_0) = A\Delta x + B\Delta y + o(\rho),$$

其中 A,B 是仅与 (x_0,y_0) 有关与 $\Delta x,\Delta y$ 无关的常数,$\rho = \sqrt{\Delta x^2 + \Delta y^2}$,$o(\rho)$ 表示 $(\Delta x,\Delta y)\to(0,0)$ 时 ρ 的高阶无穷小量,则称 $f(x,y)$ 在 $P_0(x_0,y_0)$ 处**可微**,称 $A\Delta x + B\Delta y$ 为 $f(x,y)$ 在 $P_0(x_0,y_0)$ 点的**全微分**,用 dz 表示,即

$$\mathrm{d}z\big|_{(x_0,y_0)} = A\Delta x + B\Delta y$$

如果函数 $f(x,y)$ 在区域 D 内每一个点都可微,那么称 $f(x,y)$ 在 D 内可微,或称该函数为 D 内的可微函数.

定理 7.4 (**可微的必要条件**)若 $z = f(x,y)$ 在点 $P_0(x_0,y_0)$ 处可微,则

(1)$f(x,y)$ 在 $P_0(x_0,y_0)$ 处必连续;

(2)$f(x,y)$ 在 $P_0(x_0,y_0)$ 处的两个偏导数都存在,并且 $A = f'_x(x_0,y_0)$,$B = f'_y(x_0,y_0)$,即 $\mathrm{d}z = f'_x(x_0,y_0)\Delta x + f'_y(x_0,y_0)\Delta y$.

证明 (1)由于 $f(x,y)$ 在 $P_0(x_0,y_0)$ 处可微,由定义 7.5 知

$$\Delta z = A\Delta x + B\Delta y + o(\rho)$$

从而 $\lim\limits_{(\Delta x,\Delta y)\to(0,0)} \Delta z = 0$,即

$$\lim_{(\Delta x,\Delta y)\to(0,0)} f(x_0 + \Delta x, y_0 + \Delta y) = f(x_0,y_0)$$

所以 $f(x,y)$ 在 $P_0(x_0,y_0)$ 处连续.

(2)当 $f(x,y)$ 在 $P_0(x_0,y_0)$ 处可微时,有

$$\Delta z = A\Delta x + B\Delta y + o(\rho).$$

若令 $\Delta y = 0$,则 $\rho = \sqrt{\Delta x^2 + \Delta y^2} = |\Delta x|$,从而函数值的改变量 $\Delta z = \Delta_x z$,即 $\Delta_x z = A\Delta x + o(|\Delta x|)$,因此有

$$\lim_{\Delta x\to 0} \frac{\Delta_x z}{\Delta x} = \lim_{\Delta x\to 0} \frac{A\Delta x + o(|\Delta x|)}{\Delta x} = A.$$

即 $A = f'_x(x_0,y_0)$. 同理可证 $B = f'_y(x_0,y_0)$

与一元函数类似,Δx 和 Δy 分别是自变量的微分 dx 和 dy,从而 $z = f(x,y)$ 在 $P_0(x_0,y_0)$ 处的全微分可写为

$$\mathrm{d}z\big|_{(x_0,y_0)} = f'_x(x_0,y_0)\mathrm{d}x + f'_y(x_0,y_0)\mathrm{d}y$$

可见,在 $P_0(x_0,y_0)$ 附近有近似公式:

$$\Delta z \approx \mathrm{d}z = f'_x(x_0,y_0)\mathrm{d}x + f'_y(x_0,y_0)\mathrm{d}y$$

在区域 D 内可微函数 $f(x,y)$ 在 D 内任意一点的全微分可以表示为

$$\mathrm{d}z = f'_x(x,y)\mathrm{d}x + f'_y(x,y)\mathrm{d}y \quad \text{或} \quad \mathrm{d}z = \frac{\partial z}{\partial x}\mathrm{d}x + \frac{\partial z}{\partial y}\mathrm{d}y$$

定理 7.5 (**可微的充分条件**)如果函数 $z = f(x,y)$ 在点 $P_0(x_0,y_0)$ 的某一邻域内偏导数 $f'_x(x,y)$,$f'_y(x,y)$ 都存在,并且偏导数均在 $P_0(x_0,y_0)$ 点连续,则函数 $f(x,y)$ 在 $P_0(x_0,y_0)$ 点可微.

注意 由定理 7.5 可知偏导数的连续性可以保证函数的可微性,但反过来不成立,即可微函数的偏导数不一定连续,例如,

$$f(x,y) = \begin{cases} (x^2 + y^2)\sin\dfrac{1}{x^2 + y^2}, & x^2 + y^2 \neq 0 \\ 0, & x^2 + y^2 = 0 \end{cases}$$

在原点$(0,0)$处可微,但是$f'_x(x,y),f'_y(x,y)$在$(0,0)$点不连续.

进一步地,全微分可以推广到三元及三元以上多元函数情形.

例如,三元函数$u=f(x,y,z)$的全微分为

$$du = \frac{\partial u}{\partial x}dx + \frac{\partial u}{\partial y}dy + \frac{\partial u}{\partial z}dz.$$

求下列函数的全微分

$(1)z=\sin(xy)+\cos(x^2+y^2)$;$(2)u=x^y+y^z(x>0,y>0,z>0)$

解　$(1)\dfrac{\partial z}{\partial x}=y\cos(xy)-2x\sin(x^2+y^2)$,

$\dfrac{\partial z}{\partial y}=x\cos(xy)-2y\sin(x^2+y^2)$

从而 $dz=\dfrac{\partial z}{\partial x}dx+\dfrac{\partial z}{\partial y}dy=[y\cos(xy)-2x\sin(x^2+y^2)]dx+[x\cos(xy)$

$-2y\sin(x^2+y^2)]dy$

$(2)\dfrac{\partial u}{\partial x}=yx^{y-1},\dfrac{\partial u}{\partial y}=x^y\ln x+zy^{z-1},\dfrac{\partial u}{\partial z}=y^z\cdot\ln y$

从而　$du=\dfrac{\partial u}{\partial x}dx+\dfrac{\partial u}{\partial y}dy+\dfrac{\partial u}{\partial z}dz=yx^{y-1}dx+(x^y\ln x+zy^{z-1})dy+$

$y^z\cdot\ln y dz.$

多元函数全微分的四则运算法则,我们以二元函数为例给出如下:

如果$f(x,y)$与$g(x,y)$均可微,a,b为常数,则

$(1)d[af(x,y)+bg(x,y)]=a\cdot df(x,y)+b\cdot dg(x,y)$;

$(2)d[f(x,y)\cdot g(x,y)]=g(x,y)\cdot df(x,y)+f(x,y)\cdot dg(x,y)$;

$(3)d\left[\dfrac{f(x,y)}{g(x,y)}\right]=\dfrac{g(x,y)df(x,y)-f(x,y)dg(x,y)}{g^2(x,y)}$,$(g(x,y)\neq0)$.

求下列函数的全微分:

$(1)u=xyz$;$(2)z=\dfrac{xy}{x+y}$

解　$(1)du=d(xyz)=xy dx+xz dy+xy dz.$

$(2)dz=d\left(\dfrac{xy}{x+y}\right)=\dfrac{(x+y)d(xy)-xy d(x+y)}{(x+y)^2}$

$$=\frac{(x+y)(y dx+x dy)-xy(dx+dy)}{(x+y)^2}$$

$$=\frac{y^2}{(x+y)^2}dx+\frac{x^2}{(x+y)^2}dy$$

与一元函数微分类似,多元函数的全微分也可应用于近似计算中. 如前所述:

$$\Delta z \approx dz = f'_x(x_0,y_0)\Delta x + f'_y(x_0,y_0)\Delta y$$

从而　$f(x_0+\Delta x,y_0+\Delta y)\approx f(x_0,y_0)+f'_x(x_0,y_0)\Delta x+f'_y(x_0,$

y_0) $\Delta y.$

例 7.7 计算 $\sqrt{1.01^2 + 0.99^2}$ 的近似值.

解 令 $f(x,y) = \sqrt{x^2 + y^2}$，则 $f(1.01,0.99) = \sqrt{1.01^2 + 0.99^2}$.
取 $x_0 = 1, \Delta x = 0.01, y_0 = 1, \Delta y = -0.01.$

$$f'_x(x_0,y_0) = \frac{x}{\sqrt{x^2+y^2}}\Big|_{(1,1)} = \frac{\sqrt{2}}{2}, f'_y(x_0,y_0) = \frac{y}{\sqrt{x^2+y^2}}\Big|_{(1,1)} = \frac{\sqrt{2}}{2}$$

$$f(1.01,0.99) \approx f(1.1) + f'_x(x_0,y_0)\Delta x + f'_y(x_0,y_0)\Delta y$$

$$= \sqrt{2} + \frac{\sqrt{2}}{2} \cdot 0.01 + \frac{\sqrt{2}}{2} \cdot (-0.01) = \sqrt{2}$$

从而 $\sqrt{1.01^2 + 0.99^2} \approx \sqrt{2}.$

7.2.3 高阶偏导数与高阶全微分

1. 高阶偏导数

由于多元函数的偏导数还是多元函数. 因此，与一元函数的高阶导数类似，我们以二元函数 $z = f(x,y)$ 为例，介绍多元函数的高阶偏导数.

定义 7.6 若二元函数 $z = f(x,y)$ 在区域 D 内存在偏导数 $f'_x(x,y)$ 和 $f'_y(x,y)$. 如果它们分别关于 x 和 y 的偏导数依然存在，则称这种偏导数的偏导数为 $f(x,y)$ 的**二阶偏导数**，分别记为

$$\frac{\partial}{\partial x}\left(\frac{\partial z}{\partial x}\right) = \frac{\partial^2 z}{\partial x^2} = f''_{xx}(x,y),$$

$$\frac{\partial}{\partial y}\left(\frac{\partial z}{\partial x}\right) = \frac{\partial^2 z}{\partial x \partial y} = f''_{xy}(x,y),$$

$$\frac{\partial}{\partial x}\left(\frac{\partial z}{\partial y}\right) = \frac{\partial^2 z}{\partial y \partial x} = f''_{yx}(x,y),$$

$$\frac{\partial}{\partial y}\left(\frac{\partial z}{\partial y}\right) = \frac{\partial^2 z}{\partial y^2} = f''_{yy}(x,y),$$

其中 $f''_{xy}(x,y)$ 和 $f''_{yx}(x,y)$ 称为 $f(x,y)$ 的**二阶混合偏导数**.

类似地，可以定义三阶以至 n 阶偏导数。二阶及二阶以上的偏导数统称为**高阶偏导数**.

对于混合偏导数 $f''_{xy}(x,y)$ 与 $f''_{yx}(x,y)$ 有下述结论.

定理 7.6 若函数 $f(x,y)$ 的两个混合偏导数 $f''_{xy}(x,y)$，$f''_{yx}(x,y)$ 都在区域 D 内连续，那么这两个混合偏导数相等，即

$$f''_{xy}(x,y) = f''_{yx}(x,y), (x,y) \in D.$$

可见，满足定理 7.6 的混合偏导数其结果与求导的次序无关.

例 7.8 求下列函数的二阶偏导数

$(1) z = x^3 + 3x^2y^2 + y^3 + 6;$ $(2) z = y^x (x > 0, y > 0)$

解：$(1) \dfrac{\partial z}{\partial x} = 3x^2 + 6xy^2,$

$$\frac{\partial z}{\partial y} = 3y^2 + 6x^2 y,$$

$$\frac{\partial^2 z}{\partial x \partial y} = \frac{\partial^2 z}{\partial y \partial x} = 12xy,$$

$$\frac{\partial^2 z}{\partial x^2} = 6x + 6y^2, \frac{\partial^2 z}{\partial y^2} = 6y + 6x^2;$$

$$(2)\frac{\partial z}{\partial x} = y^x \ln y, \frac{\partial z}{\partial y} = xy^{x-1},$$

$$\frac{\partial^2 z}{\partial x \partial y} = \frac{\partial^2 z}{\partial y \partial x} = xy^{x-1}\ln y + y^{x-1},$$

$$\frac{\partial^2 z}{\partial x^2} = (\ln y)^2 \cdot y^x, \frac{\partial^2 z}{\partial y^2} = x(x-1)y^{x-2}.$$

2. 高阶全微分

对于可微的二元函数 $z = f(x,y)$，如果它的微分 $\mathrm{d}z = f'_x(x,y)\mathrm{d}x + f'_y(x,y)\mathrm{d}y$ 仍然是关于 x, y 的可微函数，则称 $\mathrm{d}z$ 的全微分 $\mathrm{d}(\mathrm{d}z)$ 为 $f(x,y)$ 的二阶全微分，记为 $\mathrm{d}^2 z$，即
$$\mathrm{d}^2 z = \mathrm{d}(\mathrm{d}z).$$

类似地，可以定义二元函数 $f(x,y)$ 的三阶全微分 $\mathrm{d}^3 z = \mathrm{d}(\mathrm{d}^2 z)$，直至 n 阶全微分 $\mathrm{d}^n z = \mathrm{d}(\mathrm{d}^{n-1}z)$。二阶及二阶以上的全微分统称为**高阶全微分**。

对于二元函数 $z = f(x,y)$，由一阶全微分 $\mathrm{d}z = \frac{\partial z}{\partial x}\mathrm{d}x + \frac{\partial z}{\partial y}\mathrm{d}y$ 知，二阶全微分
$$\mathrm{d}^2 z = \mathrm{d}(\mathrm{d}z) = \mathrm{d}\left(\frac{\partial z}{\partial x}\mathrm{d}x + \frac{\partial z}{\partial y}\mathrm{d}y\right)$$

$$= \mathrm{d}\left(\frac{\partial z}{\partial x}\right)\mathrm{d}x + \frac{\partial z}{\partial x}\mathrm{d}(\mathrm{d}x) + \mathrm{d}\left(\frac{\partial z}{\partial y}\right)\mathrm{d}y + \frac{\partial z}{\partial y}\mathrm{d}(\mathrm{d}y)$$

由于 $\mathrm{d}x, \mathrm{d}y$ 为常数，所以 $\mathrm{d}(\mathrm{d}x) = \mathrm{d}(\mathrm{d}y) = 0$，并且

$$\mathrm{d}\left(\frac{\partial z}{\partial x}\right) = \frac{\partial^2 z}{\partial x^2}\mathrm{d}x + \frac{\partial^2 z}{\partial x \partial y}\mathrm{d}y, \mathrm{d}\left(\frac{\partial z}{\partial y}\right) = \frac{\partial^2 z}{\partial y \partial x}\mathrm{d}x + \frac{\partial^2 z}{\partial y^2}\mathrm{d}y$$

由于 $z = f(x,y)$ 二阶可微，从而具有二阶连续偏导数，则 $\frac{\partial^2 z}{\partial x \partial y} = \frac{\partial^2 z}{\partial y \partial x}$，因此有

$$\mathrm{d}^2 z = \frac{\partial^2 z}{\partial x^2}\mathrm{d}x^2 + 2\frac{\partial^2 z}{\partial x \partial y}\mathrm{d}x\mathrm{d}y + \frac{\partial^2 z}{\partial y^2}\mathrm{d}y^2$$

其中，$\mathrm{d}x^2 = (\mathrm{d}x)^2, \mathrm{d}y^2 = (\mathrm{d}y)^2$。

依此类推，可以得到多元函数的其他高阶全微分形式。

求 $z = \mathrm{e}^{x^2 + y^2}$ 的二阶全微分 $\mathrm{d}^2 z$。

解　$\frac{\partial z}{\partial x} = 2x\mathrm{e}^{x^2 + y^2}, \frac{\partial z}{\partial y} = 2y\mathrm{e}^{x^2 + y^2}, \frac{\partial^2 z}{\partial x \partial y} = 4xy\mathrm{e}^{x^2 + y^2}$

$$\frac{\partial^2 z}{\partial x^2} = 2e^{x^2+y^2} + 4x^2 e^{x^2+y^2}, \frac{\partial^2 z}{\partial y^2} = 2e^{x^2+y^2} + 4y^2 e^{x^2+y^2}$$

从而

$$d^2 z = \frac{\partial^2 z}{\partial x^2}dx^2 + 2\frac{\partial^2 z}{\partial x \partial y}dxdy + \frac{\partial^2 z}{\partial y^2}dy^2$$
$$= 2e^{x^2+y^2}(1+2x^2)dx^2 + 8xye^{x^2+y^2}dxdy + 2e^{x^2+y^2}(1+2y^2)dy^2.$$

练习 7.2

1. 求下列函数的偏导数:

$(1) z = \ln\sqrt{1+x^2+y^2}$; $(2) u = xy + xz + yz$;

$(3) z = x^{\ln y}$; $(4) z = \arctan\dfrac{x-y}{x+y}$;

$(5) z = e^{xy} + \sin^2(xy)$; $(6) u = \arcsin\sqrt{x^2+y^2+z^2}$.

2. 求下列函数的全微分:

$(1) z = e^{\frac{y}{x}}$; $(2) z = \sin(x^2+y^2)$;

$(3) z = \dfrac{x+y}{1+x}$; $(4) z = \sin\dfrac{y}{x} + \cos\dfrac{y}{x}$.

3. 求下列近似值:

$(1) 1.01^{3.99}$; $(2) \sqrt{1.01^{1.99} + \ln 1.01}$.

4. 求下列函数的二阶偏导数:

$(1) z = xy\ln(xy)$, 求 $\dfrac{\partial^2 z}{\partial x^2}$ 和 $\dfrac{\partial^2 z}{\partial y^2}$;

$(2) z = xy\sin(x^2+y^2)$, 求 $\dfrac{\partial^2 z}{\partial x \partial y}$.

7.3 多元复合函数与多元隐函数的求导法则

本节我们讨论多元复合函数和多元隐函数的求偏导方法.

7.3.1 多元复合函数的求导法则

定理7.7 设函数 $z = f(u,v)$ 在点 (u,v) 处可微, 而函数 $u = u(x,y), v = v(x,y)$ 在点 (x,y) 处的偏导数存在, 则复合函数 $z = f[u(x,y),v(x,y)]$ 在点 (x,y) 处偏导数存在, 且有如下求偏导公式:

$$\frac{\partial z}{\partial x} = \frac{\partial z}{\partial u} \cdot \frac{\partial u}{\partial x} + \frac{\partial z}{\partial v} \cdot \frac{\partial v}{\partial x}, \frac{\partial z}{\partial y} = \frac{\partial z}{\partial u} \cdot \frac{\partial u}{\partial y} + \frac{\partial z}{\partial v} \cdot \frac{\partial v}{\partial y}$$

定理 7.7 中的公式也称为多元复合函数求导的**链式法则**.

由于多元函数的复合形式多种多样, 读者必须能够区分复合函数中哪些是自变量, 哪些是中间变量, 以及各变量之间的关系, 这样依据链式法则才会正确计算出复合函数的偏导数.

例如, $z=f(u,v)$, $u=u(x,y)$, $v=v(x)$, 则 $z=f[u(x,y),v(x)]$ 的链式法则为

$$\frac{\partial z}{\partial x}=\frac{\partial z}{\partial u}\cdot\frac{\partial u}{\partial x}+\frac{\partial z}{\partial v}\cdot\frac{\mathrm{d}v}{\mathrm{d}x},\frac{\partial z}{\partial y}=\frac{\partial z}{\partial u}\cdot\frac{\partial u}{\partial y},$$

此种情形下,各变量之间的关系如图 7-4 所示.

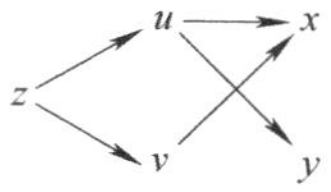

图　7-4

再如, $z=f(u,v,w)$, $u=u(t)$, $v=v(t)$, $w=w(t)$ 则 $z=f[u(t),v(t),w(t)]$ 的链式法则为

$$\frac{\mathrm{d}z}{\mathrm{d}t}=\frac{\partial z}{\partial u}\cdot\frac{\mathrm{d}u}{\mathrm{d}t}+\frac{\partial z}{\partial v}\cdot\frac{\mathrm{d}v}{\mathrm{d}t}+\frac{\partial z}{\partial w}\cdot\frac{\mathrm{d}w}{\mathrm{d}t}$$

此种情形下,各变量之间的关系如图 7-5 所示.

图　7-5

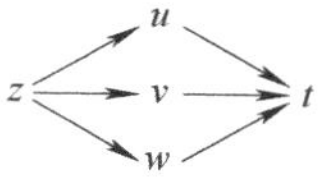

由上述多元复合函数的关系图可知,链式法则中,因变量到自变量有几条“路径”,链式法则公式中就有几部分加和,路径内部有几个“阶段”,则各阶段之间以乘号相连.

设 $z=u^2\sin v$, $u=xy$, $v=x+y$, 求 $\frac{\partial z}{\partial x}$ 和 $\frac{\partial z}{\partial y}$

解　方法一　由链式法则知

$$\begin{aligned}\frac{\partial z}{\partial x}&=\frac{\partial z}{\partial u}\cdot\frac{\partial u}{\partial x}+\frac{\partial z}{\partial v}\cdot\frac{\partial v}{\partial x}\\&=2u\sin v\cdot y+u^2\cos v\cdot 1\\&=2xy^2\sin(x+y)+x^2y^2\cos(x+y)\end{aligned}$$

$$\begin{aligned}\frac{\partial z}{\partial y}&=\frac{\partial z}{\partial u}\cdot\frac{\partial u}{\partial y}+\frac{\partial z}{\partial v}\cdot\frac{\partial v}{\partial y}=2u\sin v\cdot x+u^2\cos v\cdot 1\\&=2x^2y\sin(x+y)+x^2y^2\cos(x+y)\end{aligned}$$

方法二　由已知 $z=x^2y^2\sin(x+y)$

$$\frac{\partial z}{\partial x}=2xy^2\sin(x+y)+x^2y^2\cos(x+y)$$

$$\frac{\partial z}{\partial y}=2x^2y\sin(x+y)+x^2y^2\cos(x+y)$$

设 $z=f(u,v)$ 可微,且 f 具有二阶连续偏导数,求 $z=f(x^2+y^2,xy)$ 的二阶偏导数 $\frac{\partial^2 z}{\partial x\partial y}$.

解　在 $z=f(x^2+y^2,xy)$ 中,令 $u=x^2+y^2$, $v=xy$, 由复合函数的链式法则知

$$\frac{\partial z}{\partial x}=\frac{\partial f}{\partial u}\cdot\frac{\partial u}{\partial x}+\frac{\partial f}{\partial v}\cdot\frac{\partial v}{\partial x}=2xf'_1(x^2+y^2,xy)+yf'_2(x^2+y^2,xy)$$

$$\begin{aligned}\frac{\partial^2 z}{\partial x\partial y}&=2xf''_{11}\cdot 2y+2xf''_{12}\cdot x+f'_2+yf''_{21}\cdot 2y+yf''_{22}\cdot x\\&=4xyf''_{11}+2(x^2+y^2)f''_{12}+f'_2+xyf''_{22}\end{aligned}$$

注意　$f'_1(x^2+y^2,xy)$ 表示 $f(u,v)$ 中关于第一个变量 u 求偏导数, $f''_{11}(x^2+y^2,xy)$ 表示 $f'_1(u,v)$ 中关于第一个变量 u 求偏导数,其余偏导数和二阶偏导数有类似含义. 通常书写方便将 $f'_1(x^2+y^2,xy)$ 直接写为 f'_1, 同理 f'_2, f''_{12} 及 f''_{22} 也是相应复合函数的简写形式.

根据复合函数的链式法则,对于可微函数 $z = f(u,v)$,其中 $u = u(x,y)$,$v = v(x,y)$ 均可微. 由全微分定义知

$$dz = \frac{\partial z}{\partial u}du + \frac{\partial z}{\partial v}dv$$

进一步地,对于 $u = u(x,y)$ 　 $du = \frac{\partial u}{\partial x}dx + \frac{\partial u}{\partial y}dy.$

对于 $v = v(x,y)$ 　 $dv = \frac{\partial v}{\partial x}dx + \frac{\partial v}{\partial y}dy.$

从而 $\quad dz = \frac{\partial z}{\partial u}\left(\frac{\partial u}{\partial x}dx + \frac{\partial u}{\partial y}dy\right) + \frac{\partial z}{\partial v}\left(\frac{\partial v}{\partial x}dx + \frac{\partial v}{\partial y}dy\right)$

$$= \left(\frac{\partial z}{\partial u} \cdot \frac{\partial u}{\partial x} + \frac{\partial z}{\partial v} \cdot \frac{\partial v}{\partial x}\right)dx + \left(\frac{\partial z}{\partial u} \cdot \frac{\partial u}{\partial y} + \frac{\partial z}{\partial v} \cdot \frac{\partial v}{\partial y}\right)dy$$

$$= \frac{\partial z}{\partial x}dx + \frac{\partial z}{\partial y}dy$$

可见,$dz = \frac{\partial z}{\partial u}du + \frac{\partial z}{\partial v}dv = \frac{\partial z}{\partial x}dx + \frac{\partial z}{\partial y}dy.$ 即不论 u,v 是自变量还是中间变量,全微分形式不变. 这便是多元函数**一阶全微分形式的不变性**.

例 7.12 求二元函数 $y = xy\ln(x+y)$ 的全微分和偏导数

解 $\quad dz = \ln(x+y)d(xy) + xy \cdot d[\ln(x+y)]$

$$= \ln(x+y)(xdy + ydx) + xy \cdot \frac{1}{x+y}(dx + dy)$$

$$= \left[y\ln(x+y) + \frac{xy}{x+y}\right]dx + \left[x\ln(x+y) + \frac{xy}{x+y}\right]dy$$

由一阶全微分的形式不变性得

$$\frac{\partial z}{\partial x} = y\ln(x+y) + \frac{xy}{x+y},\quad \frac{\partial z}{\partial y} = x\ln(x+y) + \frac{xy}{x+y}$$

7.3.2 多元隐函数的求导法则

本部分给出一元和二元隐函数的求导公式.

1. 一元隐函数 $F(x,y) = 0$

定理 7.8 设二元函数 $F(x,y)$ 在 $P_0(x_0, y_0)$ 的某一邻域内具有连续的偏导数,且

$$F(x_0, y_0) = 0,\quad F'_y(x_0, y_0) \neq 0.$$

则方程 $F(x,y) = 0$ 在 x_0 的某一邻域内能唯一地确定一个具有连续导数的函数 $y = f(x)$,它满足条件 $y_0 = f(x_0)$,且有

$$\frac{dy}{dx} = -\frac{F'_x}{F'_y}.$$

上式即为隐函数的求导公式.

对于上式可进行如下分析:将 $y = f(x)$ 代入方程 $F(x,y) = 0$,得恒等式 $F[x, f(x)] \equiv 0.$ 由 $F(x,y)$ 的可微性,知 $dF[x, f(x)] =$

$$\frac{\partial F}{\partial x}\mathrm{d}x + \frac{\partial F}{\partial y}\mathrm{d}y = 0,当 F'_y \neq 0 时,有\frac{\mathrm{d}y}{\mathrm{d}x} = -\frac{F'_x}{F'_y}.$$

求由方程 $\sin y + \mathrm{e}^x - xy^2 = 0$ 所确定的隐函数 $y = f(x)$ 的导数 $\dfrac{\mathrm{d}y}{\mathrm{d}x}$.

解　方法一　令 $F(x,y) = \sin y + \mathrm{e}^x - xy^2$,则

$$F'_x = \mathrm{e}^x - y^2,\quad F'_y = \cos y - 2xy$$

因此　　　　　　　$$\frac{\mathrm{d}y}{\mathrm{d}x} = -\frac{F'_x}{F'_y} = \frac{y^2 - \mathrm{e}^x}{\cos y - 2xy},$$

方法二　对方程 $\sin y + \mathrm{e}^x - xy^2 = 0$ 两边求全微分,得

$$\cos y\,\mathrm{d}y + \mathrm{e}^x\,\mathrm{d}x - y^2\,\mathrm{d}x - 2xy\,\mathrm{d}y = 0$$

$$(\cos y - 2xy)\,\mathrm{d}y = (y^2 - \mathrm{e}^x)\,\mathrm{d}x,$$

因此　　　　　　　$$\frac{\mathrm{d}y}{\mathrm{d}x} = \frac{y^2 - \mathrm{e}^x}{\cos y - 2xy}.$$

方法三　将 y 视为 x 的函数,对方程 $\sin y + \mathrm{e}^x - xy^2 = 0$ 两边关于 x 求导,得

$$\cos y \cdot y' + \mathrm{e}^x - y^2 - 2xy \cdot y' = 0$$

因此,　　　　　　　$$y' = \frac{y^2 - \mathrm{e}^x}{\cos y - 2xy}.$$

2. 二元隐函数 $F(x,y,z) = 0$

设 $F(x,y,z)$ 在 $P_0(x_0,y_0,z_0)$ 的某一邻域内具有连续的偏导数,且

$$F(x_0,y_0,z_0) = 0,\quad F'_z(x_0,y_0,z_0) \neq 0,$$

则方程 $F(x,y,z) = 0$ 在点 (x_0,y_0) 的某一邻域内可唯一地确定一个具有连续偏导数的函数 $z = f(x,y)$,它满足条件 $z_0 = f(x_0,y_0)$,且有

$$\frac{\partial z}{\partial x} = -\frac{F'_x}{F'_z}\quad \frac{\partial z}{\partial y} = -\frac{F'_y}{F'_z}.$$

因为 $F[x,y,f(x,y)] \equiv 0$,对等式两边分别关于 x 和 y 求偏导,由复合函数求导链式法则知

$$F'_x + F'_z \cdot \frac{\partial z}{\partial x} = 0,\quad F'_y + F'_z \frac{\partial z}{\partial y} = 0.$$

当 $F'_z \neq 0$ 时,有

$$\frac{\partial z}{\partial x} = -\frac{F'_x}{F'_z},\quad \frac{\partial z}{\partial y} = -\frac{F'_y}{F'_z}.$$

设由方程 $x + 2y + z = \mathrm{e}^{x-y-z}$ 确定的隐函数为 $z = z(x,y)$,求 $\dfrac{\partial^2 z}{\partial x \partial y}$.

解　令 $F(x,y,z) = x + 2y + z - \mathrm{e}^{x-y-z}$,则

$$F'_x = 1 - e^{x-y-z}, F'_y = 2 + e^{x-y-z}, F'_z = 1 + e^{x-y-z}$$

从而　　$\dfrac{\partial z}{\partial x} = -\dfrac{F'_x}{F'_z} = \dfrac{e^{x-y-z}-1}{1+e^{x-y-z}} = 1 - \dfrac{2}{1+x+2y+z}$,

$$\dfrac{\partial z}{\partial y} = -\dfrac{F'_y}{F'_z} = \dfrac{-(2+e^{x-y-z})}{1+e^{x-y-z}} = -1 - \dfrac{1}{1+x+2y+z}$$

$$\dfrac{\partial^2 z}{\partial x \partial y} = \dfrac{2\left(2+\dfrac{\partial z}{\partial y}\right)}{(1+x+2y+z)^2} = \dfrac{2(x+2y+z)}{(1+x+2y+z)^3}$$

例7.15　设有隐函数 $F\left(\dfrac{y}{z}, \dfrac{x}{z}\right) = 0$,其中 F 具有连续的偏导数,求 dz.

解　由 $F\left(\dfrac{y}{z}, \dfrac{x}{z}\right) = 0$ 知

$$F'_x = F'_2 \cdot \dfrac{1}{z}, F'_y = F'_1 \cdot \dfrac{1}{z}$$

$$F'_z = -\dfrac{y}{z^2}F'_1 - \dfrac{x}{z^2}F'_2$$

从而　　$\dfrac{\partial z}{\partial x} = -\dfrac{F'_x}{F'_z} = \dfrac{zF'_2}{xF'_2 + yF'_1}$

$$\dfrac{\partial z}{\partial y} = -\dfrac{F'_y}{F'_z} = \dfrac{zF'_1}{xF'_2 + yF'_1}$$

所以　　$\mathrm{d}z = \dfrac{\partial z}{\partial x}\mathrm{d}x + \dfrac{\partial z}{\partial y}\mathrm{d}y = \dfrac{z}{xF'_2 + yF'_1}(F'_2\mathrm{d}x + F'_1\mathrm{d}y)$

练习7.3

1. 求解下列问题:

(1) $z = \sin(x-y)\,e^{x+y}$, 求 $\dfrac{\partial z}{\partial x}, \dfrac{\partial z}{\partial y}$;

(2) $z = u^2 \ln v, u = xy, v = x^2 + y^2$, 求 $\dfrac{\partial z}{\partial x}, \dfrac{\partial z}{\partial y}$ 及 $\dfrac{\partial^2 z}{\partial x \partial y}$;

(3) $z = e^{x-2y}, x = \sin t, y = t^3$, 求 $\dfrac{\mathrm{d}z}{\mathrm{d}t}$;

(4) $u = e^{x^2+y^2+z^2}, z = \sqrt{xy}$, 求 $\dfrac{\partial u}{\partial x}$ 和 $\dfrac{\partial^2 u}{\partial x \partial y}$

2. 设 $f(u,v)$ 具有二阶连续偏导数,$z = f\left(xy, \dfrac{y}{x}\right)$, 求 $\dfrac{\partial^2 z}{\partial x^2}$, $\dfrac{\partial^2 z}{\partial x \partial y}, \dfrac{\partial^2 z}{\partial y^2}$.

3. 设 $u = f(x+y+z, xyz)$,f 具有二阶连续偏导数,求 $\dfrac{\partial^2 u}{\partial x \partial y}, \dfrac{\partial^2 u}{\partial y \partial z}$

4. 设 $y = f(x)$ 由方程 $y^x = x^y$ 所确定,求 $\dfrac{\mathrm{d}y}{\mathrm{d}x}$.

5. 设 $z = z(x, y)$ 由方程 $xy\sin z = 2z$ 所确定,求全微分 $\mathrm{d}z$.

6. 设 $z = z(x, y)$ 由方程 $\mathrm{e}^z - xy^2z^3 = 1$ 所确定,

求 $\dfrac{\partial z}{\partial x}\bigg|_{(1,1,0)}, \dfrac{\partial z}{\partial y}\bigg|_{(1,1,0)}$.

7. 设 $z = z(x, y)$ 由 $2z + y^2 = \displaystyle\int_0^{x+y-z} \cos t^2 \,\mathrm{d}t$ 所确定,求 $\dfrac{\partial z}{\partial x}, \dfrac{\partial z}{\partial y}$.

8. 设 $u = x^2 + y^2 + z^2$,其中 $z = z(x, y)$ 是由方程 $f\left(x + \dfrac{z}{y}, y + \dfrac{z}{x}\right) = 0$ 所确定的可导函数,$f(u, v)$ 是可微函数,求 $\dfrac{\partial u}{\partial x}, \dfrac{\partial u}{\partial y}$.

7.4　多元函数的极值与最值

本节我们以二元函数为研究对象,分析函数的无条件极值、条件极值以及最值问题.

7.4.1　多元函数的无条件极值

二元函数的极值概念与一元函数类似,由定义 7.8 给出.

定义 7.8　设二元函数 $z = f(x, y)$ 在 $P_0(x_0, y_0)$ 的某个邻域内有定义. 如果对于邻域内的任意点 (x, y),满足

$$f(x, y) \leqslant f(x_0, y_0)\,(\text{或 } f(x, y) \geqslant f(x_0, y_0))$$

则称函数 $f(x, y)$ 在点 $P_0(x_0, y_0)$ 处取**极大值**(或极小值),并称 $P_0(x_0, y_0)$ 点为 $f(x, y)$ 的**极大值点**(或**极小值点**). 函数 $f(x, y)$ 的极大值与极小值统称为**极值**,极大值点与极小值点统称为**极值点**.

例如,椭圆抛物面 $z = \dfrac{x^2}{a^2} + \dfrac{y^2}{b^2}$(见图 7-6a)在 $(0,0)$ 取得极小值 0,同时该点也最小值点;而对于双曲抛物面 $z = \dfrac{x^2}{a^2} - \dfrac{y^2}{b^2}$(见图 7-6b),$(0,0)$ 点不是该函数的极值点,因为在 $(0,0)$ 点的任意小邻域内,既有使得 $z > 0$ 的点,又有使得 $z < 0$ 的点.

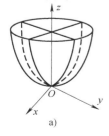
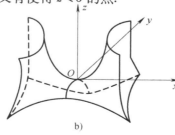

图　7-6

那么,二元函数的极值点应满足怎样的条件,什么样的点是二元函数的极值点?下面我们介绍二元函数取极值的必要条件和充分条件.

定理 7.10 (极值存在的必要条件)若函数 $z = f(x,y)$ 在点 $P_0(x_0,y_0)$ 处的一阶偏导数存在,并且 $P_0(x_0,y_0)$ 为该函数的极值点,则必有

$$f'_x(x_0,y_0) = 0, \quad f'_y(x_0,y_0) = 0.$$

证明 不妨设 $z = f(x,y)$ 在 $P_0(x_0,y_0)$ 点取得极大值. 由定义 7.8 知,存在 $P_0(x_0,y_0)$ 点的某个邻域,使得邻域中的任意点 $P(x,y)$,有 $f(x,y) \leqslant f(x_0,y_0)$. 特别地,固定 $y = y_0$,则

$$f(x,y_0) \leqslant f(x_0,y_0)$$

即一元函数 $f(x,y_0)$ 在 $x = x_0$ 点处取极大值. 由一元函数取极值的必要条件可知

$$f'_x(x_0,y_0) = 0,$$

同理可证

$$f'_y(x_0,y_0) = 0.$$

通常,称满足条件 $f'_x(x,y) = 0, f'_y(x,y) = 0$ 的点为 $z = f(x,y)$ 的**驻点**.

极值点可能是驻点,也可能是一阶偏导数不存在的点. 例如,对于函数 $z = -\sqrt{x^2 + y^2}$,在 $(0,0)$ 点取极大值,但函数在该点的一阶偏导数不存在. 此外,驻点也可能不是极值点,上面提到的 $z = \dfrac{x^2}{a^2} - \dfrac{y^2}{b^2}$,$(0,0)$ 点是驻点,但不是该函数的极值点.

如何判定一个驻点是否是极值点?我们有如下充分性定理.

定理 7.11 (极值存在的充分条件)设函数 $z = f(x,y)$ 在点 $P_0(x_0,y_0)$ 的某邻域内连续且存在二阶连续偏导数,$P_0(x_0,y_0)$ 为函数的驻点,即

$$f'_x(x_0,y_0) = 0, \quad f'_y(x_0,y_0) = 0,$$

记 $A = f''_{xx}(x_0,y_0), \quad B = f''_{xy}(x_0,y_0), \quad C = f''_{yy}(x_0,y_0),$ 则

(1)当 $B^2 - AC < 0$ 时,$P_0(x_0,y_0)$ 是 $f(x,y)$ 的极值点,并且当 $A > 0$ 时,$P_0(x_0,y_0)$ 是 $f(x,y)$ 的极小值点,$A < 0$ 时,$P_0(x_0,y_0)$ 是 $f(x,y)$ 的极大值点;

(2)当 $B^2 - AC > 0$ 时,$P_0(x_0,y_0)$ 不是 $f(x,y)$ 的极值点;

(3)当 $B^2 - AC = 0$ 时,$P_0(x_0,y_0)$ 是否是极值点需要另行讨论.

例 7.16 求函数 $f(x,y) = x^3 - y^3 + 3x^2 + 3y^2 + 9y - 5$ 的极值点和极值.

解　先求函数的驻点,解方程组

$$\begin{cases} f'_x(x,y) = 3x^2 + 6x = 0, \\ f'_y(x,y) = -3y^2 + 6y + 9 = 0. \end{cases}$$

求得四个驻点 $P_1(0,3)$,$P_2(0,-1)$,$P_3(-2,3)$,$P_4(-2,-1)$.

再求 $f(x,y)$ 的二阶偏导数,得

$$f''_{xx}(x,y) = 6x + 6, f''_{xy}(x,y) = 0, f''_{yy}(x,y) = -6y + 6.$$

在点 $P_1(0,3)$ 处,有 $A = 6$,$B = 0$,$C = -12$,$B^2 - AC = 72 > 0$,因此点 $P_1(0,3)$ 不是 $f(x,y)$ 的极值点;

在点 $P_2(0,-1)$ 处,有 $A = 6$,$B = 0$,$C = 12$,$B^2 - AC = -72 < 0$,又 $A = 6 > 0$,$P_2(0,-1)$ 是 $f(x,y)$ 的极小值点,极小值为 $f(0,-1) = -10$;

在点 $P_3(-2,3)$ 处,有 $A = -6$,$B = 0$,$C = -12$,$B^2 - AC = -72 < 0$,又 $A = -6 < 0$,从而 $P_3(-2,3)$ 是 $f(x,y)$ 的极大值点,极大值为 $f(-2,3) = 26$;

在点 $P_4(-2,-1)$ 处,有 $A = -6$,$B = 0$,$C = 12$,$B^2 - AC = 72 > 0$,$P_4(-2,-1)$ 不是 $f(x,y)$ 的极值点.

综上可知,$f(x,y) = x^3 - y^3 + 3x^2 + 3y^2 + 9y - 5$ 有一个极小值点 $P_2(0,-1)$,极小值为 -10;有一个极大值点 $P_3(-2,3)$,极大值为 26.

7.4.2　多元函数的条件极值与最值

上述极值问题,多元函数未受其他限制,通常称为无条件极值.在实际求极值(或最值)时,自变量的取值往往附加一定的约束条件,对于这类带有约束条件的极值称为**条件极值**. 以下我们讨论在等式约束条件下的条件极值的求解问题.

求解条件极值通常有两种方法,一是**代入法**:即若约束条件 $\varphi(x,y) = 0$ 能解出显函数 $x = x(y)$ 或 $y = y(x)$,将其代入要讨论的二元函数 $f(x,y)$(又称目标函数)中,则变为一元函数,从而化成了一元函数的极值问题;二是**拉格朗日乘数法**:若约束条件 $\varphi(x,y) = 0$ 难以解出显函数,则采用本方法,以下我们给出本方法的具体分析步骤.

用拉格朗日乘数法求 $z = f(x,y)$ 在条件 $\varphi(x,y) = 0$ 下的极值,其一般步骤如下:

(1)构造拉格朗日函数

$$L(x,y,\lambda) = f(x,y) + \lambda\varphi(x,y),$$

其中 λ 为待定常数,称为拉格朗日乘数.

(2)解方程组

$$\begin{cases} L'_x(x,y,\lambda) = f'_x(x,y) + \lambda\varphi'_x(x,y) = 0, \\ L'_y(x,y,\lambda) = f'_y(x,y) + \lambda\varphi'_y(x,y) = 0, \\ L'_\lambda(x,y,\lambda) = \varphi(x,y) = 0. \end{cases}$$

　　求拉格朗日函数 $L(x,y,\lambda)$ 的驻点 (x_0,y_0,λ_0)，则 (x_0,y_0) 为 $f(x,y)$ 的驻点，进而根据问题的实际意义进行判别.

　　$L(x,y,\lambda)$ 的极值一定是 $z=f(x,y)$ 在条件 $\varphi(x,y)=0$ 下的极值.

　　不妨设 $L(x,y,\lambda)$ 在 (x_0,y_0,λ_0) 处取得极大值.

　　则在 (x_0,y_0,λ_0) 的某一邻域内，有
$$L(x,y,\lambda) \leqslant L(x_0,y_0,\lambda_0),$$
即
$$f(x,y) + \lambda\varphi(x,y) \leqslant f(x_0,y_0) + \lambda_0\varphi(x_0,y_0).$$
由 $\varphi(x,y)=0$ 知，$\varphi(x_0,y_0)=0$，从而有
$$f(x,y) \leqslant f(x_0,y_0).$$
即 $f(x,y)$ 在 (x_0,y_0) 处取得条件 $\varphi(x,y)=0$ 下的极大值. 同理对于极小值结论亦成立.

　　对于其他多元函数及多个约束条件的情形，可构造相应的拉格朗日函数.

　　例如，求函数 $u=f(x,y,z)$ 在约束条件 $\varphi_1(x,y,z)=0$ 和 $\varphi_2(x,y,z)=0$ 下的极值

　　构造拉格朗日函数为
$$L(x,y,z,\lambda_1,\lambda_2) = f(x,y,z) + \lambda_1\varphi_1(x,y,z) + \lambda_2\varphi_2(x,y,z)$$

解方程组 $\begin{cases} L'_x = f'_x + \lambda_1\varphi'_{1x} + \lambda_2\varphi'_{2x} = 0, \\ L'_y = f'_y + \lambda_1\varphi'_{1y} + \lambda_2\varphi'_{2y} = 0, \\ L'_z = f'_z + \lambda_1\varphi'_{1z} + \lambda_2\varphi'_{2z} = 0, \\ L'_{\lambda_1} = \varphi_1(x,y,z) = 0, \\ L'_{\lambda_2} = \varphi_2(x,y,z) = 0. \end{cases}$

得函数 $u=f(x,y,z)$ 的驻点.

例 7.17　将长度为 24m 的铁丝分成两段，分别围成长方形和正方形，求长方形与正方形面积之和的最大值.

　　解　设长方形的长和宽分别为 x,y，正方形的边长为 z. 由题意可知，长方形与正方形面积之和为
$$s = f(x,y,z) = xy + z^2$$
并且 x,y,z 满足
$$2(x+y) + 4z = 24.$$
　　即
$$x + y + 2z = 12$$
构造拉格朗日函数
$$L(x,y,z,\lambda) = xy + z^2 + \lambda(x+y+2z-12)$$

解方程组 $\begin{cases} L'_x = y + \lambda = 0 \\ L'_y = x + \lambda = 0 \\ L'_z = 2z + 2\lambda = 0 \\ L'_\lambda = x + y + 2z - 12 = 0 \end{cases}$

得驻点$(x_0,y_0,z_0,\lambda_0)=(3,3,3,-3)$

因此$f(x,y,z)$在约束条件$x+y+2z=12$下有唯一驻点$(x_0,y_0,z_0)=(3,3,3)$. 由问题的实际意义知,面积之和的最大值必存在,又驻点唯一,因此驻点$(3,3,3)$为最大值点,面积之和的最大值为18平方米.

例题 某公司投资甲、乙个项目,已知收益R与投资额之间关系如下:

$R=30+12x+16y-2xy-x^2-2y^2$,其中$x,y$分别为甲、乙两个项目的投资额.

求(1)在投资额不限的情况下,求最优投资策略;

(2)若限定投资额为3(单位:千万元),求相应的最优投资策略.

解 公司的利润函数为
$$F=R-C=30+12x+16y-2xy-x^2-2y^2-x-y.$$

(1)$\dfrac{\partial F}{\partial x}=11-2y-2x=0$,$\dfrac{\partial F}{\partial y}=15-2x-4y=0$　解得 $x=\dfrac{7}{2}$,$y=2$.

因为驻点唯一,且由问题的实际意义知,最大利润是存在的,因此驻点$\left(\dfrac{7}{2},2\right)$为利润函数$F$的最大值点,即最优投资策略是:对甲、乙两项目的投资额分别为$\dfrac{7}{2}$千万元和2千万元.

(2)根据题意可归结为求函数$F(x,y)=30+12x+16y-2xy-x^2-2y^2-x-y$在约束条件$x+y=3$下的最大值. 作拉格朗日函数
$$L(x,y,\lambda)=30+12x+16y-2xy-x^2-2y^2-x-y+\lambda(x+y-3),$$
$$\begin{cases} L'_x=11-2y-2x+\lambda=0, \\ L'_y=15-2x-4y+\lambda=0, \\ L'_\lambda=x+y-3=0. \end{cases}$$

解得　$x=1,y=2,\lambda=-5$.

因为驻点唯一,且由问题的实际意义知,最大利润是存在的,因此驻点$(1,2)$为利润的最大值点,即最优投资策略是:对甲、乙两项目的投资额分别为1千万元和2千万元.

① 多元函数在无界区域上的最值,其求解方法如下:

求解函数的驻点,通常根据唯一的驻点,且由实际问题的实际意义判定.

② 多元函数在有界区域D上的最值,其求解的方法如下:

将函数在区域D内的所有驻点处的函数值及在D的边界上的最大值和最小值相比较,其中最大者即为最大值,最小者即为最小值.

注意 由上述例题可知,多元函数的最值问题可从以下两个方面考虑:

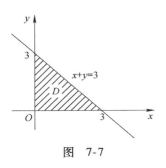

图　7-7

例 7.19　求二元函数 $z = x^2 + y^2 - x - y - xy$，在直线 $x + y = 3$，x 轴，y 轴所围成的闭区域 D 上的最值.

解　如图 7-7 所示，先求函数在 D 内的驻点
$$\begin{cases} z'_x = 2x - 1 - y = 0 \\ z'_y = 2y - 1 - x = 0 \end{cases}$$

得区域 D 内唯一驻点 $(1,1)$，且 $z(1,1) = -1$

再求 z 在 D 边界上的驻点及对应函数值.

在 y 轴上，$x = 0$，$z = y^2 - y$，$\dfrac{\mathrm{d}z}{\mathrm{d}y} = 2y - 1 = 0$，解得 $y = \dfrac{1}{2}$，在点 $\left(0, \dfrac{1}{2}\right)$ 处，$z\left(0, \dfrac{1}{2}\right) = -\dfrac{1}{4}$；

在 x 轴上，$y = 0$，$z = x^2 - x$，$\dfrac{\mathrm{d}z}{\mathrm{d}x} = 2x - 1 = 0$，解得 $x = \dfrac{1}{2}$，在点 $\left(\dfrac{1}{2}, 0\right)$ 处，$z\left(\dfrac{1}{2}, 0\right) = -\dfrac{1}{4}$；

在 $x + y = 3$ 上，将 $y = 3 - x$ 代入函数 z，得 $z = 3x^2 - 9x + 6$，$\dfrac{\mathrm{d}z}{\mathrm{d}x} = 6x - 9 = 0$，解得 $x = \dfrac{3}{2}$. 在点 $\left(\dfrac{3}{2}, \dfrac{3}{2}\right)$ 处，$z\left(\dfrac{3}{2}, \dfrac{3}{2}\right) = -\dfrac{3}{4}$

又 $z(0,0) = 0$，$z(3,0) = 6$，$z(0,3) = 6$.

综上可知，最大值点为 $(0,3)$ 和 $(3,0)$，最大值为 6；最小值点为 $(1,1)$，最小值为 -1.

练习 7.4

1. 求下列函数的极值，并判断是极大值还是极小值.

(1) $f(x, y) = 2xy - 3x^3 - 2y^2 + 1$；

(2) $f(x, y) = x^3 - 4x^2 + 2xy - y^2$；

(3) $f(x, y) = e^{2x}(x + y^2 + 2y)$；

(4) $f(x, y) = y^2 - x^2 - 6x - 12y$.

2. 设 D 是由直线 $y = \dfrac{1}{4}x$，$x = 1$，x 轴围成的闭区域，求 $f(x, y) = x + xy - x^2 - y^2$ 在 D 上的最大值和最小值.

3. 在 xOy 平面上求一点，使它到 $x = 0$，$y = 0$ 及 $x + 2y = 16$ 三条直线的距离平方之和最小.

4. 某公司生产甲、乙两种产品，固定成本为 20000（元），甲、乙两种产品产量分别为 x（件）和 y（件），相应边际成本分别为 $10 + x$ 和 $6 + \dfrac{y}{2}$.

(1) 写出生产甲、乙两种产品的总成本函数 $C(x, y)$.

(2) 若甲、乙两种产品总产量为 100（件），为使总成本最小，甲、

乙应各生产多少件产品？总成本最少为多少元？

7.5　二重积分

本节我们讨论以二元函数$f(x,y)$为被积函数的积分问题——二重积分.

7.5.1　二重积分的概念与性质

1. 曲顶柱体的体积

所谓曲顶柱体指以xOy平面上的有界闭区域D为底,以曲面$z=f(x,y)$为顶,其中,$z=f(x,y)$为定义在区域D上的非负连续函数,D的边界曲线为准线,母线平行于z轴的柱面形成的立体.(如图7-8所示).

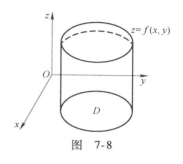

图　7-8

由初等几何可知.

$$平顶柱体体积 = 底面积 \times 高(常量)$$

这一公式无法直接求解上述曲顶柱体体积,原因在于曲顶柱体的高$f(x,y)$会随着点$(x,y)\in D$的不同而变化. 那么,如何求解曲顶柱体体积? 对此,我们用积分的思想来解决这一问题. 具体步骤如下:

(1)分割

把区域D分割成n个小区域$\Delta\sigma_1,\Delta\sigma_2,\cdots,\Delta\sigma_n$,并用$\Delta\sigma_i$表示第$i$个小区域的面积,作以这些小区域的边界曲线为准线,母线平行于z轴的柱面,将曲顶柱体分成n个小曲顶柱体(如图7-9所示).

(2)近似

在每一个$\Delta\sigma_i$中任取一点(ξ_i,η_i),将对应的小曲顶柱体的体积用同底(以$\Delta\sigma_i$为底),高为$f(\xi_i,\eta_i)$的平顶柱体体积近似,即

$$\Delta V_i \approx f(\xi_i,\eta_i)\Delta\sigma_i \quad (i=1,2,\cdots,n)$$

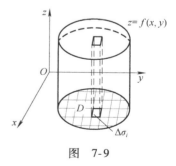

图　7-9

(3)求和

将n个小曲顶柱体的体积加和,便可得到整个曲顶柱体的体积,同时其近似值为

$$V = \sum_{i=1}^{n} \Delta V_i \approx \sum_{i=1}^{n} f(\xi_i,\eta_i)\Delta\sigma_i$$

(4)取极限

令$\lambda = \max_{1\leqslant i\leqslant n}\{d(\Delta\sigma_i)\}$,其中$d(\Delta\sigma_i)$表示$\Delta\sigma_i$中任意两点间距离的最大值,即$\Delta\sigma_i$的直径. 当$\lambda\to 0$时,也就是对区域$D$无限细分时,和式$\sum_{i=1}^{n} f(\xi_i,\eta_i)\Delta\sigma_i$的极限就是所求曲顶柱体的体积,即

$$V = \lim_{\lambda\to 0}\sum_{i=1}^{n} f(\xi_i,\eta_i)\Delta\sigma_i$$

2. 二重积分的定义

定义 7.9 设 $f(x,y)$ 是定义在有界闭区域 D 上的有界函数, 将区域 D 任意分成 n 个小闭区域 $\Delta\sigma_1, \Delta\sigma_2, \cdots, \Delta\sigma_n$, 其中 $\Delta\sigma_i$ 表示第 i 个小闭区域, 同时也表示第 i 个小区域的面积, 在每个 $\Delta\sigma_i$ 上任取一点 $(\xi_i, \eta_i)(i = 1, 2, \cdots, n)$, 记 $\Delta\sigma_i$ 的直径为 $\mathrm{d}(\Delta\sigma_i)$, $\lambda = \max\limits_{1 \leqslant i \leqslant n}\{\mathrm{d}(\Delta\sigma_i)\}$, 作和式

$$\sum_{i=1}^{n} f(\xi_i, \eta_i)\Delta\sigma_i$$

如果不论对 D 如何划分, 也不论点 (ξ_i, η_i) 在 $\Delta\sigma_i$ 上如何选取, 只要 $\lambda \to 0$, 上述和式的极限存在, 则称 $f(x,y)$ 在 D 上可积, 并称此极限值为函数 $f(x,y)$ 在闭区域 D 上的**二重积分**, 记作 $\iint\limits_{D} f(x,y)\mathrm{d}\sigma$, 即

$$\iint\limits_{D} f(x,y)\mathrm{d}\sigma = \lim_{\lambda \to 0} \sum_{i=1}^{n} f(\xi_i, \eta_i)\Delta\sigma_i$$

其中, D 称为**积分区域**, $f(x,y)$ 称为**被积函数**, $f(x,y)\mathrm{d}\sigma$ 称为**被积表达式**, $\mathrm{d}\sigma$ 称为**面积元素**, x, y 称为**积分变量**.

在直角坐标系中, 常用平行于 x 轴和 y 轴的直线将 D 分成 n 个小区域, 此时每个小区域为矩形, 从而 $\Delta\sigma_i = \Delta x_i \cdot \Delta y_i$, 因此 $\mathrm{d}\sigma = \mathrm{d}x\mathrm{d}y$, 二重积分常记作 $\iint\limits_{D} f(x,y)\mathrm{d}x\mathrm{d}y$.

一般地, 当 $f(x,y) \geqslant 0$ 时, $\iint\limits_{D} f(x,y)\mathrm{d}\sigma$ 表示以平面区域 D 为底, 以 $f(x,y)$ 为顶的曲顶柱体的体积 V; 如果 $f(x,y) \leqslant 0$, 曲顶柱体就位于 xOy 平面的下方, 此时 $\iint\limits_{D} f(x,y)\mathrm{d}\sigma = -V$; 如果在区域 D 中, $f(x,y)$ 的值有正有负, 则二重积分 $\iint\limits_{D} f(x,y)\mathrm{d}\sigma$ 表示曲顶柱体体积的代数和. 这便是**二重积分的几何意义**.

3. 二重积分的性质

二重积分的性质与定积分相似, 下面我们列出二重积分的性质. 假设区域 D 为有界闭区域, 所讨论的二元函数在 D 上均可积.

性质 7.4 （线性性质） $\iint\limits_{D}[\alpha f(x,y) \pm \beta g(x,y)]\mathrm{d}\sigma = \alpha\iint\limits_{D} f(x,y)\mathrm{d}\sigma \pm \beta\iint\limits_{D} f(x,y)\mathrm{d}\sigma(\alpha, \beta$ 为常数$)$

性质 7.5 （可加性） $\iint\limits_{D} f(x,y)\mathrm{d}\sigma = \iint\limits_{D_1} f(x,y)\mathrm{d}\sigma + \iint\limits_{D_2} f(x,y)\mathrm{d}\sigma$（其中, D 分割为 D_1, D_2 两个区域）

性质 7.6 （保号性）若在区域 D 上有 $f(x,y) \leqslant g(x,y)$, 则有

$$\iint\limits_{D} f(x,y)\,\mathrm{d}\sigma \leqslant \iint\limits_{D} g(x,y)\,\mathrm{d}\sigma,$$

特别地, $f(x,y) \geqslant 0$, 有 $\iint\limits_{D} f(x,y)\,\mathrm{d}\sigma \geqslant 0$;

$$\left| \iint\limits_{D} f(x,y)\,\mathrm{d}\sigma \right| \leqslant \iint\limits_{D} |f(x,y)|\,\mathrm{d}\sigma.$$

性质 7.7 若在区域 D 上 $f(x,y)=1$, σ 为区域 D 的面积, 则

$$\iint\limits_{D} \mathrm{d}\sigma = \sigma.$$

性质 7.8 (估值定理)设 $f(x,y)$ 在区域 D 上的最大值和最小值分别为 M 和 m , 则有

$$m\sigma \leqslant \iint\limits_{D} f(x,y)\,\mathrm{d}\sigma \leqslant M\sigma.$$

性质 7.9 (中值定理)设 $f(x,y)$ 在有界闭区域 D 上连续, 则必存在一点 $(\xi,\eta) \in D$, 使得

$$\iint\limits_{D} f(x,y)\,\mathrm{d}\sigma = f(\xi,\eta)\sigma.$$

以下我们讨论二重积分在直角坐标系和极坐标系下的计算问题.

注意 性质 7.7 和性质 7.9 具有明显的几何意义. 性质 7.7 的几何意义为: 高为 1 的平顶柱体体积在数值上等于该柱体的底面面积; 性质 7.9 的几何意义为: 一个曲顶柱体体积等于与它同底, 高为 $f(\xi,\eta)$ ($(\xi,\eta) \in D$)的平顶柱体的体积.

7.5.2 直角坐标系下二重积分的计算

1. X 型区域上的二重积分

若积分区域 $D = \{(x,y) \mid a \leqslant x \leqslant b, \varphi_1(x) \leqslant y \leqslant \varphi_2(x)\}$ (见图 7-10), 则称区域 D 为 **X 型区域**, 可见, 穿过 D 的内部且平行于 y 轴的直线与区域 D 的边界交点不超过两个. 此时, 二重积分可以写成如下形式:

$$\iint\limits_{D} f(x,y)\,\mathrm{d}x\mathrm{d}y = \int_{a}^{b}\left[\int_{\varphi_1}^{\varphi_2} f(x,y)\,\mathrm{d}y\right]\mathrm{d}x = \int_{a}^{b}\mathrm{d}x\int_{\varphi_1(x)}^{\varphi_2(x)} f(x,y)\,\mathrm{d}y,$$

称上式右端为先对 y , 再对 x 的**累次积分**, 即 y 为积分变量, 先求解积分 $\int_{\varphi_1(x)}^{\varphi_2(x)} f(x,y)\,\mathrm{d}y$ (此时被积函数 $f(x,y)$ 中的 x 视为"常量"), 将求解结果(关于 x 的函数)作为被积函数, 对积分变量 x 在区间 $[a,b]$ 上计算定积分.

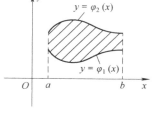

图　7-10

我们知道, 当被积函数 $f(x,y) \geqslant 0$ 时, 二重积分 $\iint\limits_{D} f(x,y)\,\mathrm{d}x\mathrm{d}y$ 表示以区域 D 为底, 以曲面 $z = f(x,y)$ 为顶的曲顶柱体的体积. 在定积分中, 我们讨论了平行截面面积 $S(x)$ 已知的情形下, 立体体积的求解问题, 即

$$V = \int_{a}^{b} S(x)\,\mathrm{d}x$$

其中 $S(x)$ 为垂直于 x 轴的截面面积，区间 $[a,b]$ 为立体在 x 轴上的"跨度". 接下来，我们利用上述求解体积的公式，将二重积分化为累次积分.

如图 7-11 所示，曲顶柱体以 xOy 平面上的区域 D 为底，以 $z=f(x,y)$ 为曲顶. 底面区域 D 为 X 型区域且在 x 轴上的跨度为 $[a,b]$. 作垂直于 x 轴的平面，交 x 轴于点 $(x,0,0)$，$x \in [a,b]$. 该平面截曲顶柱体所得截面为曲边梯形（图 7-11 阴影部分），将其在 yOz 平面投影（图 7-12）得面积为

$$S(x) = \int_{\varphi_1(x)}^{\varphi_2(x)} f(x,y)\mathrm{d}y, x \in [a,b]$$

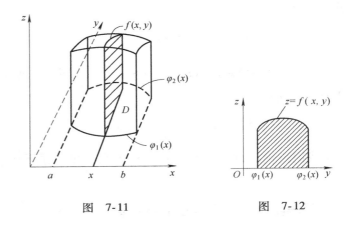

图　7-11　　　　　　　图　7-12

因此，该曲顶柱体的体积

$$V = \iint\limits_{D} f(x,y)\mathrm{d}x\mathrm{d}y = \int_a^b S(x)\mathrm{d}x = \int_a^b \left[\int_{\varphi_2(x)}^{\varphi_1(x)} f(x,y)\mathrm{d}y \right]\mathrm{d}x.$$

2. Y 型区域上的二重积分

若积分区域 $D = \{(x,y) \mid c \leqslant y \leqslant d, \psi_1(y) \leqslant x \leqslant \psi_2(y)\}$（见图 7-13），则称区域 D 为 **Y 型区域**，则二重积分可以写成如下形式：

$$\iint\limits_{D} f(x,y)\mathrm{d}x\mathrm{d}y = \int_c^d \left[\int_{\psi_1(y)}^{\psi_2(y)} f(x,y)\mathrm{d}x \right]\mathrm{d}y = \int_c^d \mathrm{d}y \int_{\psi_1(y)}^{\psi_2(y)} f(x,y)\mathrm{d}x.$$

上述二重积分化累次积分的方法与 X 型区域上的二重积分化累次积分方法类似，在此不赘述.

若积分区域 D 较为复杂，既不是 X 型区域又不是 Y 型区域，（见图 7-14），则可利用二重积分的可加性（性质 7.5），先将二重积分分成有限个二重积分之和，再对每一个二重积分化为累次积分进行计算.

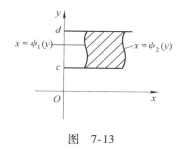
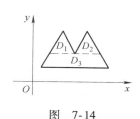

图 7-13   图 7-14

计算二重积分 $I = \iint\limits_{D} \dfrac{x^2}{y^2}\mathrm{d}x\mathrm{d}y$，其中，区域 D 由直线

$x = 2, y = x$ 及曲线 $y = \dfrac{1}{x}$ 所围成（图 7-15）.

解 **方法一** 将积分区域 D 看成 X 型区域，即

$$D = \left\{ (x,y) \mid 1 \leqslant x \leqslant 2, \dfrac{1}{x} \leqslant y \leqslant x \right\}.$$

则有

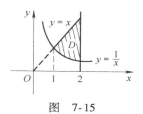

图 7-15

$$
\begin{aligned}
I &= \iint\limits_{D} \dfrac{x^2}{y^2}\mathrm{d}x\mathrm{d}y = \int_1^2 \left[\int_{\frac{1}{x}}^{x} \dfrac{x^2}{y^2}\mathrm{d}y \right]\mathrm{d}x = \int_1^2 \left[x^2 \cdot \left(-\dfrac{1}{y}\Big|_{\frac{1}{x}}^{x} \right) \right]\mathrm{d}x \\
&= \int_1^2 (x^3 - x)\,\mathrm{d}x = \left(\dfrac{1}{4}x^4 - \dfrac{1}{2}x^2 \right)\Big|_1^2 = \dfrac{9}{4}.
\end{aligned}
$$

方法二 将积分区域 D 看成 Y 型区域，即

$$D = D_1 \cup D_2 = \left\{ (x,y) \mid \dfrac{1}{2} \leqslant y \leqslant 1, \dfrac{1}{y} \leqslant x \leqslant 2 \right\} \cup \left\{ (x,y) \mid 1 \leqslant y \leqslant 2, y \leqslant x \leqslant 2 \right\}$$

则有

$$
\begin{aligned}
I &= \iint\limits_{D} \dfrac{x^2}{y^2}\mathrm{d}x\mathrm{d}y = \iint\limits_{D_1} \dfrac{x^2}{y^2}\mathrm{d}x\mathrm{d}y + \iint\limits_{D_2} \dfrac{x^2}{y^2}\mathrm{d}x\mathrm{d}y \\
&= \int_{\frac{1}{2}}^{1} \left[\int_{\frac{1}{y}}^{2} \dfrac{x^2}{y^2}\mathrm{d}x \right]\mathrm{d}y + \int_1^2 \left[\int_{y}^{2} \dfrac{x^2}{y^2}\mathrm{d}x \right]\mathrm{d}y \\
&= \int_{\frac{1}{2}}^{1} \left[\dfrac{1}{y^2} \cdot \left(\dfrac{1}{3}x^3\Big|_{\frac{1}{y}}^{2} \right) \right]\mathrm{d}y + \int_1^2 \left[\dfrac{1}{y^2} \cdot \left(\dfrac{1}{3}x^3\Big|_{y}^{2} \right) \right]\mathrm{d}y \\
&= \int_{\frac{1}{2}}^{1} \left(\dfrac{8}{3y^2} - \dfrac{1}{3y^5} \right)\mathrm{d}y + \int_1^2 \left(\dfrac{8}{3y^2} - \dfrac{y}{3} \right)\mathrm{d}y \\
&= \dfrac{9}{4}.
\end{aligned}
$$

对于积分区域 $D = \{ (x,y) \mid a \leqslant x \leqslant b, c \leqslant y \leqslant d \}$，被

积函数为 $F(x,y) = f(x)f(y)$ 的二重积分 $\iint\limits_{D} F(x,y)\mathrm{d}x\mathrm{d}y$，证明：

有下述等式成立

$$\iint\limits_{D} F(x,y)\mathrm{d}x\mathrm{d}y = \left[\int_a^b f(x)\mathrm{d}x \right]\left[\int_c^d f(y)\mathrm{d}y \right]$$

证明 如图 7-16 所示，若将 D 看成 X 型区域，有

$$\iint\limits_{D} F(x,y)\,dx\,dy = \int_a^b dx \int_c^d F(x,y)\,dy$$

$$= \int_a^b dx \int_c^d f(x)f(y)\,dy$$

$$= \left[\int_a^b f(x)\,dx\right]\left[\int_c^d f(y)\,dy\right]$$

类似地，可证将 D 视为 Y 型区域等式依然成立．

例 7.22 计算二重积分 $I = \int_0^1 dx \int_x^{\sqrt{x}} \dfrac{\sin y}{y}\,dy$.

由于积分 $\int_x^{\sqrt{x}} \dfrac{\sin y}{y}\,dy$ 中被积函数 $\dfrac{\sin y}{y}$ 没有初等形式的原函数，从而 $\int_x^{\sqrt{x}} \dfrac{\sin y}{y}$ 无法计算．

解 由累次积分上、下限知 Y 型积分区域 D（见图 7-17）为

$$D = \{(x,y) \mid 0 \leq y \leq 1, y^2 \leq x \leq y\},$$

从而

$$I = \int_0^1 \left[\int_{y^2}^y \frac{\sin y}{y}\,dx\right]dy$$

$$= \int_0^1 \left[\frac{\sin y}{y}(y - y^2)\right]dy = \int_0^1 (\sin y - y\sin y)\,dy$$

$$= 1 - \sin 1.$$

由于由例 7.22 可见，在计算二重积分时，有时需要"交换积分次序"才能完成求解．

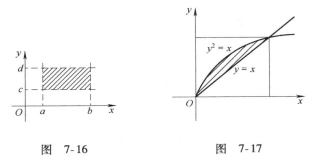

图 7-16　　　　　图 7-17

7.5.3 极坐标系下二重积分的计算

将直角坐标系原点取为极点，x 轴的正半轴取为极轴，那么 xOy 平面上的任一点 $M(x,y)$ 在极坐标系下为 $M(r,\theta)$（见图 7-18），且满足 $\begin{cases} x = r\cos\theta, \\ y = r\sin\theta. \end{cases}$ 其中 r 称为**极径**，$\theta(0 \leq \theta \leq 2\pi)$ 称为**极角**．

在极坐标系下，用一组以极点为圆心的同心圆（$r =$ 常数）和一组从极点出发的射线（$\theta =$ 常数）将积分区域 D 分割为 n 个小区域，$\Delta\sigma_1, \Delta\sigma_2, \cdots, \Delta\sigma_n$（如图 7-19 所示），其中任意小区域 $\Delta\sigma$ 的面积

满足

$$\Delta\sigma = \frac{1}{2}(r+\Delta r)^2\Delta\theta - \frac{1}{2}r^2\Delta\theta = \frac{1}{2}(2r+\Delta r)\Delta r\Delta\theta$$

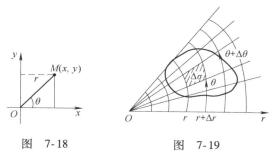

图　7-18　　　　　　　图　7-19

当 $\Delta r \to 0$ 时，$\frac{1}{2}(2r+\Delta r) \to r$，因此在极坐标系下有

$$\mathrm{d}\sigma = r\mathrm{d}r\mathrm{d}\theta.$$

又

$$x = r\cos\theta,\ y = r\sin\theta,$$

从而 $\iint\limits_{D}f(x,y)\mathrm{d}\sigma$ 在极坐标系下为

$$\iint\limits_{D}f(x,y)\mathrm{d}\sigma = \iint\limits_{D}f(r\cos\theta,r\sin\theta)r\mathrm{d}r\mathrm{d}\theta.$$

极坐标系下，二重积分化累次积分，我们考虑以下两种情况：

（1）极点 O 在区域 D 的内部（如图 7-20a），则

$$\iint\limits_{D}f(r\cos\theta,r\sin\theta)r\mathrm{d}r\mathrm{d}\theta = \int_{0}^{2\pi}\mathrm{d}\theta\int_{0}^{r(\theta)}f(r\cos\theta,r\sin\theta)r\mathrm{d}r$$

（2）极点 O 在区域 D 的外部（如图 7-17b），则

$$\iint\limits_{D}f(r\cos\theta,r\sin\theta)r\mathrm{d}r\mathrm{d}\theta = \int_{\alpha}^{\beta}\mathrm{d}\theta\int_{r_1(\theta)}^{r_2(\theta)}f(r\cos\theta,r\sin\theta)r\mathrm{d}r$$

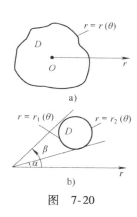

图　7-20

计算二重积分 $I = \iint\limits_{D}\mathrm{e}^{-x^2-y^2}\mathrm{d}x\mathrm{d}y$，其中 $D = \{(x,y)\mid x^2+y^2\leqslant 1\}$（见图 7-21）.

解　在直角坐标系下，该二重积分无法求解. 在极坐标系下有

$$\iint\limits_{D}\mathrm{e}^{-x^2-y^2}\mathrm{d}x\mathrm{d}y = \int_{0}^{2\pi}\mathrm{d}\theta\int_{0}^{1}\mathrm{e}^{-r^2}\cdot r\mathrm{d}r$$

$$= -\frac{1}{2}\int_{0}^{2\pi}\left[\int_{0}^{1}\mathrm{e}^{-r^2}\mathrm{d}(-r^2)\right]\mathrm{d}\theta$$

$$= -\frac{1}{2}\int_{0}^{2\pi}\left(\frac{1}{\mathrm{e}}-1\right)\mathrm{d}\theta = \pi\left(1-\frac{1}{\mathrm{e}}\right).$$

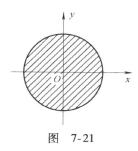

图　7-21

计算二重积分 $\iint\limits_{D}\dfrac{1}{\sqrt{x^2+y^2}}\mathrm{d}x\mathrm{d}y$，其中 D 为由圆 $x^2+y^2=2y, x^2+y^2=4y$ 及直线 $x-\sqrt{3}y=0, y-\sqrt{3}x=0$ 所围成的平面闭区域（见图 7-22）

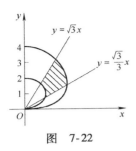

图 7-22

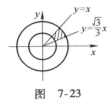

图 7-23

解 由题意可知：$x - \sqrt{3}y = 0$，得 $\theta_1 = \dfrac{\pi}{6}$；

$$y - \sqrt{3}x = 0，得 \theta_2 = \dfrac{\pi}{3}；$$

$$x^2 + y^2 = 2y，得 r = 2\sin\theta；$$

$$x^2 + y^2 = 4y，得 r = 4\sin\theta.$$

从而二重积分为

$$\iint\limits_{D} \frac{1}{\sqrt{x^2 + y^2}}\mathrm{d}x\mathrm{d}y = \int_{\frac{\pi}{6}}^{\frac{\pi}{3}}\mathrm{d}\theta \int_{2\sin\theta}^{4\sin\theta} \frac{1}{r} \cdot r\mathrm{d}r$$

$$= \int_{\frac{\pi}{6}}^{\frac{\pi}{3}} 2\sin\theta\mathrm{d}\theta = (-2\cos\theta)\Big|_{\frac{\pi}{6}}^{\frac{\pi}{3}} = \sqrt{3} - 1$$

例 7.25 计算二重积分 $\iint\limits_{D}\arctan\dfrac{y}{x}\mathrm{d}x\mathrm{d}y$，其中，$D$ 是由 $x^2 +$

$y^2 = 1, x^2 + y^2 = 4$ 及直线 $y = x, y = \dfrac{\sqrt{3}}{3}x$ 在第一象限所围区域（见图 7-23）.

解 $\iint\limits_{D}\arctan\dfrac{y}{x}\mathrm{d}x\mathrm{d}y = \int_{\frac{\pi}{6}}^{\frac{\pi}{4}}\mathrm{d}\theta \int_{1}^{2}\arctan(\tan\theta) \cdot r\mathrm{d}r$

$$= \int_{\frac{\pi}{6}}^{\frac{\pi}{4}}\theta\mathrm{d}\theta \cdot \int_{1}^{2}r\mathrm{d}r = \frac{15\pi^2}{192}.$$

由上述例题可知，若积分区域为圆或圆的一部分，被积函数是关于 $x^2 + y^2$，$\dfrac{y}{x}$ 或 $\dfrac{x}{y}$ 的函数形式，则在极坐标系下计算二重积分更简便.

在二重积分的计算中，也可以考虑利用积分区域 D 的对称性和被积函数的奇偶性化简二重积分的计算步骤. 我们仅将结论列举如下：

（1）积分区域 D 关于 x 轴对称

如果被积函数关于 y 是偶函数，即满足 $f(x, -y) = f(x, y)$，则

$\iint\limits_{D}f(x,y)\mathrm{d}x\mathrm{d}y = 2\iint\limits_{D_1}f(x,y)\mathrm{d}x\mathrm{d}y$（$D_1$ 为关于 x 轴对称的 D 的一半）；

如果被积函数关于 y 是奇函数，即满足 $f(x, -y) = -f(x, y)$，则

$\iint\limits_{D}f(x,y)\mathrm{d}x\mathrm{d}y = 0.$

（2）积分区域 D 关于 y 轴对称

如果被积函数关于 x 是偶函数，即满足 $f(-x, y) = f(x, y)$，则

$\iint\limits_{D}f(x,y)\mathrm{d}x\mathrm{d}y = 2\iint\limits_{D_2}f(x,y)\mathrm{d}x\mathrm{d}y$（$D_2$ 为关于 y 轴对称的 D 的一半）；如

果被积函数关于 x 是奇函数，即满足 $f(-x, y) = -f(x, y)$，则

$\iint\limits_{D}f(x,y)\mathrm{d}x\mathrm{d}y = 0.$

（3）若积分区域 D 关于原点对称，

如果被积函数关于 x,y 是偶函数，即满足 $f(-x,-y)=f(x,y)$，则 $\iint\limits_{D}f(x,y)\mathrm{d}x\mathrm{d}y=2\iint\limits_{D_3}f(x,y)\mathrm{d}x\mathrm{d}y$（$D_3$ 为关于原点对称的 D 的一半）；如果被积函数关于 x,y 是奇函数，即满足 $f(-x,-y)=-f(x,y)$，则 $\iint\limits_{D}f(x,y)\mathrm{d}x\mathrm{d}y=0$.

求二重积分 $\iint\limits_{D}x^2y\mathrm{d}x\mathrm{d}y$，其中 D 是由 $x^2+y^2\leqslant4$ 和 $x\geqslant1$ 所围成的区域（如图 7-24 所示）

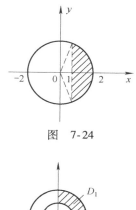

图　7-24

解　由图 7-24 可知，积分区域 D 关于 x 轴对称. 又被积函数 $f(x,y)=x^2y$，有 $f(x,-y)=-x^2y$，满足 $f(x,-y)=-f(x,y)$ 从而可知

$$\iint\limits_{D}x^2y\mathrm{d}x\mathrm{d}y=0.$$

计算二重积分 $\iint\limits_{D}\dfrac{\sin(\pi\sqrt{x^2+y^2})}{\sqrt{x^2+y^2}}\mathrm{d}x\mathrm{d}y$，其中积分区域 $D=\{(x,y)\,|\,1\leqslant x^2+y^2\leqslant4\}$（见图 7-25）.

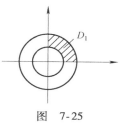

图　7-25

解　积分区域 D 为同心圆环，由于其既关于 x 轴对称又关于 y 轴对称，故只须考虑第一象限部分，如图 7-25 所示，即 $D=4D_1$

又被积函数 $f(x,y)=\dfrac{\sin(\pi\sqrt{x^2+y^2})}{\sqrt{x^2+y^2}}$，满足 $f(-x,y)=f(x,y)$ 和 $f(x,-y)=f(x,y)$，从而有

$$
\begin{aligned}
\iint\limits_{D}\frac{\sin(\pi\sqrt{x^2+y^2})}{\sqrt{x^2+y^2}}\mathrm{d}x\mathrm{d}y &= 4\iint\limits_{D_1}\frac{\sin(\pi\sqrt{x^2+y^2})}{\sqrt{x^2+y^2}}\mathrm{d}x\mathrm{d}y \\
&= 4\int_0^{\frac{\pi}{2}}\mathrm{d}\theta\int_1^2\frac{\sin\pi r}{r}\cdot r\mathrm{d}r \\
&= -4.
\end{aligned}
$$

计算二重积分 $\iint\limits_{D}\mathrm{e}^{-(x^2+y^2)}\mathrm{d}x\mathrm{d}y$，其中 $D=\{(x,y)\,|\,x^2+y^2\leqslant R^2\}$，并利用计算结果求解无穷限积分 $\int_{-\infty}^{+\infty}\mathrm{e}^{-x^2}\mathrm{d}x$.

解　在极坐标系下，二重积分

$$\iint\limits_{D}\mathrm{e}^{-(x^2+y^2)}\mathrm{d}x\mathrm{d}y=\int_0^{2\pi}\mathrm{d}\theta\int_0^R\mathrm{e}^{-r^2}\cdot r\mathrm{d}r=\pi(1-\mathrm{e}^{-R^2})$$

进一步地，当 $R\to+\infty$ 时，有

$$\iint\limits_{D}\mathrm{e}^{-(x^2+y^2)}\mathrm{d}x\mathrm{d}y=\pi.$$

此时积分区域 $D=\{(x,y)\,|-\infty<x<+\infty,-\infty<y<+\infty\}$

因此，在直角坐标系下有

$$\iint\limits_{D} e^{-(x^2+y^2)} dxdy = \int_{-\infty}^{+\infty} dx \int_{-\infty}^{+\infty} e^{-x^2-y^2} dy$$

$$= \left(\int_{-\infty}^{+\infty} e^{-x^2} dx \right) \left(\int_{-\infty}^{+\infty} e^{-y^2} dy \right)$$

$$= \left(\int_{-\infty}^{+\infty} e^{-x^2} dx \right)^2$$

即 $\left(\int_{-\infty}^{+\infty} e^{-x^2} dx \right)^2 = \pi$.

又 $e^{-x^2} > 0$，则 $\int_{-\infty}^{+\infty} e^{-x^2} dx > 0$

从而 $\int_{-\infty}^{+\infty} e^{-x^2} dx = \sqrt{\pi}$.

练习 7.5

1. 交换下列累次积分的积分次序：

(1) $\int_0^2 dy \int_{\frac{y^2}{2}}^y f(x,y) dx$；　　　　(2) $\int_0^1 dx \int_0^{x^2} f(x,y) dy$；

(3) $\int_{\frac{1}{e}}^e dx \int_{-1}^{\ln x} f(x,y) dy$；　　　　(4) $\int_0^1 dy \int_{y^2}^{\sqrt{y}} f(x,y) dx$；

(5) $\int_0^1 dy \int_0^{2y} f(x,y) dx + \int_1^3 dy \int_0^{3-y} f(x,y) dx$；

(6) $\int_0^1 dx \int_{2-x}^4 f(x,y) dy + \int_1^2 dx \int_{x^2}^4 f(x,y) dy$.

2. 计算下列二重积分：

(1) $\iint\limits_{D} (x+y) e^{x+y} dxdy, D = \{(x,y) \mid 0 \leqslant x \leqslant 1, 2 \leqslant y \leqslant 4\}$；

(2) $\iint\limits_{D} x\cos^2 \dfrac{y}{x} dxdy, D$ 是由 $y=x, y=-x, y=4$ 围成的区域；

(3) $\iint\limits_{D} e^{x^2} dxdy, D$ 是 $y=x$ 和 $y=x^3$ 所围成的第 I 象限部分；

(4) $\iint\limits_{D} x\cos(x+y) dxdy, D$ 是 $y=x, y=0, x=-2, x=2$ 所围成的区域.

3. 在极坐标系下计算下列二重积分：

(1) $\iint\limits_{D} \sqrt{x^2+y^2} dxdy, D = \{(x,y) \mid x^2+y^2 \leqslant a^2, a > 0\}$；

(2) $\iint\limits_{D} \sin\sqrt{x^2+y^2} dxdy, D = \{(x,y) \mid \pi^2 \leqslant x^2+y^2 \leqslant 4\pi^2\}$；

(3) $\iint\limits_{D} \arctan\left(\dfrac{y}{x}\right) dxdy, D = \{(x,y) \mid 1 \leqslant x^2+y^2 \leqslant 4\}$；

(4) $\displaystyle\iint\limits_{D}\dfrac{4}{\sqrt{x^2+y^2}}\mathrm{d}x\mathrm{d}y, D=\{(x,y)\mid x^2+y^2\leqslant 2y,y\geqslant 1\}$.

综合习题 7

1. 已知函数 $z=f(x+y,x\sin y)$, 其中函数 f 有二阶连续偏导数, 求 $\dfrac{\partial z}{\partial x},\dfrac{\partial^2 z}{\partial x\partial y}$.

2. 已知 $z=z(x,y)$ 是由方程 $x^2+y^3+\mathrm{e}^z-4z=0$ 确定, 求 $\dfrac{\partial z}{\partial x},\dfrac{\partial^2 z}{\partial x\partial y}$.

3. 设 $z=z(x,y)$ 是由方程 $z^2-xyz\varphi(xy^2,x+y)=1$ 所确定的隐函数, 其中 φ 是可微函数, 求 $\dfrac{\partial z}{\partial x},\dfrac{\partial z}{\partial y}$.

4. 求函数 $f(x,y)=\left(y+\dfrac{x^2}{2}\right)\mathrm{e}^{x+y}+3$ 的极值, 并判断是极大值还是极小值.

5. 求二元函数 $f(x,y)=x^2+y^2-2x+y$ 在有界闭区域 $(x-1)^2+y^2\leqslant 1$ 上的最值.

6. 某企业生产两种产品 A 和 B, 总成本是这两种产品产量 x 和 y(单位:吨)的函数,

$$C(x,y)=\dfrac{1}{2}x^2+2y^2-xy-10x-5y+300.$$

在总产量不低于 34 吨的情况下, A,B 各生产多少吨使总成本最小, 并求最小成本.

7. 已知区域 D 如图 7-26 所示, 求以 D 为底, 以曲面 $z=3x^2+y^2$ 为顶的曲顶柱体的体积.

8. 计算二重积分 $\displaystyle\iint\limits_{D}(1+x)\cos y\mathrm{d}x\mathrm{d}y$ 其中 D 是以 $\left(0,\dfrac{\pi}{2}\right)$, $\left(1,\dfrac{\pi}{2}\right)$, $\left(1,-\dfrac{\pi}{2}\right)$ 及 $\left(0,-\dfrac{\pi}{2}\right)$ 为顶点的矩形区域.

9. 计算二重积分 $\displaystyle\iint\limits_{D}|x^2+y^2-1|\mathrm{d}x\mathrm{d}y$, 其中, D 是由 $x^2+y^2=4, y=x$ 及 x 轴在第一象限所围成的封闭区域.

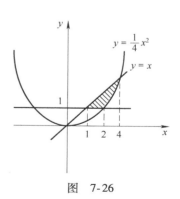

图 7-26

第 8 章
无穷级数

　　无穷级数作为一种特殊数列的极限形式,它在表达函数,研究函数性质,以及进行数值计算等方面都有重要的应用.无穷级数包括常数项级数和函数项级数.常数项级数是函数项级数的基础,也可视为函数项级数的特殊情况.函数项级数是研究函数性质的一个重要手段,在自然科学、工程技术等领域都有着广泛的应用.

　　本章首先讨论常数项级数的概念、性质及敛散性判别方法,进而分析函数项级数,特别是幂级数的性质及应用.

　　本章内容及相关知识点如下:

无穷级数	
内容	知识点
常数项级数的概念和性质	(1)常数项级数的概念及其敛散性的定义; (2)常数项级数的基本性质.
常数项级数敛散性的判别法	(1)正项级数收敛原理; (2)正项级数敛散性判别法(比较判别法,比较判别法的极限形式、比值判别法,根值判别法); (3)交错级数的定义及其收敛判别法(莱布尼茨判别法); (4)绝对收敛与条件收敛的定义.
幂级数	(1)函数项级数及其相关概念; (2)幂级数的定义、收敛半径、收敛区间、收敛域; (3)幂级数的和函数.
泰勒级数及其应用	(1)泰勒级数的定义; (2)直接展开法、间接展开法; (3)泰勒级数在近似计算中的应用.

8.1　常数项级数的概念和性质

8.1.1　常数项级数的概念

　　定义8.1　设对于数列 $\{u_n\}$,即

$$u_1,u_2,\cdots,u_n,\cdots$$

将上述各项依次相加,得

$$\sum_{n=1}^{\infty} u_n = u_1 + u_2 + \cdots + u_n + \cdots \qquad (8.1)$$

则称 $\sum\limits_{n=1}^{\infty} u_n$ 为**常数项级数**,简称**级数**,其中 u_n 称为级数的**一般项**或**通项**.

设级数(8.1)的前 n 项和为 S_n,即

$$S_n = u_1 + u_2 + \cdots + u_n,\text{或} S_n = \sum_{k=1}^{\infty} u_k,$$

称 S_n 为级数(8.1)的前 n 项**部分和**,数列 $\{S_n\}$ 称为级数的**部分和数列**.

对于级数 $\sum\limits_{n=1}^{\infty} u_n$,如果其部分和数列 $\{S_n\}$ 极限存在,即

$$\lim_{n \to \infty} S_n = S,\text{或} \lim_{n \to \infty} \sum_{k=1}^{n} u_k = S,$$

则称级数 $\sum\limits_{n=1}^{\infty} u_n$ **收敛**,S 为 $\sum\limits_{n=1}^{\infty} u_n$ 的和,记作

$$S = \sum_{n=1}^{\infty} u_n = u_1 + u_2 + \cdots + u_n + \cdots$$

若部分和数列 $\{S_n\}$ 的极限不存在,则称级数 $\sum\limits_{n=1}^{\infty} u_n$ **发散**.

若级数 $\sum\limits_{n=1}^{\infty} u_n$ 收敛,其和为 S,记 $r_n = S - S_n$,即

$$r_n = S - S_n = u_{n+1} + u_{n+2} + \cdots,$$

称为级数 $\sum\limits_{n=1}^{\infty} u_n$ 的**余和**.

显然,若级数 $\sum\limits_{n=1}^{\infty} u_n$ 收敛,则有下式成立

$$\lim_{n \to \infty} r_n = \lim_{n \to \infty} (S - S_n) = S - \lim_{n \to \infty} S_n = S - S = 0.$$

讨论无穷级数

$$\sum_{n=1}^{\infty} a q^{n-1} = a + aq + \cdots + aq^{n-1} + \cdots$$

的敛散性.(该级数称为**等比级数**或**几何级数**,其中 $a \neq 0$,q 叫作级数的公比)

解　当 $q \neq 1$ 时,几何级数的前 n 项和

$$S_n = a + aq + \cdots + aq^{n-1} = \frac{a(1 - q^n)}{1 - q},$$

此时,若 $|q| < 1$,

$$\lim_{n \to \infty} S_n = \lim_{n \to \infty} \frac{a(1 - q^n)}{1 - q} = \frac{a}{1 - q},$$

179

即当 $|q| < 1$ 时,该级数收敛,其和为 $\dfrac{a}{1-q}$;

若 $|q| > 1$,

$$\lim_{n \to \infty} S_n = \lim_{n \to \infty} \frac{a(1 - q^n)}{1 - q} = \infty,$$

即当 $|q| > 1$ 时,该级数发散.

进一步地,当 $q = 1$ 时, $S_n = na$, $\lim\limits_{n \to \infty} S_n = \infty$;当 $q = -1$ 时, $S_{2n} = 0, S_{2n+1} = a$,即 $n \to \infty$ 时, $\{S_n\}$ 的极限不存在.

综上可知,几何级数 $\sum\limits_{n=1}^{\infty} aq^{n-1}$,当 $|q| < 1$ 时,该级数收敛,其和为 $\dfrac{a}{1-q}$;当 $|q| \geqslant 1$ 时,该级数发散.

例 8.2 证明级数 $\sum\limits_{n=1}^{\infty} \dfrac{1}{n}$ 发散(该级数称为**调和级数**).

证明 假设调和级数 $\sum\limits_{n=1}^{\infty} \dfrac{1}{n}$ 收敛,记该级数的前 n 项和前 $2n$ 项和分别为 S_n 和 S_{2n},则有

$$\lim_{n \to \infty} S_n = \lim_{n \to \infty} S_{2n} = S, \text{即} \lim_{n \to \infty}(S_{2n} - S_n) = 0.$$

又

$$S_{2n} - S_n = \frac{1}{n+1} + \frac{1}{n+2} + \cdots + \frac{1}{n+n} > \underbrace{\frac{1}{n+n} + \cdots + \frac{1}{n+n}}_{n\text{个}}$$

$$= n \cdot \frac{1}{2n} = \frac{1}{2}.$$

此与 $\lim\limits_{n \to \infty}(S_{2n} - S_n) = 0$ 矛盾. 因此调和级数 $\sum\limits_{n=1}^{\infty} \dfrac{1}{n}$ 发散.

例 8.3 判断级数 $\dfrac{1}{1 \cdot 3} + \dfrac{1}{3 \cdot 5} + \cdots + \dfrac{1}{(2n-1)(2n+1)} + \cdots$ 的敛散性.

解 由于

$$u_n = \frac{1}{(2n-1)(2n+1)} = \frac{1}{2}\left(\frac{1}{2n-1} - \frac{1}{2n+1}\right),$$

因此

$$S_n = \frac{1}{1 \cdot 3} + \frac{1}{3 \cdot 5} + \cdots + \frac{1}{(2n-1)(2n+1)}$$

$$= \frac{1}{2}\left[\left(1 - \frac{1}{3}\right) + \left(\frac{1}{3} - \frac{1}{5}\right) + \cdots + \left(\frac{1}{2n-1} - \frac{1}{2n+1}\right)\right]$$

$$= \frac{1}{2}\left(1 - \frac{1}{2n+1}\right).$$

从而 $\lim\limits_{n \to \infty} S_n = \lim\limits_{n \to \infty} \dfrac{1}{2}\left(1 - \dfrac{1}{2n+1}\right) = \dfrac{1}{2}$,所以该级数收敛,其和为 $\dfrac{1}{2}$.

8.1.2 级数的基本性质

性质 8.1 （**级数收敛的必要条件**）如果级数 $\sum\limits_{n=1}^{\infty} u_n$ 收敛,则它的一般项 u_n 趋于零,即

$$\lim_{n\to\infty} u_n = 0.$$

证明 设级数 $\sum\limits_{n=1}^{\infty} u_n$ 的前 n 项和为 S_n,且 $\lim\limits_{n\to\infty} S_n = S$. 由于 $u_n = S_n - S_{n-1}$,所以

$$\lim_{n\to\infty} u_n = \lim_{n\to\infty}(S_n - S_{n-1}) = S - S = 0.$$

例如,级数 $\sum\limits_{n=1}^{\infty} \dfrac{2n}{n+1}$,由于 $\lim\limits_{n\to\infty} \dfrac{2n}{n+1} = 2 \neq 0$,所以级数 $\sum\limits_{n=1}^{\infty} \dfrac{2n}{n+1}$ 发散.

但是,性质 8.1 为级数收敛的必要条件,非充分条件,也就是,即使级数通项满足 $\lim\limits_{n\to\infty} u_n = 0$,也不能确定 $\sum\limits_{n=1}^{\infty} u_n$ 收敛.

例如,几何级数 $\sum\limits_{n=1}^{\infty} \left(\dfrac{1}{2}\right)^n$,满足 $\lim\limits_{n\to\infty} \left(\dfrac{1}{2}\right)^n = 0$,该级数收敛;调和级数 $\sum\limits_{n=1}^{\infty} \dfrac{1}{n}$,满足 $\lim\limits_{n\to\infty} \dfrac{1}{n} = 0$,但该级数发散.

注意 性质 8.1 的逆否命题经常用于判断级数发散,即若级数的一般项不趋于零,则该级数一定发散.

性质 8.2 设 c 为非零常数,若级数 $\sum\limits_{n=1}^{\infty} u_n$ 收敛,则级数 $\sum\limits_{n=1}^{\infty} cu_n$ 也收敛,且有

$$\sum_{n=1}^{\infty} cu_n = c\sum_{n=1}^{\infty} u_n.$$

证明 设级数 $\sum\limits_{n=1}^{\infty} u_n$ 和 $\sum\limits_{n=1}^{\infty} cu_n$ 的前 n 项部分和分别为 S_n 和 σ_n,则有

$\sigma_n = cu_1 + cu_2 + \cdots + cu_n = c(u_1 + u_2 + \cdots + u_n) = cS_n$, 由于 $\sum\limits_{n=1}^{\infty} u_n$ 收敛,不妨设 $\lim\limits_{n\to\infty} S_n = S$, 于是 $\lim\limits_{n\to\infty} \sigma_n = \lim\limits_{n\to\infty}(cS_n) = c\lim\limits_{n\to\infty} S_n = cS$,从而 $\sum\limits_{n=1}^{\infty} cu_n$ 收敛,且 $\sum\limits_{n=1}^{\infty} cu_n = c\sum\limits_{n=1}^{\infty} u_n$.

性质 8.3 如果级数 $\sum\limits_{n=1}^{\infty} u_n$ 与 $\sum\limits_{n=1}^{\infty} v_n$ 都收敛,其和分别为 A 和 B,则级数 $\sum\limits_{n=1}^{\infty} (u_n \pm v_n)$ 也收敛,并且有 $\sum\limits_{n=1}^{\infty} (u_n \pm v_n) = \sum\limits_{n=1}^{\infty} u_n \pm \sum\limits_{n=1}^{\infty} v_n = A \pm B$.

证明 设级数 $\sum\limits_{n=1}^{\infty} u_n$, $\sum\limits_{n=1}^{\infty} v_n$ 以及 $\sum\limits_{n=1}^{\infty} (u_n \pm v_n)$ 的前 n 项部分和分别为 S_n, T_n 及 σ_n.

从而有

$$\sigma_n = \sum_{n=1}^{\infty}(u_k \pm v_k) = (u_1 \pm v_1) + (u_2 \pm v_2) + \cdots + (u_n \pm v_n)$$

$$= (u_1 + u_2 + \cdots + u_n) \pm (v_1 + v_2 + \cdots + v_n) = S_n \pm T_n.$$

因为 $\sum\limits_{n=1}^{\infty} u_n$, $\sum\limits_{n=1}^{\infty} v_n$ 均收敛,即 $\lim\limits_{n\to\infty} S_n = A, \lim\limits_{n\to\infty} T_n = B$, 则

$$\lim_{n\to\infty}\sigma_n = \lim_{n\to\infty}(S_n \pm T_n) = \lim_{n\to\infty}S_n \pm \lim_{n\to\infty}T_n = A \pm B.$$

即 $\sum\limits_{n=1}^{\infty}(u_n \pm v_n)$ 收敛,且有 $\sum\limits_{n=1}^{\infty}(u_n \pm v_n) = \sum\limits_{n=1}^{\infty}u_n \pm \sum\limits_{n=1}^{\infty}v_n = A \pm B.$

注意 (1)若 $\sum\limits_{n=1}^{\infty} u_n$ 发散, $\sum\limits_{n=1}^{\infty} v_n$ 收敛,则必有 $\sum\limits_{n=1}^{\infty}(u_n \pm v_n)$ 发散.

事实上,若 $\sum\limits_{n=1}^{\infty}(u_n \pm v_n)$ 收敛,由性质 8.3 可知 $\sum\limits_{n=1}^{\infty}\left[(u_n \pm v_n)\mp v_n\right] = \sum\limits_{n=1}^{\infty}u_n$ 收敛,此与已知矛盾,因此 $\sum\limits_{n=1}^{\infty}(u_n \pm v_n)$ 必发散.

(2)若 $\sum\limits_{n=1}^{\infty} u_n$ 发散, $\sum\limits_{n=1}^{\infty} v_n$ 也发散,则 $\sum\limits_{n=1}^{\infty}(u_n \pm v_n)$ 可能收敛,也可能发散.

例如, $\sum\limits_{n=1}^{\infty}\dfrac{1}{n}$ 与 $\sum\limits_{n=1}^{\infty}\dfrac{2}{n}$ 均发散, $\sum\limits_{n=1}^{\infty}\left(\dfrac{2}{n}+\dfrac{1}{n}\right) = \sum\limits_{n=1}^{\infty}\dfrac{3}{n}$ 发散;

$\sum\limits_{n=1}^{\infty}\dfrac{1}{n}$ 与 $\sum\limits_{n=1}^{\infty}\left(-\dfrac{1}{n}\right)$ 均发散, $\sum\limits_{n=1}^{\infty}\left(\dfrac{1}{n}-\dfrac{1}{n}\right) = 0$ 收敛.

性质 8.4 在级数中去掉增加或改变有限项,不会影响级数的敛散性,在级数收敛时,一般来说"级数的和"会发生变化.

性质 8.5 对于收敛的级数,若不改变每项的位置,按原有顺序对某些项加括号将其结合在一起,构成的新级数仍收敛,且其和不变.

注意 (1)带括号的收敛级数去掉括号后不一定收敛. 例如 $(1-1) + (1-1) + \cdots + (1-1) + \cdots$ 收敛,但是 $1 - 1 + 1 - 1 + \cdots$ 是发散的.

(2)如果一个级数按原有顺序对某些项加括号后得到的新级数发散,那么原来的级数必发散.

练习 8.1

1. 判断下列级数是否收敛,若收敛,求其和.

(1) $\sum\limits_{n=2}^{\infty}\dfrac{1}{(n+1)(n-1)}$;   (2) $\sum\limits_{n=1}^{\infty}\dfrac{n}{(n+1)!}$;

(3) $\sum\limits_{n=1}^{\infty}\ln\dfrac{n+1}{n}$;   (4) $\sum\limits_{n=1}^{\infty}\left(\dfrac{1}{\sqrt{n}}-\dfrac{1}{\sqrt{n+1}}\right)$.

2. 判断下列级数的敛散性

(1) $\sum\limits_{n=1}^{\infty} n\sin\dfrac{1}{n}$;

(2) $\sin \dfrac{\pi}{7} + \sin^2 \dfrac{\pi}{7} + \cdots + \sin^n \dfrac{\pi}{7} + \cdots$;

(3) $\displaystyle\sum_{n=1}^{\infty} \dfrac{2^n + (-3)^n}{4^n}$;

(4) $\displaystyle\sum_{n=1}^{\infty} \left[\dfrac{2}{n} + \dfrac{1}{2^n}\right]$.

8.2 常数项级数敛散性的判别法

本节我们讨论根据级数的通项来判断级数是否收敛的方法,包括正项级数及其敛散性判别法,交错级数及其收敛判别法以及绝对收敛与条件收敛.

8.2.1 正项级数及其敛散性判别法

定义 8.2 如果级数 $\displaystyle\sum_{n=1}^{\infty} u_n$ 的一般项 $u_n \geqslant 0$ $(n = 1, 2, 3 \cdots)$,

则称级数 $\displaystyle\sum_{n=1}^{\infty} u_n$ 为正项级数.

根据正项级数自身的特点,可以得到正项级数收敛原理.

定理 8.1 (正项级数收敛原理) 正项级数 $\displaystyle\sum_{n=1}^{\infty} u_n$ 收敛的充分必要条件是它的部分和数列 $\{S_n\}$ 有上界

证明 若级数 $\displaystyle\sum_{n=1}^{\infty} u_n$ 为正项级数,则它的部分和数列 $\{S_n\}$ 单调递增,即

$$S_1 \leqslant S_2 \leqslant \cdots \leqslant S_n \leqslant \cdots$$

根据“单调有界数列必有极限”可知,$\lim\limits_{n \to \infty} S_n$ 存在的充分必要条件是数列 $\{S_n\}$ 有上界,从而定理得证.

定理 8.1 是判断正项级数敛散性最基本的定理,以此为基础我们可以得到以下一些正项级数敛散性的判别方法.

定理 8.2 (比较判别法) 设 $\displaystyle\sum_{n=1}^{\infty} u_n$ 和 $\displaystyle\sum_{n=1}^{\infty} v_n$ 都是正项级数,并且 $u_n \leqslant cv_n$ $(n = 1, 2, \cdots)$,其中 c 为正常数,则

(1) 若 $\displaystyle\sum_{n=1}^{\infty} v_n$ 收敛,则 $\displaystyle\sum_{n=1}^{\infty} u_n$ 收敛;

(2) 若 $\displaystyle\sum_{n=1}^{\infty} u_n$ 发散,则 $\displaystyle\sum_{n=1}^{\infty} v_n$ 发散.

证明 设 $\displaystyle\sum_{n=1}^{\infty} u_n$ 和 $\displaystyle\sum_{n=1}^{\infty} v_n$ 的前 n 项和分别为 S_n 和 T_n,则有

$$S_n = u_1 + u_2 + \cdots + u_n \leqslant cv_1 + cv_2 + \cdots + cv_n = cT_n (n = 1,2,\cdots)$$

（1）若级数 $\sum\limits_{n=1}^{\infty} v_n$ 收敛，则其部分和数列 $\{T_n\}$ 有上界，从而 $\{S_n\}$ 也有上界，由定理 8.1 知级数 $\sum\limits_{n=1}^{\infty} u_n$ 收敛；

（2）若 $\sum\limits_{n=1}^{\infty} u_n$ 发散，则其部分和数列 $\{S_n\}$ 无上界，从而 $\{T_n\}$ 也无上界，由定理 8.1 可知级数 $\sum\limits_{n=1}^{\infty} v_n$ 发散.

例 8.4 讨论 p - 级数 $\sum\limits_{n=1}^{\infty} \dfrac{1}{n^p}$ 的敛散性.

解 （1）当 $p \leqslant 1$ 时，有 $\dfrac{1}{n} \leqslant \dfrac{1}{n^p} (n = 1,2,3,\cdots)$. 已知调和级数 $\sum\limits_{n=1}^{\infty} \dfrac{1}{n}$ 发散，根据比较判别法知，$p \leqslant 1$ 时，$\sum\limits_{n=1}^{\infty} \dfrac{1}{n^p}$ 发散；

（2）当 $p > 1$ 时，$\dfrac{1}{n^p} \leqslant \displaystyle\int_{n-1}^{n} \dfrac{1}{x^p} \mathrm{d}x (n = 2,3\cdots)$，从而

$$S_n = 1 + \dfrac{1}{2^p} + \cdots + \dfrac{1}{n^p} \leqslant 1 + \int_1^2 \dfrac{1}{x^p}\mathrm{d}x + \int_2^3 \dfrac{1}{x^p}\mathrm{d}x + \cdots + \int_{n-1}^{n} \dfrac{1}{x^p}\mathrm{d}x$$

$$= 1 + \int_1^n \dfrac{1}{x^p}\mathrm{d}x = 1 + \dfrac{1}{p-1}\left(1 - \dfrac{1}{n^{p-1}}\right) < 1 + \dfrac{1}{p-1}$$

即部分和数列 $\{S_n\}$ 有上界由定理 8.1 知，当 $p > 1$ 时，$\sum\limits_{n=1}^{\infty} \dfrac{1}{n^p}$ 收敛.

综上所述，p - 级数 $\sum\limits_{n=1}^{\infty} \dfrac{1}{n^p}$，当 $p \leqslant 1$ 时发散；$p > 1$ 时收敛.

例 8.5 判断级数 $\sum\limits_{n=1}^{\infty} \dfrac{\sin \frac{\pi}{2^n}}{2^n}$ 的敛散性.

解 由于 $0 < \dfrac{\sin \frac{\pi}{2^n}}{2^n} < \dfrac{1}{2^n} (n = 1,2,\cdots)$，而 $\sum\limits_{n=1}^{\infty} \dfrac{1}{2^n}$ 是公比 $q = \dfrac{1}{2}$ 的几何级数，从而 $\sum\limits_{n=1}^{\infty} \dfrac{1}{2^n}$ 收敛. 由比较判别法知 $\sum\limits_{n=1}^{\infty} \dfrac{\sin \frac{\pi}{2^n}}{2^n}$ 收敛.

在使用比较判别法时，需要将级数通项与敛散性已知的级数通项进行比较，后者称为**参考级数**. 常用的参考级数有几何级数和 p - 级数. 此外，利用比较判别法需要对级数的敛散性做出"预判断"，即如果认为级数收敛，应放大通项，并保证放大后的参考级数收敛；反之，则应缩小通项，并使缩小后的参考级数发散. 因此，比较判别法有时使用起来并不方便，在应用中我们常运用更为简便的比较判别法的极限形式进行判别.

（比较判别法的极限形式） 设 $\sum\limits_{n=1}^{\infty} u_n$ 和 $\sum\limits_{n=1}^{\infty} v_n$ $(v_n > 0)$ 都是正项级数,且满足

$$\lim_{n \to \infty} \frac{u_n}{v_n} = l.$$

（1）当 $0 < l < +\infty$ 时, $\sum\limits_{n=1}^{\infty} u_n$ 与 $\sum\limits_{n=1}^{\infty} v_n$ 具有相同的敛散性;

（2）当 $l = 0$ 时, $\sum\limits_{n=1}^{\infty} v_n$ 收敛,则 $\sum\limits_{n=1}^{\infty} u_n$ 收敛;

（3）当 $l = +\infty$ 时, $\sum\limits_{n=1}^{\infty} v_n$ 发散,则 $\sum\limits_{n=1}^{\infty} u_n$ 发散.

判断下列级数的敛散性.

（1） $\sum\limits_{n=1}^{\infty} \left(1 - \cos\frac{1}{n}\right)$;　　（2） $\sum\limits_{n=1}^{\infty} \frac{3n}{(n+1)(n+2)}$;

（3） $\sum\limits_{n=1}^{\infty} \left(\sin\frac{1}{2n}\right)^2$;　　（4） $\sum\limits_{n=2}^{\infty} \frac{1}{\sqrt{n}}\ln\left(1 - \frac{1}{\sqrt{n}}\right)$.

解　（1）由于当 $n \to \infty$ 时, $1 - \cos\frac{1}{n} \sim \frac{1}{2n^2}$,即 $\lim\limits_{n \to \infty} \dfrac{1 - \cos\dfrac{1}{n}}{\dfrac{1}{2n^2}} = 1$.

由 p - 级数的敛散性知, $\sum\limits_{n=1}^{\infty} \frac{1}{2n^2}$ 收敛 $(p = 2 > 1)$,从而 $\sum\limits_{n=1}^{\infty} \left(1 - \cos\frac{1}{n}\right)$ 收敛.

（2）由于 $\lim\limits_{n \to \infty} \dfrac{3n}{(n+1)(n+2)} \Big/ \dfrac{1}{n} = 3$,而调和级数 $\sum\limits_{n=1}^{\infty} \frac{1}{n}$ 发散,从而级数 $\sum\limits_{n=1}^{\infty} \frac{3n}{(n+1)(n+2)}$ 发散.

（3）由于当 $n \to \infty$ 时, $\left(\sin\frac{1}{2n}\right)^2 \sim \left(\frac{1}{2n}\right)^2$,即 $\lim\limits_{n \to \infty} \dfrac{\left(\sin\dfrac{1}{2n}\right)^2}{\left(\dfrac{1}{2n}\right)^2} = 1$,级数 $\sum\limits_{n=1}^{\infty} \left(\frac{1}{2n}\right)^2$ 收敛,从而 $\sum\limits_{n=1}^{\infty} \left(\sin\frac{1}{2n}\right)^2$ 收敛.

（4）由于 $n \to \infty$ 时, $\ln\left(1 - \frac{1}{\sqrt{n}}\right) \sim -\frac{1}{\sqrt{n}}$,从而 $\frac{1}{\sqrt{n}}\ln\left(1 - \frac{1}{\sqrt{n}}\right) \sim \left(-\frac{1}{n}\right)(n \to \infty)$.又级数 $\sum\limits_{n=2}^{\infty} \left(-\frac{1}{n}\right)$ 发散,从而 $\sum\limits_{n=2}^{\infty} \frac{1}{\sqrt{n}}\ln\left(1 - \frac{1}{\sqrt{n}}\right)$ 发散.

（比值判别法,又称达朗贝尔判别法） 设正项级数 $\sum\limits_{n=1}^{\infty} u_n$ 满足

注意　由例 8.6 可知,利用等价无穷小量的代换,可以化简级数 $\sum\limits_{n=1}^{\infty} u_n$ 的通项形式,进而利用已知级数的敛散性(如几何级数、p - 级数)来判断 $\sum\limits_{n=1}^{\infty} u_n$ 的敛散性.

$$\lim_{n\to\infty}\frac{u_{n+1}}{u_n}=\rho$$

则当 $\rho<1$ 时，$\sum_{n=1}^{\infty}u_n$ 收敛；当 $\rho>1$（或 $\rho=+\infty$）时，$\sum_{n=1}^{\infty}u_n$ 发散；

当 $\rho=1$ 时，$\sum_{n=1}^{\infty}u_n$ 可能收敛也可能发散.

事实上，当 $\rho<1$ 时，取一个适当小的正数 ε，使得 $\rho<\rho+\varepsilon=r<1$. 由 $\lim_{n\to\infty}\frac{u_{n+1}}{u_n}=\rho$ 可知，存在某一项 N，使得 $n\geq N$ 时，有 $\frac{u_{n+1}}{u_n}<r$，即

$$u_{N+1}<ru_N,u_{N+2}<ru_{N+1}<r^2u_N,u_{N+3}<ru_{N+2}<r^3u_N,\cdots$$

由于级数 $\sum_{n=1}^{\infty}u_Nr^n$ 收敛，从而根据比较判别法可知，$\sum_{n=1}^{\infty}u_n$ 收敛.

若 $\rho>1$，取一个适当小的正数 ε，使得 $\rho-\varepsilon>1$，由 $\lim_{n\to\infty}\frac{u_{n+1}}{u_n}=\rho$ 可知，存在某一项 K，使得 $n\geq K$ 时，有

$$\frac{u_{n+1}}{u_n}>\rho-\varepsilon>1.$$

从而有 $u_{n+1}>u_n$. 即当 $n\geq K$ 时，级数的通项 u_n 逐渐增大，从而 $\lim_{n\to\infty}u_n\neq 0$，因此 $\sum_{n=1}^{\infty}u_n$ 发散.

当 $\rho=1$ 时，级数可能收敛也可能发散. 例如 $p-$级数 $\sum_{n=1}^{\infty}\frac{1}{n^p}$，有

$$\lim_{n\to\infty}\frac{u_{n+1}}{u_n}=\lim_{n\to\infty}\frac{\dfrac{1}{(n+1)^p}}{\dfrac{1}{n^p}}=1.$$

当 $p\leq 1$ 时级数发散，当 $p>1$ 时级数收敛. 因此 $\rho=1$ 时，无法用比值判别法进行判别.

例 8.7 判别下列级数的敛散性

(1) $\sum_{n=1}^{\infty}\frac{(n!)^2}{(2n)!}$；   (2) $\sum_{n=1}^{\infty}\frac{a^n}{n^2}(a>0)$.

解 (1) $\lim_{n\to\infty}\frac{u_{n+1}}{u_n}=\lim_{n\to\infty}\frac{[(n+1)!]^2}{(2n+2)!}\cdot\frac{(2n)!}{(n!)^2}$

$$=\lim_{n\to\infty}\frac{(n+1)^2}{(2n+2)(2n+1)}=\frac{1}{4}<1$$

由比值判别法知，级数 $\sum_{n=1}^{\infty}\frac{(n!)^2}{(2n)!}$ 收敛；

（2）$\lim\limits_{n\to\infty}\dfrac{\frac{a^{n+1}}{(n+1)^2}}{\frac{a^n}{n^2}}=\lim\limits_{n\to\infty}\dfrac{an^2}{(n+1)^2}=a.$

由比值判别法知，当 $0<a<1$ 时，级数 $\sum\limits_{n=1}^{\infty}\dfrac{a^n}{n^2}$ 收敛；当 $a>1$ 时，

级数 $\sum\limits_{n=1}^{\infty}\dfrac{a^n}{n^2}$ 发散；

当 $a=1$ 时，级数 $\sum\limits_{n=1}^{\infty}\dfrac{a^n}{n^2}=\sum\limits_{n=1}^{\infty}\dfrac{1}{n^2}$，$p=2>1$，由 p-级数敛散性

知，此时级数 $\sum\limits_{n=1}^{\infty}\dfrac{a^n}{n^2}$ 收敛.

（根值判别法，又称柯西判别法） 设正项级数

$\sum\limits_{n=1}^{\infty}u_n$，满足

$$\lim\limits_{n\to\infty}\sqrt[n]{u_n}=\rho$$

则当 $\rho<1$ 时，$\sum\limits_{n=1}^{\infty}u_n$ 收敛；当 $\rho>1$（或 $\rho=+\infty$）时，$\sum\limits_{n=1}^{\infty}u_n$ 发散；

当 $\rho=1$ 时，$\sum\limits_{n=1}^{\infty}u_n$ 可能收敛也可能发散.

判断下列级数的敛散性

（1）$\sum\limits_{n=2}^{\infty}\dfrac{1}{(\ln n)^n}$；（2）$\sum\limits_{n=1}^{\infty}\dfrac{(3n^2+1)^n}{(2n)^{2n}}$；（3）$\sum\limits_{n=1}^{\infty}\dfrac{a^n}{n^2}(a>0)$

解（1）由于 $\lim\limits_{n\to\infty}\sqrt[n]{u_n}=\lim\limits_{n\to\infty}\sqrt[n]{\dfrac{1}{(\ln n)^n}}=\lim\limits_{n\to\infty}\dfrac{1}{\ln n}=0<1$，因此级

数 $\sum\limits_{n=2}^{\infty}\dfrac{1}{(\ln n)^n}$ 收敛.

（2）由于 $\lim\limits_{n\to\infty}\sqrt[n]{u_n}=\lim\limits_{n\to\infty}\sqrt[n]{\dfrac{(3n^2+1)^n}{(2n)^{2n}}}=\lim\limits_{n\to\infty}\dfrac{3n^2+1}{(2n)^2}=\dfrac{3}{4}<1$，

因此级数 $\sum\limits_{n=1}^{\infty}\dfrac{(3n^2+1)^n}{(2n)^{2n}}$ 收敛.

（3）由于 $\lim\limits_{n\to\infty}\sqrt[n]{u_n}=\lim\limits_{n\to\infty}\sqrt[n]{\dfrac{a^n}{n^2}}=a.$

因此，当 $0<a<1$ 时，级数收敛；当 $a>1$ 时，级数发散；当 $a=1$ 时，

$\sum\limits_{n=1}^{\infty}\dfrac{a^n}{n^2}=\sum\limits_{n=1}^{\infty}\dfrac{1}{n^2}$ 收敛.

综上可知，当 $0<a\leqslant1$ 时，级数收敛；当 $a>1$ 时，级数发散.

注意 比值判别法与根值判别法都是以比较判别法为基础，通过与几何级数相比较来判断级数敛散性的方法. 当 $\lim\limits_{n\to\infty}\dfrac{u_{n+1}}{u_n}>1$ 或 $\lim\limits_{n\to\infty}\sqrt[n]{u_n}>1$ 时，都意味着 $\lim\limits_{n\to\infty}u_n\neq0$. 当通项中含有 如 $n!$ 形式时考虑用比值判别法，当通项为形如 n^n 的幂指函数时，考虑用根值判别法. 此外，若 $\lim\limits_{n\to\infty}\dfrac{u_{n+1}}{u_n}$ 或 $\lim\limits_{n\to\infty}\sqrt[n]{u_n}$ 极限不存在，则应考虑其他方法进行判别.

8.2.2 交错级数及其收敛判别法

定义8.5 设 $u_n > 0 (n = 1, 2, \cdots)$,如果级数的各项正负交错,即有如下形式

$$\sum_{n=1}^{\infty} (-1)^{n-1} u_n = u_1 - u_2 + u_3 - u_4 + \cdots$$

或

$$\sum_{n=1}^{\infty} (-1)^{n} u_n = -u_1 + u_2 - u_3 + u_4 - \cdots$$

则称该级数为**交错级数**.

对于交错级数,它的收敛性可由下述方法进行判别.

定理8.6 (**莱布尼茨判别法**)设交错级数 $\sum_{n=1}^{\infty} (-1)^{n-1} u_n$

$(u_n > 0)$满足:

(1) $u_n \geqslant u_{n+1} (n = 1, 2, \cdots)$,

(2) $\lim_{n \to \infty} u_n = 0$,

则级数 $\sum_{n=1}^{\infty} (-1)^{n-1} u_n$ 收敛.

证明 首先考虑交错级数的前 $2n$ 项和

$$S_{2n} = u_1 - u_2 + u_3 - u_4 + \cdots + u_{2n-1} - u_{2n}$$

由条件(1) $u_n \geqslant u_{n+1}$ 可知

$$S_{2n} = u_1 - (u_2 - u_3) - \cdots - (u_{2n-1} - u_{2n-1}) - u_{2n} \leqslant u_1$$

又 $$S_{2n} = (u_1 - u_2) + (u_3 - u_4) + \cdots + (u_{2n-1} - u_{2n}) \geqslant 0$$

即前 $2n$ 项部分和数列 $\{S_{2n}\}$ 单调递增有上界,从而 $\lim_{n \to \infty} S_{2n}$ 存在,

且 $\lim_{n \to \infty} S_{2n} = S \leqslant u_1$

由条件(2) $\lim_{n \to \infty} u_n = 0$ 可知 $\lim_{n \to \infty} u_{2n+1} = 0$,从而 $\lim_{n \to \infty} S_{2n+1} = \lim_{n \to \infty} (S_{2n} + u_{2n+1}) = \lim_{n \to \infty} S_{2n} = S$

综上可知,$\lim_{n \to \infty} S_n = S \leqslant u_1$. 因此,$\sum_{n=1}^{\infty} (-1)^{n-1} u_n$ 收敛.

注意 莱布尼茨判别方法的条件是交错级数收敛的充分条件,而非必要条件,也就是当定理的条件(1)不满足时,不能由此判断交错级数发散;但当定理的条件(2)不满足时,即 $\lim_{n \to \infty} u_n \neq 0$,则该级数一定发散.

例8.9 判断下列级数的敛散性

(1) $\sum_{n=1}^{\infty} (-1)^{n-1} \dfrac{1}{n}$; (2) $\sum_{n=2}^{\infty} (-1)^{n} \dfrac{\sqrt{n}}{n-1}$

解 (1)由于 $u_n = \dfrac{1}{n}$ 满足 $u_n \geqslant u_{n+1}$,$\lim_{n \to \infty} u_n = 0$,根据莱布尼茨判别法知,交错级数 $\sum_{n=1}^{\infty} (-1)^{n-1} \dfrac{1}{n}$ 收敛;

(2) $u_n = \dfrac{\sqrt{n}}{n-1}$,首先 $\lim_{n \to \infty} u_n = \lim_{n \to \infty} \dfrac{\sqrt{n}}{n-1} = 0$. 其次,令 $f(x) = \dfrac{\sqrt{x}}{x-1}$

$(x \geqslant 2)$，有 $f'(x) = \dfrac{-(1+x)}{2\sqrt{x}(x-1)^2} < 0 (x \geqslant 2)$，即函数 $f(x)$ 单调递减，

从而 $u_n \geqslant u_{n+1}$．由莱布尼茨判别法知，交错级数

$\displaystyle\sum_{n=2}^{\infty} (-1)^n \dfrac{\sqrt{n}}{n-1}$ 收敛．

8.2.3　绝对收敛与条件收敛

　　定义 如果级数 $\displaystyle\sum_{n=1}^{\infty} |u_n|$ 收敛，则称 $\displaystyle\sum_{n=1}^{\infty} u_n$ **绝对收敛**；

如果级数 $\displaystyle\sum_{n=1}^{\infty} u_n$ 收敛，而级数 $\displaystyle\sum_{n=1}^{\infty} |u_n|$ 发散，则称级数 $\displaystyle\sum_{n=1}^{\infty} u_n$ **条件收敛**．

　　通常，对于常数项级数 $\displaystyle\sum_{n=1}^{\infty} u_n$，如果通项 u_n 可以任意地取正数、负数或零，那么这样常数项级数称为**任意项级数**．

　　定理 如果任意项级数 $\displaystyle\sum_{n=1}^{\infty} u_n$ 绝对收敛，则 $\displaystyle\sum_{n=1}^{\infty} u_n$ 一定收敛．

　　证明　记 $v_n = \dfrac{1}{2}(|u_n| + u_n)$，显然 $v_n \geqslant 0 (n=1,2,\cdots)$，并且 $v_n \leqslant |u_n|$．由比较判别法知，正项级数 $\displaystyle\sum_{n=1}^{\infty} v_n$ 收敛，从而 $\displaystyle\sum_{n=1}^{\infty} 2v_n$ 也收敛．又

$$\sum_{n=1}^{\infty} u_n = \sum_{n=1}^{\infty} 2v_n - \sum_{n=1}^{\infty} |u_n|,$$

由性质 8.3 知任意项级数 $\displaystyle\sum_{n=1}^{\infty} u_n$ 收敛．

　　例 判断下列级数是否收敛，如果收敛，是绝对收敛还是条件收敛：

（1）$\displaystyle\sum_{n=1}^{\infty} \dfrac{\sin nx}{n^2}$；

（2）$\displaystyle\sum_{n=1}^{\infty} (-1)^{n+1} \dfrac{1}{n^p}$．

（3）$\displaystyle\sum_{n=1}^{\infty} \dfrac{(x-1)^n}{3^{2n}}$．

　　解　（1）任意级数 $\displaystyle\sum_{n=1}^{\infty} \dfrac{\sin nx}{n^2}$ 满足 $\left|\dfrac{\sin nx}{n^2}\right| \leqslant \dfrac{1}{n^2}$，而级数 $\displaystyle\sum_{n=1}^{\infty} \dfrac{1}{n^2}$ 收敛，从而该级数绝对收敛．

(2) $|u_n| = \left| (-1)^{n+1} \dfrac{1}{n^p} \right| = \dfrac{1}{n^p}$

由例 8.4 知,当 $p > 1$ 时,$\displaystyle\sum_{n=1}^{\infty} \dfrac{1}{n^p}$ 收敛,从而级数绝对收敛.

当 $p \leqslant 1$ 时,$\displaystyle\sum_{n=1}^{\infty} \dfrac{1}{n^p}$ 发散.进一步地,若 $p \leqslant 0$ $\displaystyle\lim_{n\to\infty} u_n \neq 0$,从而

$\displaystyle\sum_{n=1}^{\infty} (-1)^{n+1} \dfrac{1}{n^p}$ 发散;若 $0 < p \leqslant 1$,$\dfrac{1}{n^p} \geqslant \dfrac{1}{(n+1)^p}$,并且 $\displaystyle\lim_{n\to\infty} \dfrac{1}{n^p} = 0$.

由莱布尼茨判别法知,级数 $\displaystyle\sum_{n=1}^{\infty} (-1)^{n+1} \dfrac{1}{n^p}$ 收敛.

综上可知,对于级数 $\displaystyle\sum_{n=1}^{\infty} (-1)^{n+1} \dfrac{1}{n^p}$,当 $p \leqslant 0$ 时级数发散;当 $0 < p \leqslant 1$ 时,级数条件收敛;当 $p > 1$ 时,级数绝对收敛.

(3) 令 $u_n = \dfrac{(x-1)^n}{3^{2n}}$,则

$$\lim_{n\to\infty} \frac{|u_{n+1}|}{|u_n|} = \lim_{n\to\infty} \left| \frac{(x-1)^{n+1}}{9^{n+1}} \cdot \frac{9^n}{(x-1)^n} \right| = \frac{|x-1|}{9}$$

由比值判别法知.

当 $\dfrac{|x-1|}{9} < 1$,即 $-8 < x < 10$ 时,$\displaystyle\sum_{n=1}^{\infty} \left| \dfrac{(x-1)^n}{3^{2n}} \right|$ 收敛,从而

$\displaystyle\sum_{n=1}^{\infty} \dfrac{(x-1)^n}{3^{2n}}$ 绝对收敛;

当 $\dfrac{|x-1|}{9} > 1$,即 $x < -8$ 或 $x > 10$ 时,$\displaystyle\sum_{n=1}^{\infty} \left| \dfrac{(x-1)^n}{3^{2n}} \right|$ 发散,且

$\displaystyle\lim_{n\to\infty} \dfrac{(x-1)^n}{3^{2n}} = \infty$,从而 $\displaystyle\sum_{n=1}^{\infty} \dfrac{(x-1)^n}{3^{2n}}$ 发散;

当 $\dfrac{|x-1|}{9} = 1$,即 $x = -8$ 或 $x = 10$ 时,有 $\displaystyle\sum_{n=1}^{\infty} \dfrac{(x-1)^n}{3^{2n}} = $

$\displaystyle\sum_{n=1}^{\infty} (-1)^n (x = -8$ 时$)$,$\displaystyle\sum_{n=1}^{\infty} \dfrac{(x-1)^n}{3^{2n}} = \sum_{n=1}^{\infty} 1 (x = 10$ 时$)$,可见当

$x = -8$ 或 $x = 10$ 时,$\displaystyle\sum_{n=1}^{\infty} \dfrac{(x-1)^n}{3^{2n}}$ 发散.

综上可知,当 $-8 < x < 10$ 时,级数绝对收敛;当 $x \leqslant -8$ 或 $x \geqslant 10$ 时,级数发散.

注意 用正项级数的比值判别法(或根值判别法)得到 $\displaystyle\sum_{n=1}^{\infty} |u_n|$ 发散,必有原级数 $\displaystyle\sum_{n=1}^{\infty} u_n$ 发散. 因为此时必有 $u_n \nrightarrow 0 (n \to \infty)$.

练习8.2

1. 判别下列正项级数的敛散性.

(1) $\displaystyle\sum_{n=1}^{\infty} (\sqrt{n^3+1} - \sqrt{n^3-1})$；　(2) $\displaystyle\sum_{n=1}^{\infty} \sqrt{n} \left(1 - \cos\dfrac{1}{n} \right)$；

(3) $\displaystyle\sum_{n=1}^{\infty}\frac{4^n}{n^{5n}}$；　　　(4) $\displaystyle\sum_{n=1}^{\infty}\frac{(\ln n)^3}{n^2}$；

(5) $\displaystyle\sum_{n=1}^{\infty}\frac{n!}{n^n}$；　　　(6) $\displaystyle\sum_{n=1}^{\infty}\left(\frac{n-1}{n+1}\right)^n$；

(7) $\displaystyle\sum_{n=1}^{\infty}\frac{1}{1+a^n}(a>0)$；　(8) $\displaystyle\sum_{n=1}^{\infty}\frac{n+1}{2^n}\sin\frac{\pi}{n}$.

2. 设级数 $\displaystyle\sum_{n=1}^{\infty}u_n^2$ 收敛，证明：$\displaystyle\sum_{n=1}^{\infty}\frac{|u_n|}{\sqrt{n^2+a}}$ 收敛（a 为常数，$a>0$)

3. 判断下列级数是否收敛，如果收敛，判别是绝对收敛还是条件收敛.

(1) $\displaystyle\sum_{n=1}^{\infty}\frac{\sin na}{(\ln 3)^n}$；　　　(2) $\displaystyle\sum_{n=1}^{\infty}(-1)^n\cdot\frac{10^n}{n!}$；

(3) $\displaystyle\sum_{n=2}^{\infty}\frac{(-1)^{n-1}n^3}{2^n}$；　　(4) $\displaystyle\sum_{n=1}^{\infty}\frac{(-1)^n}{n+\sqrt{n}}$；

(5) $\displaystyle\sum_{n=1}^{\infty}\frac{(-1)^n\ln n}{n^2}$；　　(6) $\displaystyle\sum_{n=1}^{\infty}\frac{4^n}{n}x^n$.

8.3　幂级数

前面两节我们讨论的是常数项级数，即每一项都是常数的级数. 本节我们分析由无穷多个函数形成的级数，即函数项级数，并以特殊的函数项级数——幂级数为主要研究对象，分析幂级数的收敛性及和函数问题.

8.3.1　函数项级数及相关概念

定义　设函数列 $\{u_n(x)\}(n=0,1,2,\cdots)$ 中的每个函数在实数集合 D 上均有定义，将它们依次用加号连结起来，即

$$\sum_{n=0}^{\infty}u_n(x)=u_0(x)+u_1(x)+\cdots+u_n(x)+\cdots$$

则称级数 $\displaystyle\sum_{n=0}^{\infty}u_n(x)$ 为定义在集合 D 上的**函数项级数**.

如果对某点 $x_0\in D$，常数项级数 $\displaystyle\sum_{n=0}^{\infty}u_n(x_0)$ 收敛，则称 x_0 为 $\displaystyle\sum_{n=0}^{\infty}u_n(x)$ 的**收敛点**；如果常数项级数 $\displaystyle\sum_{n=0}^{\infty}u_n(x_0)$ 发散，则称 x_0 为 $\displaystyle\sum_{n=0}^{\infty}u_n(x)$ 的**发散点**. 函数项级数 $\displaystyle\sum_{n=0}^{\infty}u_n(x)$ 所有收敛点组成的集合，称为该函数项级数的**收敛域**；所有发散点组成的集合，称为该函

数项级数的**发散域**.

例如,几何级数 $\sum\limits_{n=0}^{\infty} x^n$ 的收敛域是 $(-1,1)$,发散域为 $(-\infty,-1]\cup[1,+\infty)$.

定义 8.8 对于收敛域中每个 x,函数项级数 $\sum\limits_{n=0}^{\infty} u_n(x)$ 都对应唯一确定的和,记为 $S(x)$,即

$$\sum_{n=0}^{\infty} u_n(x) = S(x),$$

称 $S(x)$ 为函数项级数 $\sum\limits_{n=0}^{\infty} u_n(x)$ 的**和函数**.

与常数项级数类似,称 $S_n(x) = u_0(x) + u_1(x) + \cdots + u_{n-1}(x) = \sum\limits_{k=0}^{n-1} u_k(x)$ 为函数项级数的**部分和**. 从而,当 x 属于该函数项级数的收敛域时,有

$$\lim_{n\to\infty} S_n(x) = S(x)$$

例如,对于 $\sum\limits_{n=0}^{\infty} x^n$,其部分和 $S_n(x) = \dfrac{1-x^n}{1-x}$,和函数 $S(x) = \lim\limits_{n\to\infty} S_n(x) = \dfrac{1}{1-x}(-1<x<1)$.

若记 $R_n(x) = S(x) - S_n(x)$,则称 $R_n(x)$ 为函数项级数 $\sum\limits_{n=0}^{\infty} u_n(x)$ 的**余和**,并且对收敛域中的任意 x,都有

$$\lim_{n\to\infty} R_n(x) = \lim_{n\to\infty} [S(x) - S_n(x)] = 0.$$

例 8.11 讨论函数项级数 $\sum\limits_{n=1}^{\infty} \left(\dfrac{\sqrt[3]{x-1}}{2}\right)^n$ 的收敛域.

解 由几何级数可知,当 $\left|\dfrac{\sqrt[3]{x-1}}{2}\right| < 1$,即 $-7 < x < 9$ 时,级数收敛;当 $\left|\dfrac{\sqrt[3]{x-1}}{2}\right| \geq 1$,即 $x \leq -7$ 或 $x \geq 9$ 时,级数发散. 从而收敛域为 $(-7,9)$.

8.3.2 幂级数及其收敛性

定义 8.9 形如

$$\sum_{n=0}^{\infty} a_n(x-x_0)^n = a_0 + a_1(x-x_0) + a_2(x-x_0)^2 + \cdots + a_n(x-x_0)^n + \cdots$$

的函数项级数,称为在 x_0 点的**幂级数**,其中 $a_0, a_1, a_2, \cdots, a_n, \cdots$ 称为幂级数的系数.

当 $x_0 = 0$ 时, $\sum\limits_{n=0}^{\infty} a_n x^n = a_0 + a_1 x + a_2 x^2 + \cdots + a_n x^n + \cdots$ 称为在 $x_0 = 0$ 点的**幂级数**. 因为可以通过变量替换 $t = x - x_0$ 把在任意点 x_0 的幂级数 $\sum\limits_{n=0}^{\infty} a_n (x - x_0)^n$ 变成在 $t = 0$ 点的幂级数 $\sum\limits_{n=0}^{\infty} a_n t^n$. 所以, 以下我们将着重研究幂级数 $\sum\limits_{n=0}^{\infty} a_n x^n$ 的相关性质.

（阿贝尔（Abel）定理） 如果幂级数 $\sum\limits_{n=0}^{\infty} a_n x^n$ 在 x_0 $(x_0 \neq 0)$ 处收敛, 则 $\sum\limits_{n=0}^{\infty} a_n x^n$ 在满足 $|x| < |x_0|$ 的一切点 x 处都绝对收敛; 如果幂级数 $\sum\limits_{n=0}^{\infty} a_n x^n$ 在 x_0 处发散, 则 $\sum\limits_{n=0}^{\infty} a_n x^n$ 在满足 $|x| > |x_0|$ 的一切点 x 处都发散.

定理 8.8 的几何意义很直观, 可由图 8-1 来表示.

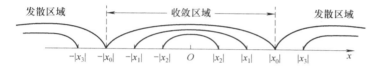

图 8-1

如图 8-1 所示, 点 x_1, x_2 均为收敛点, x_3 为发散点, x_0 为收敛与发散的分界点. 可见幂级数 $\sum\limits_{n=0}^{\infty} a_n x^n$ 的收敛点与发散点在 x 轴上不能交错出现, 并且收敛范围关于原点对称.

由定理 8.8 可知, 如果幂级数 $\sum\limits_{n=0}^{\infty} a_n x^n$ 不是仅在 $x = 0$ 点收敛, 也不是在整个数轴上都收敛, 则必存在一个确定的正数 R, 使得:

当 $|x| < R$, 即 $x \in (-R, R)$ 时, 幂级数 $\sum\limits_{n=0}^{\infty} a_n x^n$ 绝对收敛;

当 $|x| > R$, 即 $x \in (-\infty, -R)$ 或 $x \in (R, +\infty)$ 时, 幂级数 $\sum\limits_{n=0}^{\infty} a_n x^n$ 发散;

当 $x = R$ 及 $x = -R$ 时, 幂级数 $\sum\limits_{n=0}^{\infty} a_n x^n$ 可能收敛也可能发散.

正数 R 称为幂级数 $\sum\limits_{n=0}^{\infty} a_n x^n$ 的**收敛半径**; 开区间 $(-R, R)$ 称为幂级数 $\sum\limits_{n=0}^{\infty} a_n x^n$ 的**收敛区间**; 在考虑端点 $x = \pm R$ 的收敛性后, $(-R, R)$, $(-R, R]$, $[-R, R)$ 或 $[-R, R]$ 称为幂级数 $\sum\limits_{n=0}^{\infty} a_n x^n$ 的**收**

敛域.

对于特殊情况,有以下规定:

(1)若幂级数 $\sum\limits_{n=0}^{\infty} a_n x^n$ 仅在 $x=0$ 点收敛,则它的收敛半径 $R=0$;

(2)若幂级数 $\sum\limits_{n=0}^{\infty} a_n x^n$ 在 $(-\infty, +\infty)$ 上收敛,则它的收敛半径 $R=+\infty$.

对于收敛半径 R 的求解,可由下面定理完成.

定理 8.9 对于幂级数 $\sum\limits_{n=0}^{\infty} a_n x^n$. 若满足

$$\lim_{n\to\infty} \left| \frac{a_{n+1}}{a_n} \right| = \rho,$$

则有

(1)若 $0<\rho<+\infty$,则 $R=\dfrac{1}{\rho}$;

(2)若 $\rho=0$,则 $R=+\infty$;

(3)若 $\rho=+\infty$,则 $R=0$.

证明

$$\lim_{n\to\infty} \left| \frac{a_{n+1} x^{n+1}}{a_n x^n} \right| = \lim_{n\to\infty} \left| \frac{a_{n+1}}{a_n} \right| \cdot |x| = \rho |x|$$

(1)若 $0<\rho<+\infty$,由比值判别法知,当 $\rho|x|<1$,即 $|x|<\dfrac{1}{\rho}$ 时,$\sum\limits_{n=0}^{\infty} a_n x^n$ 绝对收敛;当 $\rho|x|>1$,即 $|x|>\dfrac{1}{\rho}$ 时,$\sum\limits_{n=0}^{\infty} a_n x^n$ 发散. 因此,当 $0<\rho<+\infty$ 时,收敛半径 $R=\dfrac{1}{\rho}$;

(2)若 $\rho=0$,则对任意实数 x,有 $\rho|x|=0<1$,因此 $\sum\limits_{n=0}^{\infty} a_n x^n$ 始终绝对收敛,从而当 $\rho=0$ 时,收敛半径 $R=+\infty$;

(3)若 $\rho=+\infty$,则当 $x\neq 0$ 时,$\rho|x|=+\infty$,因此级数 $\sum\limits_{n=0}^{\infty} a_n x^n$ 发散. 只有 $x=0$ 时级数收敛,从而 $\rho=+\infty$ 时,收敛半径 $R=0$.

例 8.12 求下列幂级数的收敛半径和收敛域:

(1) $\sum\limits_{n=1}^{\infty} (-1)^n \cdot \dfrac{x^n}{n!}$;   (2) $\sum\limits_{n=1}^{\infty} \dfrac{2^n}{n^2+1} x^n$;

(3) $\sum\limits_{n=1}^{\infty} \dfrac{1}{2^n} x^{2n}$;   (4) $\sum\limits_{n=1}^{\infty} \dfrac{1}{\sqrt{n}} (2x-1)^n$.

解 (1)因为 $\lim\limits_{n\to\infty} \left| \dfrac{a_{n+1}}{a_n} \right| = \lim\limits_{n\to\infty} \dfrac{1}{n+1} = 0$,所以收敛半径

$R = +\infty$，收敛域为$(-\infty, +\infty)$.

（2）因为$\lim\limits_{n \to \infty}\left|\dfrac{a_{n+1}}{a_n}\right| = \lim\limits_{n \to \infty}\left|\dfrac{2^{n+1}}{(n+1)^2 + 1} \cdot \dfrac{n^2 + 1}{2^n}\right| = 2$，所以

收敛半径为$R = \dfrac{1}{2}$. 又当$x = -\dfrac{1}{2}$时，$u_n(x) = \dfrac{2^n}{n^2 + 1} \cdot \left(-\dfrac{1}{2}\right)^n =$

$\dfrac{(-1)^n}{n^2 + 1}$，$\sum\limits_{n=1}^{\infty}\dfrac{(-1)^n}{n^2 + 1}$收敛；当$x = \dfrac{1}{2}$时，$u_n(x) = \dfrac{1}{n^2 + 1}$，$\sum\limits_{n=1}^{\infty}\dfrac{1}{n^2 + 1}$收

敛，从而收敛域为$\left[-\dfrac{1}{2}, \dfrac{1}{2}\right]$.

（3）根据比值判别法

$$\lim_{n \to \infty}\left|\frac{u_{n+1}(x)}{u_n(x)}\right| = \lim_{n \to \infty}\left|\frac{x^{2n+2}}{2^{n+1}} \cdot \frac{2^n}{x^{2n}}\right| = \frac{1}{2}x^2,$$

从而当$\dfrac{1}{2}x^2 < 1$，即$-\sqrt{2} < x < \sqrt{2}$时，级数收敛；当$\dfrac{1}{2}x^2 > 1$，即$x > \sqrt{2}$

或$x < -\sqrt{2}$时，级数发散. 因此，收敛半径$R = \sqrt{2}$.

进一步地，当$x = -\sqrt{2}$时，$\dfrac{1}{2^n}x^{2n} = \dfrac{1}{2^n} \cdot 2^n = 1$，级数发散；当$x =$

$\sqrt{2}$时，$\dfrac{1}{2^n}x^{2n} = \dfrac{1}{2^n} \cdot 2^n = 1$，级数发散. 从而幂级数$\sum\limits_{n=1}^{\infty}\dfrac{1}{2^n}x^{2n}$的收敛域

为$(-\sqrt{2}, \sqrt{2})$.

（4）令$t = 2x - 1$，则对于级数$\sum\limits_{n=1}^{\infty}\dfrac{1}{\sqrt{n}}t^n$，由于

$$\lim_{n \to \infty}\left|\frac{a_{n+1}}{a_n}\right| = \lim_{n \to \infty}\frac{\sqrt{n}}{\sqrt{n+1}} = 1,$$

故当$-1 < t < 1$时，$\sum\limits_{n=1}^{\infty}\dfrac{1}{\sqrt{n}}t^n$绝对收敛. 当$t = 1$时，$\sum\limits_{n=1}^{\infty}\dfrac{1}{\sqrt{n}}t^n =$

$\sum\limits_{n=1}^{\infty}\dfrac{1}{\sqrt{n}}$发散；当$t = -1$时，$\sum\limits_{n=1}^{\infty}\dfrac{1}{\sqrt{n}}t^n = \sum\limits_{n=1}^{\infty}\dfrac{(-1)^n}{\sqrt{n}}$收敛. 从而

$\sum\limits_{n=1}^{\infty}\dfrac{1}{\sqrt{n}}t^n$的收敛半径为$\widetilde{R} = 1$，收敛域为$[-1, 1)$.

因此，对于级数$\sum\limits_{n=1}^{\infty}\dfrac{1}{\sqrt{n}}(2x-1)^n$，当$-1 \leqslant 2x - 1 < 1$，即$0 \leqslant x < 1$

时，级数收敛. 从而该级数的收敛半径$R = \dfrac{1}{2}$，收敛域为$[0, 1)$.

8.3.3　和函数

本部分我们讨论幂级数在收敛范围内其和函数的求解问题. 首先，对于和函数的性质，我们有以下结果：

定理　幂级数$\sum\limits_{n=0}^{\infty}a_n x^n$的收敛半径为$R$，则其和函数

注意　由例 8.12 可知，在求解级数收敛半径和收敛域时，定理 8.9 适用于"标准"幂级数$\sum\limits_{n=0}^{\infty}a_n x^n$形式（如题（1），（2））；对于"非标准"形式的幂级数，可对通项利用比值判别法，求x的取值范围（如题（3）），也可将"非标准"形式通过变量替换化为"标准"形式，再求解（如题（4）） .

$S(x)$在收敛域上连续.

性质 8.7 幂级数 $\sum_{n=0}^{\infty} a_n x^n$ 在 $(-R,R)$ 内收敛于和函数 $S(x)$，则 $S(x)$ 在 $(-R,R)$ 内可导，并且有

$$S'(x) = \left(\sum_{n=0}^{\infty} a_n x^n\right)' = \sum_{n=0}^{\infty}(a_n x^n)' = \sum_{n=1}^{\infty} n a_n x^{n-1},$$

上述公式称为**逐项求导公式**，求导后幂级数的收敛半径不变.

性质 8.8 幂级数 $\sum_{n=0}^{\infty} a_n x^n$ 在 $(-R,R)$ 内收敛于和函数 $S(x)$，则 $S(x)$ 在 $(-R,R)$ 内可积，并且有

$$\int_0^x S(t)\,dt = \int_0^x \left(\sum_{n=0}^{\infty} a_n t^n\right)dt = \sum_{n=0}^{\infty}\int_0^x a_n t^n dt = \sum_{n=0}^{\infty}\frac{a_n}{n+1}x^{n+1},$$

上述公式称为**逐项积分公式**，积分后幂级数的收敛半径不变.

对于幂级数和函数的求解，通常基于上述性质，利用逐项求导或逐项积分使幂级转换为容易求和的几何级数，进而得到幂级数的和函数.

例 8.13 求幂级数 $\sum_{n=0}^{\infty}\frac{1}{n+1}x^{n+1}$ 的和函数

解 因为 $\lim_{n\to\infty}\left|\frac{a_{n+1}}{a_n}\right| = \lim_{n\to\infty}\frac{n+1}{n+2} = 1$，

所以幂级数的收敛区间为 $(-1,1)$. 又当 $x=-1$ 时，$\sum_{n=0}^{\infty}\frac{(-1)^{n+1}}{n+1}$ 收敛；当 $x=1$ 时，$\sum_{n=0}^{\infty}\frac{1}{n+1}$ 发散. 因此幂级数 $\sum_{n=0}^{\infty}\frac{1}{n+1}x^{n+1}$ 的收敛域为 $[-1,1)$. 设该幂级数的和函数为 $S(x)$，即

$$S(x) = \sum_{n=0}^{\infty}\frac{1}{n+1}x^{n+1},\ x\in[-1,1).$$

则 $S'(x) = \left(\sum_{n=0}^{\infty}\frac{1}{n+1}x^{n+1}\right)' = \sum_{n=0}^{\infty}\left(\frac{1}{n+1}x^{n+1}\right)' = \sum_{n=0}^{\infty}x^n = \frac{1}{1-x}$, $x\in[-1,1)$.

从而 $S(x) = \int_0^x S'(t)\,dt + S(0) = \int_0^x \frac{1}{1-t}dt = -\ln(1-t)\Big|_0^x =$

$-\ln(1-x)$，$x\in[-1,1)$. 即幂级数 $\sum_{n=0}^{\infty}\frac{1}{n+1}x^{n+1}$ 的和函数为

$$S(x) = -\ln(1-x),\ x\in[-1,1).$$

例 8.14 求幂级数 $\sum_{n=1}^{\infty}n(x-1)^{n-1}$ 的和函数.

解 令 $t=x-1$，则幂级数 $\sum_{n=1}^{\infty}nt^{n-1}$ 的收敛半径 $R=1$，收敛域为 $(-1,1)$.

设幂级数 $\sum\limits_{n=1}^{\infty} nt^{n-1}$ 的和函数为 $S(t)$,即

$$S(t) = \sum_{n=1}^{\infty} nt^{n-1}, t \in (-1,1).$$

由于 $\int_0^t S(u)\,\mathrm{d}u = \int_0^t \sum\limits_{n=1}^{\infty} nu^{n-1}\,\mathrm{d}u = \sum\limits_{n=1}^{\infty} \int_0^t nu^{n-1}\,\mathrm{d}u = \sum\limits_{n=1}^{\infty} t^n = \dfrac{t}{1-t}$,

$t \in (-1,1)$. 因此 $S(t) = \left(\dfrac{t}{1-t}\right)' = \dfrac{1}{(1-t)^2}, t \in (-1,1).$

从而幂级数 $\sum\limits_{n=1}^{\infty} n(x-1)^{n-1}$ 的和函数为

$$S(x) = \frac{1}{[1-(x-1)]^2} = \frac{1}{(2-x)^2}, x \in (0,2)$$

即

$$\sum_{n=1}^{\infty} n(x-1)^{n-1} = \frac{1}{(2-x)^2}, x \in (0,2)$$

求幂级数 $\sum\limits_{n=1}^{\infty} n(n+1)x^n$ 的和函数,并求数项级数

$\sum\limits_{n=1}^{\infty} \dfrac{n(n+1)}{2^n}$ 的和.

解 因为 $\lim\limits_{n\to\infty} \left|\dfrac{a_{n+1}}{a_n}\right| = \lim\limits_{n\to\infty} \left|\dfrac{(n+1)(n+2)}{n(n+1)}\right| = 1$

所以该幂级数的收敛半径 $R = 1$. 又当 $x = \pm 1$ 时,级数均发散,从而收敛域为 $(-1,1)$.

设该幂级数的和函数为 $S(x)$,即

$$S(x) = \sum_{n=1}^{\infty} n(n+1)x^n, x \in (-1,1).$$

那么,$S(x) = x\sum\limits_{n=1}^{\infty} n(n+1)x^{n-1} = x\left(\sum\limits_{n=1}^{\infty} x^{n+1}\right)''.$

令 $g(x) = \sum\limits_{n=1}^{\infty} x^{n+1}, x \in (-1,1)$,则

$$g(x) = \lim_{n\to\infty} \frac{x^2(1-x^n)}{1-x} = \frac{x^2}{1-x}, x \in (-1,1).$$

从而

$$S(x) = xg''(x) = \frac{2x}{(1-x)^3}, x \in (-1,1).$$

取 $x = \dfrac{1}{2}$,有

$$\sum_{n=1}^{\infty} \frac{n(n+1)}{2^n} = S\left(\frac{1}{2}\right) = 8.$$

练习 8.3

1. 求下列幂级数的收敛半径和收敛域：

(1) $\displaystyle\sum_{n=1}^{\infty}(-nx)^n$；

(2) $\displaystyle\sum_{n=1}^{\infty}\frac{2^n x^n}{n!}$；

(3) $\displaystyle\sum_{n=1}^{\infty}\frac{x^{2n-1}}{2^n}$；

(4) $\displaystyle\sum_{n=1}^{\infty}\frac{1}{n}(2x+1)^n$；

(5) $\displaystyle\sum_{n=1}^{\infty}\frac{2^n}{n^2}(x-1)^n$；

(6) $\displaystyle\sum_{n=1}^{\infty}\frac{8^n}{n+1}x^{3n}$；

2. 求下列幂级数的收敛域及和函数

(1) $\displaystyle\sum_{n=0}^{\infty}(2n+1)x^n$；

(2) $\displaystyle\sum_{n=1}^{\infty}\left(\frac{x^2}{2}\right)^n$；

(3) $\displaystyle\sum_{n=0}^{\infty}\frac{(-1)^n}{n+1}x^n$；

(4) $\displaystyle\sum_{n=1}^{\infty}\frac{4^n x^n}{n}$.

8.4 泰勒级数及其应用

　　幂级数不仅形式简单，而且具有许多特殊的分析性质. 在上节中，我们讨论了已知幂级数，如何求解其和函数的问题，本节我们分析如何将一个函数展开成一个幂级数，即求和函数的反问题.

　　定义 8.10　　如果函数 $f(x)$ 在 x_0 点的某个邻域内可以表示成

$$f(x)=\sum_{n=0}^{\infty}a_n(x-x_0)^n$$

则称上式为 $f(x)$ 在 x_0 点的**幂级数展开式**.

　　若 $f(x)$ 在 x_0 点能展开成幂级数，由于幂级数在其收敛域内任意阶可导，那么 $f(x)$ 在该收敛范围内有任意阶导数，并且有

$$f(x)=a_0+a_1(x-x_0)+\cdots+a_n(x-x_0)^n+\cdots$$

$$f'(x)=a_1+2a_2(x-x_0)+\cdots+na_n(x-x_0)^{n-1}+\cdots,$$

$$f''(x)=2!\,a_2+3!\,a_3(x-x_0)+\cdots+n(n-1)a_n(x-x_0)^{n-2}+\cdots,$$

$$\vdots$$

$$f^{(n)}(x)=n!\,a_n+(n+1)n\cdots2a_{n+1}(x-x_0)+\cdots$$

$$\vdots$$

将 $x=x_0$ 代入上面各式中，得

$$f(x_0)=a_0,f'(x_0)=1!\,a_1,f''(x_0)=2!\,a_2,\cdots,f^{(n)}(x_0)=n!\,a_n,\cdots$$

即幂级数的系数为

$$a_n=\frac{f^{(n)}(x_0)}{n!},n=0,1,2,\cdots$$

设函数 $f(x)$ 在区间 $(x_0 - R, x_0 + R)$ 上能展开成幂级数,即对任意 $x \in (x_0 - R, x_0 + R)$ 有

$$f(x) = \sum_{n=0}^{\infty} a_n (x - x_0)^n,$$

则函数 $f(x)$ 在区间 $(x_0 - R, x_0 + R)$ 内具有任意阶导数,且系数

$$a_n = \frac{f^{(n)}(x_0)}{n!}, n = 0, 1, 2, \cdots$$

是唯一确定的.

一般地,如果函数 $f(x)$ 在 x_0 点的某个邻域 $(x_0 - R, x_0 + R)$ 内任意阶可导,那么幂级数 $\sum\limits_{n=0}^{\infty} \dfrac{f^{(n)}(x_0)}{n!} (x - x_0)^n$ 称为 $f(x)$ 在 x_0 点的**泰勒级数**,其系数 $\dfrac{f^{(n)}(x_0)}{n!}$ 称为 $f(x)$ 在 x_0 点的**泰勒系数**.

特别地,当 $x_0 = 0$ 时,称幂级数 $\sum\limits_{n=0}^{\infty} \dfrac{f^{(n)}(0)}{n!} x^n$ 为函数 $f(x)$ 的**麦克劳林级数**.

函数 $f(x)$ 如果在 x_0 点的某邻域内具有任意阶导数,那么 $f(x)$ 与 $\sum\limits_{n=0}^{\infty} \dfrac{f^{(n)}(x_0)}{n!} (x - x_0)^n$ 之间是否一定相等呢? 这需要满足下面的定理才能保证两者之间取 " $=$ ".

若函数 $f(x)$ 在区间 $(x_0 - R, x_0 + R)$ 内有任意阶导数,则 $f(x)$ 在该区间内能展开成泰勒级数的充分必要条件是 $f(x)$ 的泰勒公式中的余项

$$R_n(x) = f(x) - \sum_{k=0}^{n} \frac{f^{(k)}(x_0)}{k!} (x - x_0)^k = \frac{f^{(n+1)}(\xi)}{(n+1)!} (x - x_0)^{n+1}$$

(ξ 介于 x 和 x_0 之间),满足 $\lim\limits_{n \to \infty} R_n(x) = 0$.

接下来,我们通过几个例子说明函数展开成幂级数的直接展开法和间接展开法以及相关应用.

(1)直接展开法

将 $f(x)$ 展开成麦克劳林级数的直接展开步骤如下:

首先,求函数 $f(x)$ 各阶导数在 $x = 0$ 处的值 $f^{(n)}(0)$,从而得到系数 $a_n = \dfrac{f^{(n)}(0)}{n!}, n = 0, 1, 2, \cdots$

其次,写出 $f(x)$ 的麦克劳林级数

$$f(0) + f'(0)x + \frac{f'(0)}{2!} x^2 + \cdots + \frac{f^{(n)}(0)}{n!} x^n + \cdots$$

并求出级数的收敛域.

最后,证明在收敛域内满足 $\lim\limits_{n \to \infty} R_n(x) = 0$.

将函数 $f(x) = e^x$ 展开成 x 的幂级数.

解 由于 $f^{(n)}(x) = e^x, n = 0, 1, 2, \cdots$

所以 $f^n(0) = 1, n = 0, 1, 2, \cdots$

从而 e^x 的麦克劳林级数为

$$1 + x + \frac{1}{2!}x^2 + \cdots + \frac{1}{n!}x^n + \cdots$$

该级数的收敛半径为 $R = +\infty$，收敛域为 $(-\infty, +\infty)$.

对任意 $x \in (-\infty, +\infty)$. 余项 $R_n(x)$ 满足

$$0 \leqslant |R_n(x)| = \left| \frac{e^\xi x^{n+1}}{(n+1)!} \right| \leqslant e^{|x|} \frac{|x|^{n+1}}{(n+1)!}, (其中 \xi 介于 0 与 x$$

之间) 由于级数 $\sum_{n=0}^{\infty} e^{|x|} \frac{|x|^{n+1}}{(n+1)!}$ 收敛 $(x \in (-\infty, +\infty))$，因此

$\lim_{n \to \infty} e^{|x|} \cdot \frac{|x|^{n+1}}{(n+1)!} = 0$，从而 $\lim_{n \to \infty} R_n(x) = 0$.

所以

$$e^x = 1 + x + \frac{1}{2!}x^2 + \cdots + \frac{1}{n!}x^n + \cdots \quad x \in (-\infty, +\infty).$$

例 8.17 将函数 $f(x) = \sin x$ 展开成 x 的幂级数

解 由于 $f^{(n)}(x) = \sin\left(x + \frac{n\pi}{2}\right) \quad (n = 0, 1, 2, \cdots)$

所以 $f^{(n)}(0) = \begin{cases} (-1)^m, & n = 2m+1, \quad (m = 0, 1, 2, \cdots) \\ 0, & n = 2m, \end{cases}$

从而 $\sin x$ 的麦克劳林级数为

$$x - \frac{1}{3!}x^3 + \frac{1}{5!}x^5 + \cdots + (-1)^{n-1} \frac{1}{(2n-1)!}x^{2n-1} + \cdots.$$

该级数的收敛半径为 $R = +\infty$，收敛域为 $(-\infty, +\infty)$.

对任意 $x \in (-\infty, +\infty)$，余项 $R_n(x)$ 为

$$R_n(x) = \frac{f^{(n+1)}(\xi)}{(n+1)!}x^{n+1} = \frac{\sin\left[\xi + \frac{(n+1)}{2}\pi\right]}{(n+1)!}x^{n+1}, \xi 介于 0 与 x 之$$

间

进一步地，$|R_n(x)| = \left| \frac{\sin\left[\xi + \frac{(n+1)}{2}\pi\right]}{(n+1)!}x^{n+1} \right| < \frac{|x|^{n+1}}{(n+1)!}$,

由于级数 $\sum_{n=0}^{\infty} \frac{|x|^{n+1}}{(n+1)!}$ 收敛，因此 $\lim_{n \to \infty} \frac{|x|^{n+1}}{(n+1)!} = 0$，从而 $\lim_{n \to \infty} R_n(x) = 0$

所以

$$\sin x = x - \frac{x^3}{3!} + \frac{x^5}{5!} + \cdots + \frac{(-1)^{n-1}}{(2n-1)!}x^{2n-1} + \cdots, x \in (-\infty, +\infty)$$

同理，可以得到 $f(x) = \cos x$ 展开成 x 的幂级数结果

$$\cos x = 1 - \frac{x^2}{2!} + \frac{x^4}{4!} - \cdots + \frac{(-1)^n}{(2n)!}x^{2n} + \cdots, x \in (-\infty, +\infty)$$

直接展开法计算量较大，余项也不易研究. 因此，在应用中常通

过已知函数的幂级数以及函数之间的关系式来求解问题,这种方法
称为间接展开法.

（2）间接展开法

将函数 $f(x) = \ln(1 + x)$ 展开成 x 的幂级数

解　由于公比为 $-x$ 的几何级数 $\sum\limits_{n=0}^{\infty}(-x)^n$, 当 $x \in (-1,1)$

时,和函数为 $\dfrac{1}{1+x}$,即

$$\frac{1}{1+x} = \sum_{n=0}^{\infty}(-x)^n, \quad x \in (-1,1)$$

那么

$$\ln(1+x) = \int_0^x \frac{1}{1+t}\mathrm{d}t = \int_0^x \sum_{n=0}^{\infty}(-t)^n\mathrm{d}t = \sum_{n=0}^{\infty}\int_0^x(-t)^n\mathrm{d}t$$

$$= \sum_{n=0}^{\infty}\frac{(-1)^n}{n+1}x^{n+1}$$

$$= x - \frac{x^2}{2} + \frac{x^3}{3} - \frac{x^4}{4} + \cdots +$$

$$\frac{(-1)^n x^{n+1}}{n+1} + \cdots, \quad x \in (-1,1).$$

由于当 $x = 1$ 时, $\sum\limits_{n=0}^{\infty}\dfrac{(-1)^n}{n+1}x^{n+1} = \sum\limits_{n=0}^{\infty}\dfrac{(-1)^n}{n+1}$ 收敛;

当 $x = -1$ 时, $\sum\limits_{n=0}^{\infty}\dfrac{(-1)^n}{n+1}x^{n+1} = \sum\limits_{n=0}^{\infty}\dfrac{-1}{n+1}$ 发散.

所以　$\ln(1+x) = x - \dfrac{x^2}{2} + \dfrac{x^3}{3} - \cdots + \dfrac{(-1)^n x^{n+1}}{n+1} + \cdots, \quad x \in (-1,1]$.

将函数 $f(x) = \dfrac{1}{x^2 - 2x - 3}$ 展开成 x 的幂级数.

解　因为

$$f(x) = \frac{1}{x^2 - 2x - 3} = \frac{1}{(x-3)(x+1)} = \frac{1}{4}\left(\frac{1}{x-3} - \frac{1}{x+1}\right)$$

$$= -\frac{1}{4}\left(\frac{1}{1+x} + \frac{1}{3} \cdot \frac{1}{1 - \dfrac{x}{3}}\right)$$

$$= -\frac{1}{4} \cdot \frac{1}{1+x} - \frac{1}{12} \cdot \frac{1}{1 - \dfrac{x}{3}}.$$

又 $\dfrac{1}{1+x} = \sum\limits_{n=0}^{\infty}(-x)^n, \; x \in (-1,1); \dfrac{1}{1 - \dfrac{x}{3}} = \sum\limits_{n=0}^{\infty}\left(\dfrac{x}{3}\right)^n, \; x \in (-3,3).$

因此,

$$f(x) = -\frac{1}{4} \cdot \sum_{n=0}^{\infty}(-x)^n - \frac{1}{12} \cdot \sum_{n=0}^{\infty}\frac{x^n}{3^n}$$

$$= -\frac{1}{4}\sum_{n=0}^{\infty}\left[(-1)^n + \frac{1}{3^{n+1}}\right]x^n, x \in (-1,1)$$

例 8.20 将 $f(x) = \dfrac{x-1}{2-x}$ 在 $x=1$ 处展开成泰勒级数(即展开成 $x-1$ 的幂级数),并求 $f^{(2020)}(1)$.

解 因为 $\dfrac{1}{2-x} = \dfrac{1}{1-(x-1)}$

又 $\dfrac{1}{1-(x-1)} = \displaystyle\sum_{n=0}^{\infty}(x-1)^n, x \in (0,2).$

所以 $f(x) = (x-1)\cdot\dfrac{1}{2-x} = \displaystyle\sum_{n=1}^{\infty}(x-1)^n, x \in (0,2)$

由定理 8.10 可知 $\dfrac{f^{(n)}(1)}{n!} = 1$,从而

$$f^{(2020)}(1) = 2020!.$$

(3)泰勒级数的应用

本部分我们通过例题介绍泰勒级数在近似计算中的应用.

例 8.21 计算 e 的近似值,要求误差不超过 10^{-5}.

解 由 $e^x = 1 + x + \dfrac{1}{2!}x^2 + \cdots + \dfrac{1}{n!}x^n + \cdots$ 可知,当取 $x=1$ 时,有

$$e = 1 + 1 + \frac{1}{2!} + \frac{1}{3!} + \cdots + \frac{1}{n!} + \cdots$$

取前 $n+1$ 项的和作为 e 的近似值,即

$$e \approx 1 + 1 + \frac{1}{2!} + \frac{1}{3!} + \cdots + \frac{1}{n!}$$

此时其误差为

$$R_n = \frac{1}{(n+1)!} + \frac{1}{(n+2)!} + \cdots$$

$$= \frac{1}{(n+1)!}\left[1 + \frac{1}{n+2} + \frac{1}{(n+2)(n+3)} + \cdots\right]$$

$$\leq \frac{1}{(n+1)!}\left[1 + \frac{1}{n+1} + \frac{1}{(n+1)^2} + \cdots\right]$$

$$= \frac{1}{(n+1)!}\cdot\frac{1}{1-\frac{1}{n+1}} = \frac{1}{n\cdot n!}.$$

要使误差不超过 10^{-5},只要 $\dfrac{1}{n\cdot n!} \leq 10^{-5}$,即 $n\cdot n! \geq 10^5$.

由于 $7\cdot7! = 35280 < 10^5, 8\cdot8! = 322560 > 10^5$. 故取 $n=8$,

$$e \approx 1 + 1 + \frac{1}{2!} + \frac{1}{3!} + \cdots + \frac{1}{8!} \approx 2.71828.$$

例 8.22 计算定积分 $\displaystyle\int_0^1 \frac{\sin x}{x}dx$ 的近似值,精确到 10^{-4}.

解 由于 $\dfrac{\sin x}{x}$ 没有初等形式的原函数,因此无法通过求解原函

数来计算该定积分.

由列 8.17 可知　$\sin x = x - \dfrac{x^3}{3!} + \dfrac{x^5}{5!} + \cdots + \dfrac{(-1)^{n-1}}{(2n-1)!}x^{2n-1} + \cdots,$

$x \in (-\infty, +\infty)$

从而　　　　　$\dfrac{\sin x}{x} = 1 - \dfrac{1}{3!}x^2 + \dfrac{1}{5!}x^4 - \dfrac{1}{7!}x^6 + \cdots$

所以 $\displaystyle\int_0^1 \dfrac{\sin x}{x}\mathrm{d}x = 1 - \dfrac{1}{3 \cdot 3!} + \dfrac{1}{5 \cdot 5!} - \dfrac{1}{7 \cdot 7!} + \cdots$

由于

$$\dfrac{1}{7 \cdot 7!} < \dfrac{1}{1000} = 10^{-4}$$

故

$$\int_0^1 \dfrac{\sin x}{x}\mathrm{d}x \approx 1 - \dfrac{1}{3 \cdot 3!} + \dfrac{1}{5 \cdot 5!} \approx 0.9461.$$

练习 8.4

1. 将下列函数展开成 x 的幂级数

(1) $f(x) = \arctan x$;　　　　(2) $f(x) = \sin^2 x$;

(3) $f(x) = \dfrac{1}{2-x}$;　　　　(4) $f(x) = \dfrac{1}{x^2 + 3x + 2}$.

2. 将下列函数在指定点展开成幂级数, 并求其收敛域.

(1) $f(x) = \mathrm{e}^x$, $x_0 = 1$;　　(2) $f(x) = a^x$, $x_0 = 2$ ($a > 0$ 且 $a \neq 1$);

(3) $f(x) = \dfrac{2}{x^2 - 8x + 15}$, $x_0 = 1$;　　(4) $f(x) = \dfrac{1}{x}$, $x_0 = 3$.

3. 求 $\displaystyle\sum_{n=0}^{\infty} \dfrac{4^n}{(n+1)!}x^{2n}$ 的和函数以及 $\displaystyle\sum_{n=0}^{\infty} \dfrac{4^n}{(n+1)!}$.

综合习题 8

1. 判断下列级数的收敛性:

(1) $\displaystyle\sum_{n=1}^{\infty} \dfrac{n^2}{2^n}$;　　　　(2) $\displaystyle\sum_{n=1}^{\infty} \dfrac{5^n}{6^n - 4^n}$;

(3) $\displaystyle\sum_{n=1}^{\infty} n^4 \arcsin \dfrac{1}{3^n}$;　　(4) $\displaystyle\sum_{n=1}^{\infty} \dfrac{1}{(n+3)(n+4)}$;

(5) $\displaystyle\sum_{n=1}^{\infty} \ln\left(1 + \dfrac{n}{n^2 + 1}\right)$;　(6) $\displaystyle\sum_{n=1}^{\infty} \dfrac{1}{\sqrt{n(n+1)}} \cos \dfrac{n\pi}{4}$;

(7) $\displaystyle\sum_{n=1}^{\infty} \dfrac{3^n \cdot n!}{n^n}$;　　　(8) $\displaystyle\sum_{n=1}^{\infty} n^2 \left(\dfrac{1}{3}\right)^{2n}$;

(9) $\displaystyle\sum_{n=1}^{\infty} \dfrac{4^n}{n+3} a^{2n}$;　　　(10) $\displaystyle\sum_{n=1}^{\infty} \dfrac{1}{\sqrt{n}}[\ln(n+1) - \ln(n-1)]$

2. 判断下列级数是否收敛,若收敛,是绝对收敛还是条件收敛?

(1) $\sum\limits_{n=1}^{\infty} (-5)^n \tan \dfrac{1}{8^n}$;　　　　(2) $\sum\limits_{n=1}^{\infty} (-1)^{n-1} \ln \dfrac{n^2+2}{n^2}$;

(3) $\sum\limits_{n=1}^{\infty} (-1)^{n-1} \dfrac{k+n}{n^2} (k>0)$;

(4) $\sum\limits_{n=1}^{\infty} (-1)^n \cdot n \left[\left(1+\dfrac{1}{n^2} \right)^2 - 1 \right]$

(5) $\sum\limits_{n=1}^{\infty} \dfrac{n}{2^{n+1}} \cos \dfrac{n\pi}{4}$;

(6) $\sum\limits_{n=1}^{\infty} (-1)^{n-1} \cdot \dfrac{2n^2}{n!} \sin \dfrac{\pi}{2^n}$

3. 求下列级数的和函数及收敛域

(1) $\sum\limits_{n=1}^{\infty} (-1)^{n-1} \dfrac{x^{2n-1}}{2n-1}$;　　　　(2) $\sum\limits_{n=1}^{\infty} \dfrac{2^n}{n+1} x^n$;

(3) $\sum\limits_{n=0}^{\infty} \dfrac{2n+1}{4^{n+1}} x^{2n}$;　　　　　　(4) $\sum\limits_{n=0}^{\infty} (n+1)(n+4) x^n$.

4. 求幂级数 $\sum\limits_{n=0}^{\infty} \dfrac{x^{2n}}{4^n n!}$ 的和函数. 并求数项级数 $\sum\limits_{n=0}^{\infty} \dfrac{1}{2^n n!}$

5. 将 $f(x) = \dfrac{x-2}{x^2+x-2}$ 展开成 $(x-2)$ 的幂级数,并求 $f^{(100)}(2)$.

第 9 章
微分方程与差分方程

现实中,对于一些比较复杂的变化过程,其变量之间的函数关系通常很难直接得到,往往需要建立变量与其导数或微分之间的关系式. 这种包含导数(或微分)的方程称之为微分方程. 本章介绍微分方程的基本概念,几种常见微分方程的解法,差分方程以及微分方程与差分方程在经济管理中的简单应用.

本章内容及相关知识点如下:

微分方程与差分方程	
内容	知识点
微分方程的基本概念	(1)微分方程的定义 (2)微分方程的通解与特解的概念 (3)线性与非线性微分方程
一阶微分方程	(1)可分离变量微分方程 (2)齐次微分方程 (3)一阶线性微分方程
二阶常系数线性微分方程	(1)二阶常系数齐次线性微分方程的求解 (2)二阶常系数非齐次线性微分方程的求解
差分方程	(1)差分方程的概念 (2)一阶常系数线性差分方程的求解
微分方程与差分方程在经济中的简单应用	(1)用于商品销售量分析的逻辑斯谛模型 (2)用于商品定价分析的均衡价模型 (3)用于教育投资的教育经费模型

9.1 微分方程的基本概念

微分方程作为数学的一个重要分支,在经济及其他学科中有着广泛的应用。下面通过例子介绍微分方程的相关概念. 我们将不定积分中例 5.1 重新求解如下.

例 9.1 求过点 $(1,2)$ 且斜率为 $2x$ 的曲线方程.

解 设所求的曲线方程为 $y = y(x)$,则由题意知

$$\begin{cases} \dfrac{\mathrm{d}y}{\mathrm{d}x} = 2x, \\ y(1) = 2. \end{cases}$$

由 $\dfrac{\mathrm{d}y}{\mathrm{d}x}=2x$,可知

$$\mathrm{d}y = 2x\mathrm{d}x,$$

两边求不定积分,有

$$\int \mathrm{d}y = \int 2x\mathrm{d}x.$$

从而

$$y = x^2 + C$$

由 $y(1)=2$ 解得 $C=1$. 因此,所示曲线方程为
$$y = x^2 + 1.$$

定义 9.1　一般地,把含有自变量,未知函数及未知函数的导数(或微分)的方程称为**微分方程**. 微分方程中所出现的未知函数导数(或微分)的最高阶数,称为**微分方程的阶**. 使微分方程成为恒等式的函数称为**微分方程的解**.

例如,在例 9.1 中 $\mathrm{d}y=2x\mathrm{d}x$ 为一阶微分方程,$y=x^2+C$ 为微分方程 $\mathrm{d}y=2x\mathrm{d}x$ 的解.

例 9.2　验证 $y=C_1\mathrm{e}^{-x}+C_2x\mathrm{e}^{-x}$($C_1,C_2$ 为任意常数)是二阶微分方程 $\dfrac{\mathrm{d}^2y}{\mathrm{d}x^2}+2\dfrac{\mathrm{d}y}{\mathrm{d}x}+y=0$ 的解.

解　因为
$$\frac{\mathrm{d}y}{\mathrm{d}x} = -C_1\mathrm{e}^{-x}+C_2\mathrm{e}^{-x}-C_2x\mathrm{e}^{-x}$$
$$\frac{\mathrm{d}^2y}{\mathrm{d}x^2} = C_1\mathrm{e}^{-x}-2C_2\mathrm{e}^{-x}+C_2x\mathrm{e}^{-x}$$

将上式代入微分方程得
$$(C_1\mathrm{e}^{-x}-2C_2\mathrm{e}^{-x}+C_2x\mathrm{e}^{-x})+2(-C_1\mathrm{e}^{-x}+C_2\mathrm{e}^{-x}-C_2x\mathrm{e}^{-x})$$
$$+(C_1\mathrm{e}^{-x}+C_2x\mathrm{e}^{-x})=0$$

因此,函数 $y=C_1\mathrm{e}^{-x}+C_2x\mathrm{e}^{-x}$ 是所给微分方程的解.

定义 9.2　如果微分方程的解中含有任意常数,且任意常数的个数与微分方程的阶数相同,则称这样的解为微分方程的**通解**. 微分方程不含任意常数的解称为方程的**特解**.

例如,例 9.2 中,$y=C_1\mathrm{e}^{-x}+C_2x\mathrm{e}^{-x}$ 是二阶微分方程 $\dfrac{\mathrm{d}^2y}{\mathrm{d}x^2}+2\dfrac{\mathrm{d}y}{\mathrm{d}x}+y=0$ 的解,并且 C_1,C_2 为两个独立的任意常数与方程的阶数相同,因此 $y=C_1\mathrm{e}^{-x}+C_2x\mathrm{e}^{-x}$ 为方程的通解. 而例 9.1 中,$y=x^2+1$ 为方程的解,并且不含任意常数,因此 $y=x^2+1$ 为方程的特解.

满足一定条件的微分方程解的问题称为**初值问题**或**定解问题**. 所需满足的条件称为微分方程的**初始条件**.

例如,例 9.1 为初值问题,$y(1)=2$ 为初始条件.

形如

$$y^{(n)} + a_1(x)y^{(n-1)} + \cdots + a_{n-1}(x)y' + a_n(x)y = f(x)$$

的微分方程称为 n **阶线性微分方程**,其中 $a_1(x),\cdots,a_n(x),f(x)$ 是关于 x 的已知函数,其他不能表示成上述形式的方程称为**非线性微分方程**.

例如,$\dfrac{\mathrm{d}^2 x}{\mathrm{d}t^2} + t^2 x = 0$ 是二阶线性微分方程,$\dfrac{\mathrm{d}^2 y}{\mathrm{d}t^2} + \sin y = 0$ 是二阶非线性微分方程.

练习 9.1

1. 指出下列微分方程的阶数,并说明哪些是线性微分方程.

   (1) $y'' + 2y' + 3 = 0$;　　　　　　(2) $xy''' - x^2 y' - \dfrac{2}{x}y = 0$;

   (3) $y^2 + (y')^2 = -1$;　　　　　　(4) $\dfrac{\mathrm{d}^2 \theta}{\mathrm{d}t^2} + 3t\dfrac{\mathrm{d}\theta}{\mathrm{d}t} + \theta^2 = 0$.

2. 验证下列函数是否为所给微分方程的解.

   (1) $y' + y = \mathrm{e}^{-x}, y = (x + C)\mathrm{e}^{-x}$;

   (2) $y'' + 2y' - 3y = 0, y = x^2 + x$;

   (3) $y'' - 5y' + 6y = 0, y = C_1 \mathrm{e}^{2x} + C_2 \mathrm{e}^{3x}$;

   (4) $(x - 2y)y' = 2x - y, x^2 - xy + y^2 = C$.

9.2　一阶微分方程

本节我们介绍常见的一阶微分方程:可分离变量方程、齐次微分方程以及一阶线性微分方程的求解方法.

9.2.1　可分离变量的微分方程

形如

$$\frac{\mathrm{d}y}{\mathrm{d}x} = f(x)\varphi(y) \tag{9-1}$$

的微分方程称为**可分离变量的微分方程**,其中 $f(x),\varphi(y)$ 分别是关于 x 和 y 的连续函数.

对可分离变量微分方程的求解方法如下:

如果 $\varphi(y) \neq 0$,则

(1) 分离变量,即将变量 x,y 分别放在等号左右两侧

$$\frac{\mathrm{d}y}{\varphi(y)} = f(x)\,\mathrm{d}x.$$

（2）两边积分，求解方程

$$\int \frac{1}{\varphi(y)}\mathrm{d}y = \int f(x)\,\mathrm{d}x.$$

设 $G(y)$，$F(x)$ 分别为 $\dfrac{1}{\varphi(y)}$，$f(x)$ 的一个原函数，则有

$$G(y) = F(x) + C$$

上式即为可分离变量微分方程的通解.

如果 $\varphi(y) = 0$，即有零点 $y = y_0$ 使得 $\varphi(y_0) = 0$，则 $y = y_0$ 也为方程（9-1）的解.

由上述求解方法知，可分离变量微分方程，能够将变量 x 与 y 的相关函数和微分分离在等号的左右两侧. 故而这种求解方法称为分离变量法.

例 9.3 解微分方程 $x + yy' = 0$.

解 将原方程分离变量，得

$$y\,\mathrm{d}y = -x\,\mathrm{d}x,$$

两边求不定积分

$$\int y\,\mathrm{d}y = \int -x\,\mathrm{d}x,$$

得 $\dfrac{1}{2}y^2 = -\dfrac{1}{2}x^2 + C_1$. 于是方程的解为 $x^2 + y^2 = C$，其中 C 为任意常数（$C = 2C_1$）.

例 9.4 解微分方程 $\dfrac{\mathrm{d}y}{\mathrm{d}x} = -p(x)y$，其中 $p(x)$ 是关于 x 的连续函数.

解 若 $y \neq 0$，将变量分离，得

$$\frac{\mathrm{d}y}{y} = -p(x)\,\mathrm{d}x,$$

两边求不定积分

$$\int \frac{\mathrm{d}y}{y} = -\int p(x)\,\mathrm{d}x,$$

从而 $$\ln|y| = -\int p(x)\,\mathrm{d}x + C_1$$

$$|y| = \mathrm{e}^{-\int p(x)\mathrm{d}x + C_1} = \mathrm{e}^{C_1} \cdot \mathrm{e}^{-\int p(x)\mathrm{d}x}$$

$$y = \pm\mathrm{e}^{C_1}\mathrm{e}^{-\int p(x)\mathrm{d}x} = C_2\mathrm{e}^{-\int p(x)\mathrm{d}x}\ (C_2 = \pm\mathrm{e}^{C_1}, C_2 \neq 0),$$

直接验证可知 $y = 0$ 也是微分方程的解. 因此，方程的通解为

$$y = C\mathrm{e}^{-\int p(x)\mathrm{d}x}\ (C\text{ 为任意常数})$$

例 9.5 求定解问题

$$\begin{cases} y' = \dfrac{x+1}{y-1}, \\ y(1) = 2. \end{cases}$$

解　方程 $y' = \dfrac{x-1}{y-1}$ 为可分离变量微分方程,有

$$(y-1)\mathrm{d}y = (x+1)\mathrm{d}x,$$

两边求不定积分

$$\int (y-1)\mathrm{d}y = \int (x+1)\mathrm{d}x,$$

从而

$$\frac{1}{2}y^2 - y = \frac{1}{2}x^2 + x + C\,(C \text{ 为任意常数})$$

将 $y(1) = 2$ 代入上式,解得 $C = -\dfrac{3}{2}$,于是定解问题的特解为

$$y^2 - 2y = x^2 + 2x - 3.$$

9.2.2　齐次微分方程

形如

$$\frac{\mathrm{d}y}{\mathrm{d}x} = f\left(\frac{y}{x}\right) \tag{9-2}$$

的一阶微分方程,称为**齐次微分方程**,简称**齐次方程**.

齐次微分方程的求解方法如下:

(1)变量替换. 令 $u = \dfrac{y}{x}$,则 $y = ux$,从而

$$\frac{\mathrm{d}y}{\mathrm{d}x} = u + x\frac{\mathrm{d}u}{\mathrm{d}x}.$$

(2)转化为可分离变量的微分方程. 将上式代入式(9-2)得

$$u + x\frac{\mathrm{d}u}{\mathrm{d}x} = f(u),$$

即

$$x\frac{\mathrm{d}u}{\mathrm{d}x} = f(u) - u,$$

用分离变量方法继续计算.

求微分方程 $y' = \left(\dfrac{y}{x}\right)^2 + \dfrac{y}{x} - 1$ 的通解.

解　令 $u = \dfrac{y}{x}$,则 $y = ux$,进而

$$\frac{\mathrm{d}y}{\mathrm{d}x} = u + x\frac{\mathrm{d}u}{\mathrm{d}x}.$$

将上式代入原方程,得

$$u^2 + u - 1 = u + x\frac{\mathrm{d}u}{\mathrm{d}x}.$$

即

$$\frac{\mathrm{d}u}{u^2 - 1} = \frac{\mathrm{d}x}{x}.$$

对上式两边积分

209

$$\frac{1}{2}\ln\left|\frac{u-1}{u+1}\right| = \ln|C_1 x|$$

从而 $$\frac{u-1}{u+1} = Cx^2,$$

将 $u = \dfrac{y}{x}$ 代入上式得

$$\frac{y-x}{y+x} = Cx^2 \, (C \text{ 为任意常数}).$$

例 9.7 求微分方程 $(y^2 + x^2)\mathrm{d}x = xy\mathrm{d}y \, (x > 0)$ 在初始条件 $y(1) = 2$ 下的特解.

解 该方程可变形为

$$\frac{\mathrm{d}y}{\mathrm{d}x} = \frac{x^2 + y^2}{xy} = \frac{1 + \left(\dfrac{y}{x}\right)^2}{\dfrac{y}{x}} \, (x \neq 0).$$

令 $u = \dfrac{y}{x}$，则 $y = ux$，进而

$$u + x\frac{\mathrm{d}u}{\mathrm{d}x} = \frac{1 + u^2}{u} = u + \frac{1}{u},$$

整理可得 $u\mathrm{d}u = \dfrac{1}{x}\mathrm{d}x$，两边积分 $\displaystyle\int u\mathrm{d}u = \int \frac{1}{x}\mathrm{d}x$，

从而 $$\frac{1}{2}u^2 = \ln x + C_1,$$

即 $$u^2 = 2\ln x + 2C_1.$$

将 $u = \dfrac{y}{x}$ 代入上式，可得原方程的通解为 $y^2 = 2x^2\ln x + Cx^2$ (C 为任意常数).

由 $y(1) = 2$ 知 $C = 4$，从而方程的特解为 $y^2 = 2x^2(2 + \ln x)$.

9.2.3 一阶线性微分方程

形如

$$\frac{\mathrm{d}y}{\mathrm{d}x} + P(x)y = Q(x), \tag{9-3}$$

的方程称为**一阶线性微分方程**，其中 $P(x), Q(x)$ 为关于 x 的连续函数.

若 $Q(x) \equiv 0$，则方程(9-3)转化为

$$\frac{\mathrm{d}y}{\mathrm{d}x} + P(x)y = 0. \tag{9-4}$$

此时方程(9-4)称为**一阶线性齐次微分方程**.

若 $Q(x) \neq 0$，则方程(9-3)称为**一阶线性非齐次微分方程**.

对于一阶线性齐次微分方程(9-4)，它是可分离变量微分方程，由例 9.4 可知方程(9-4)的通解为

$$y = Ce^{-\int P(x)dx} \ (C \text{ 为任意常数}).$$

接下来,我们介绍一阶线性非齐次微分方程(9-3)通解的求法——**常数变易法**,该方法的具体步骤如下.

(1)将常数 C 变易为函数 $C(x)$,即把方程(9-4)通解 $y = Ce^{-\int P(x)dx}$ 中的常数 C 变易为 x 的待定函数 $C(x)$,假设方程(9-3)的解为

$$y = C(x)e^{-\int P(x)dx}.$$

(2)求解函数 $C(x)$. 将 $y = C(x)e^{-\int P(x)dx}$ 代入方程(9-3) 得

$$C'(x)e^{-\int P(x)dx} - C(x)P(x)e^{-\int P(x)dx} + P(x)C(x)e^{-\int P(x)dx} = Q(x)$$

即

$$C'(x)e^{-\int P(x)dx} = Q(x),$$

$$C'(x) = Q(x)e^{\int P(x)dx},$$

从而

$$C(x) = \int Q(x)e^{\int P(x)dx}dx + C,$$

因此,方程(9-3)的通解为

$$y = e^{-\int P(x)dx}\left[\int Q(x)e^{\int P(x)dx}dx + C\right]. \tag{9-5}$$

上式也可写成

$$y = Ce^{-\int P(x)dx} + e^{-\int P(x)dx} \cdot \int Q(x)e^{\int P(x)dx}dx,$$

则第一部分为对应的齐次方程(9-4)的通解,第二部分为非齐次方程(9-3)的一个特解.

例 求方程 $\dfrac{dy}{dx} - \dfrac{y}{x} = x^2$ 的通解.

解 方法一(常数变易法)该方程对应的齐次微分方程为

$$\frac{dy}{dx} - \frac{y}{x} = 0.$$

由可分离变量法求得齐次微分方程的通解 $y = Cx$.

将上式中的任意常数 C 替换为函数 $C(x)$,设原方程的通解为

$$y = C(x) \cdot x.$$

则有

$$\frac{dy}{dx} = C'(x) \cdot x + C(x),$$

将 y 和 $\dfrac{dy}{dx}$ 代入原方程,得

$$C'(x) = x,$$

从而

$$C(x) = \frac{1}{2}x^2 + C.$$

因此,原方程的通解为

$$y = \frac{1}{2}x^3 + Cx \ (C \text{ 为任意常数})$$

方法二（公式法）由题目知 $P(x) = -\dfrac{1}{x}$，$Q(x) = x^2$，将它们代入公式（9-5）得

$$y = e^{\int \frac{1}{x} dx} \left[\int x^2 e^{\int -\frac{1}{x} dx} dx + C \right]$$

$$= x\left(\frac{1}{2}x^2 + C \right) (C \text{ 为任意常数}).$$

例9.9 求方程 $x^2 dy + (2xy - x + 1) dx = 0$ 满足初始条件 $y(1) = 0$ 的特解.

解 原方程可化为 $\dfrac{dy}{dx} + \dfrac{2}{x}y = \dfrac{x-1}{x^2}$. 对应的齐次方程为 $\dfrac{dy}{dx} + \dfrac{2}{x}y = 0$. 由可分离变量法求得齐次方程的通解为 $y = C\dfrac{1}{x^2}$

根据常数变易法，设原方程的通解为 $y = C(x) \cdot \dfrac{1}{x^2}$

则 $y' = C'(x) \cdot \dfrac{1}{x^2} - \dfrac{2}{x^3}C(x)$

把 y 和 y' 代入原方程，得 $C'(x) = x - 1$，从而 $C(x) = \dfrac{1}{2}x^2 - x + C$

因此，非齐次方程的通解为 $y = \dfrac{1}{2} - \dfrac{1}{x} + \dfrac{C}{x^2}$.

将初始条件 $y(1) = 0$ 代入上式，得 $C = \dfrac{1}{2}$. 故所求微分方程的特解为

$$y = \frac{1}{2} - \frac{1}{x} + \frac{1}{2x^2}$$

例9.10 求方程 $y\ln y dx + (x - \ln y) dy = 0$ 的通解

解 把 x 看成 y 的函数，则原方程可表示为

$$\frac{dx}{dy} + \frac{1}{y\ln y}x = \frac{1}{y}.$$

此为一阶线性非齐次微分方程，其中 $P(y) = \dfrac{1}{y\ln y}$，$Q(y) = \dfrac{1}{y}$. 由公式（9-5）可知，原方程的通解为

$$x = e^{\int -\frac{1}{y\ln y} dy} \left[\int \frac{1}{y} \cdot e^{\int \frac{1}{y\ln y} dy} dy + C \right] = \frac{1}{\ln y}\left(\frac{1}{2}\ln^2 y + C \right) (C \text{ 为任意常数})$$

练习 9.2

1. 求下列微分方程的通解：

（1）$xy' = y\ln y$；　　　　（2）$(e^{x+y} - e^x) dx + (e^{x+y} + e^y) dy = 0$；

（3）$(x + y) dx + x dy = 0$；（4）$x^2 \cdot \dfrac{dy}{dx} - 3xy + 2y^2 = 0$；

$(5)\,x\mathrm{d}y + (y - x^3)\,\mathrm{d}x = 0\quad(x>0)\,;\qquad (6)\,y' = \dfrac{y}{2y\ln y + y - x}.$

2. 求下列满足初始条件的微分方程的特解：

$(1)\,y\mathrm{d}x - (x^2+1)\mathrm{d}y = 0,\,y(0)=1\,;$

$(2)\,x^2 y' + xy = y^2,\,y(1)=-1\,;$

$(3)\,y' - 2y = \mathrm{e}^x - x,\,y(0)=\dfrac{5}{4}\,;$

3. 设 $y = f(x)$ 在 $(-\infty, +\infty)$ 上可导，并满足方程 $x\displaystyle\int_0^x f(t)\,\mathrm{d}t = (x+1)\int_0^x tf(t)\,\mathrm{d}t$，求函数 $f(x)$.

9.3　二阶常系数线性微分方程

形如

$$y'' + py' + qy = f(x) \tag{9-6}$$

的方程称为**二阶常系数线性微分方程**，其中 p,q 为常数.

若 $f(x)=0$，此时方程 $y'' + py' + qy = 0$ 称为**二阶常系数齐次线性方程**；

若 $f(x)\neq 0$，此时方程 $y'' + py' + qy = f(x)$ 称为**二阶常系数非齐次线性方程**.

9.3.1　二阶常系数齐次线性方程

给定二阶常系数齐次线性方程

$$y'' + py' + qy = 0. \tag{9-7}$$

以下给出求解方程(9-7)的欧拉待定指数函数法.

根据微分方程(9-7)的特点，又指数函数 $y = \mathrm{e}^{\lambda x}$ 的各阶导数之间仅相差一个常数因子，从而假设 $y = \mathrm{e}^{\lambda x}$ 是方程(9-7)的解，其中 λ 是待定的实数或复数. 将 $y = \mathrm{e}^{\lambda x}$ 代入方程(9-7)得

$$\lambda^2 \mathrm{e}^{\lambda x} + p\lambda \mathrm{e}^{\lambda x} + q\mathrm{e}^{\lambda x} = 0,$$

即

$$\mathrm{e}^{\lambda x}(\lambda^2 + p\lambda + q) = 0,$$

由于 $\mathrm{e}^{\lambda x} > 0$，从而有

$$\lambda^2 + p\lambda + q = 0. \tag{9-8}$$

因此，若 $y = \mathrm{e}^{\lambda x}$ 是方程(9-7)的解，则充分必要条件为 λ 是方程(9-8)的根. 称方程(9-8)为方程(9-7)的**特征方程**，特征方程的根称为**特征根**. 对于方程(9-8)解得特征根

$$\lambda_{1,2} = \dfrac{-p \pm \sqrt{p^2 - 4q}}{2}.$$

下面根据特征根的取值情况，给出方程(9-7)的通解.

情形 1. 若方程(9-8)有两个不相同的实根 $\lambda_1 = \dfrac{-p + \sqrt{p^2 - 4q}}{2}$，$\lambda_2 = \dfrac{-p - \sqrt{p^2 - 4q}}{2}$，对应的方程(9-7)有两个线性

无关的特解 $e^{\lambda_1 x}, e^{\lambda_2 x}$，此时方程(9-7)的通解为

$$y = C_1 e^{\lambda_1 x} + C_2 e^{\lambda_2 x} \quad (C_1, C_2 \text{ 为任意常数}).$$

注意 如果两个函数 $y_1(x), y_2(x), (x \in I)$ 满足存在某个非零常数 k，使得 $y_1(x) \equiv k y_2(x)$，则称 $y_1(x)$ 与 $y_2(x)$ 在区间 I 上线性相关；如果对任意常数 k，均有 $y_1(x) \not\equiv k y_2(x)$，则称 $y_1(x)$ 与 $y_2(x)$ 在区间 I 上线性无关.

情形 2. 若方程(9-8)有两个相等实根. $\lambda_1 = \lambda_2 = -\dfrac{p}{2}$，对应的方程(9-7)有一个特解 $y_1 = e^{\lambda_1 x}$. 设另一个与 y_1 线性无关的特解为 $y_2 = u(x) e^{\lambda_1 x}$. 将 y_2, y_2', y_2'' 代入方程(9-7)，得

$$u'' + (2\lambda_1 + p) u' + (\lambda_1^2 + p\lambda_1 + q) u = 0,$$

从而 $u'' = 0$，不妨选取 $u(x) = x$，则 $y_2 = x e^{\lambda_1 x}$ 为方程(9-7)的特解，此时方程(9-7)的通解为

$$y = (C_1 + C_2 x) e^{\lambda_1 x}.$$

情形 3. 若方程(9-8)有一对共轭复根，$\lambda_1 = \alpha + \mathrm{i}\beta, \lambda_2 = \alpha - \mathrm{i}\beta$，方程(9-7)有两个线性无关的特解 $y_1 = e^{(\alpha + \mathrm{i}\beta)x}, y_2 = e^{(\alpha - \mathrm{i}\beta)x}$. 此时方程(9-7)的通解为

$$y = C_1 e^{(\alpha + \mathrm{i}\beta)x} + C_2 e^{(\alpha - \mathrm{i}\beta)x},$$

根据欧拉公式 $e^{\mathrm{i}\theta} = \cos\theta + \mathrm{i}\sin\theta$，上述通解也可写为

$$y = e^{\alpha x}(C_1 \cos\beta x + C_2 \sin\beta x) \, (C_1, C_2 \text{ 为任意常数}).$$

例 9.11 求方程 $y'' + 5y' - 6y = 0$ 的通解.

解 特征方程 $\lambda^2 + 5\lambda - 6 = 0$，特征根为 $\lambda_1 = 1, \lambda_2 = -6$

由情形 1 可知，方程的通解为 $y = C_1 e^x + C_2 e^{-6x} \, (C_1, C_2 \text{ 为任意常数})$.

例 9.12 求方程 $y'' - 6y' + 9y = 0$ 的通解.

解 特征方程 $\lambda^2 - 6\lambda + 9 = 0$，有两个相等的特征根 $\lambda_1 = \lambda_2 = 3$.

由情形 2 可知，方程的通解为 $y = (C_1 + C_2 x) e^{3x} \, (C_1, C_2 \text{ 为任意常数})$

例 9.13 求方程 $y'' + 2y' + 2y = 0$ 的通解.

解 特征方程 $\lambda^2 + 2\lambda + 2 = 0$，有一对共轭复根 $\lambda_1 = -1 + \mathrm{i}, \lambda_2 = -1 - \mathrm{i}$.

由情形 3 可知，方程的通解为 $y = e^{-x}(C_1 \cos x + C_2 \sin x) \, (C_1, C_2 \text{ 为任意常数})$.

9.3.2 二阶常系数非齐次线性微分方程

定理9.1 设 $y^*(x)$ 是二阶常系数非齐次线性方程

$$y'' + py' + qy = f(x)$$

的一个特解，$y_0(x)$ 是它对应的齐次线性方程(9-7)的通解，则 $y_0(x) + y^*(x)$ 是方程(9-6)的通解.

证明 由于 $y^*(x)$ 是方程(9-6)的特解，$y_0(x)$ 为方程(9-7)的通解，从而

$$[y^*(x)]'' + p[y^*(x)]' + qy^*(x) = f(x),$$
$$y''_0(x) + py'_0(x) + qy_0(x) = 0.$$

于是

$$[y^*(x) + y_0(x)]'' + p[y^*(x) + y_0(x)]' + q[y^*(x) + y_0(x)]$$
$$= [y^*(x)]'' + p[y^*(x)]' + qy^*(x) + y''_0(x) + py'_0(x) + qy_0(x)$$
$$= f(x).$$

因此 $y_0(x) + y^*(x)$ 是方程(9-6)的解,又 $y_0(x)$ 中有两个独立的任意常数. 所以, $y_0(x) + y^*(x)$ 是方程(9-6)的通解.

下面,我们针对方程(9-6)中 $f(x)$ 的不同形式,介绍求特解 $y^*(x)$ 的方法.

情形 1. $f(x)$ 是多项式

设方程的标准形式为

$$y'' + py' + qy = P_n(x), \tag{9-9}$$

其中 $P_n(x)$ 为 n 次多项式.

由于 $P_n(x)$ 为 n 次多项式,因此 $y^*(x)$ 也为多项式. 又多项式求导,则次数降低一次,从而:

当 $q \neq 0$ 时,特解 $y^*(x)$ 与 $P_n(x)$ 为同次多项式,即 n 次多项式;

当 $q = 0, p \neq 0$ 时,特解 $y^*(x)$ 是比 $P_n(x)$ 高一次的多项式,即 $n+1$ 次多项式;

当 $q = 0, p = 0$ 时,特解 $y^*(x)$ 是比 $P_n(x)$ 高两次的多项式,即 $n+2$ 次多项式.

求下列方程的一个特解.

(1) $y'' = x^3 + 4$;

(2) $y'' + y' = x^3 + 4$;

(3) $y'' + y' + y = x^3 + 4$.

解　(1) $P_n(x) = x^3 + 4, y' = \int y'' dx = \int (x^3 + 4) dx = \dfrac{1}{4}x^4 + 4x + C_1$

从而 $y = \int y' dx = \int \left(\dfrac{1}{4}x^4 + 4x + C_1 \right) dx = \dfrac{1}{20}x^5 + 2x^2 + C_1 x + C_2$

令 $C_1 = C_2 = 0$,得特解　$y^*(x) = \dfrac{1}{20}x^5 + 2x^2$. 显然它是比 $P_n(x) = x^3 + 4$ 高两次的多项式.

(2) 由于 $P_n(x) = x^3 + 4$,又 $p = 1, q = 0$,所以特解 $y^*(x)$ 应为 4 次多项式.

不妨设 $y' = ax^3 + bx^2 + cx + d$,则 $y'' = 3ax^2 + 2bx + c$ 代入 $y'' + y' = x^3 + 4$ 中,得　$ax^3 + (b + 3a)x^2 + (2b + c)x + (c + d) = x^3 + 4$,

比较系数,有

$$\begin{cases} a = 1, \\ b + 3a = 0, \\ 2b + c = 0, \\ c + d = 4. \end{cases}$$

从而 $a = 1, b = -3, c = 6, d = -2$, 即 $y' = x^3 - 3x^2 + 6x - 2$,

$$y = \int (x^3 - 3x^2 + 6x - 2)\mathrm{d}x = \frac{1}{4}x^4 - x^3 + 3x^2 - 2x + C,$$

取 $C = 0$, 得特解 $y^*(x) = \frac{1}{4}x^4 - x^3 + 3x^2 - 2x$.

(3) 由于 $P_n(x) = x^3 + 4$, 又 $q = 1 \neq 0$, 从而特解 $y^*(x)$ 应为 3 次多项式. 不妨设 $y^* = ax^3 + bx^2 + cx + d$, 则 $y^{*\prime} = 3ax^2 + 2bx + c$, $y^{*\prime\prime} = 6ax + 2b$, 代入 $y'' + y' + y = x^3 + 4$ 中,

有 $ax^3 + (3a + b)x^2 + (6a + 2b + c)x + (2b + c + d) = x^3 + 4$

比较系数, 有 $$\begin{cases} a = 1, \\ 3a + b = 0, \\ 6a + 2b + c = 0, \\ 2b + c + d = 4. \end{cases}$$

从而 $a = 1, b = -3, c = 0, d = 10$, 得特解 $y^*(x) = x^3 - 3x^2 + 10$.

情形 2. $f(x) = P_n(x)\mathrm{e}^{\lambda x}$ ($\lambda \neq 0$ 是常数)

因为 $f(x)$ 是多项式与指数函数的乘积, 其导数仍然是同一类型函数, 从而设 $y^* = Q(x)\mathrm{e}^{\lambda x}$ ($Q(x)$ 是多项式函数) 为方程

$$y'' + py' + qy = P_n(x)\mathrm{e}^{\lambda x} \tag{9-10}$$

的特解. 将 $y^{*\prime\prime}, y^{*\prime}, y^*$ 代入式(9-10)中有

$$Q''(x) + (2\lambda + p)Q'(x) + (\lambda^2 + p\lambda + q)Q(x) = P_n(x)$$

对于特解的讨论, 分为以下三种情况:

(1) λ 不是特征方程 $\lambda^2 + p\lambda + q = 0$ 的特征根.

此时, $\lambda^2 + p\lambda + q \neq 0$, 从而 $Q(x)$ 与 $P_n(x)$ 为同次多项式, 所以特解 $y^* = Q_n(x)\mathrm{e}^{\lambda x}$;

(2) λ 是特征方程 $\lambda^2 + p\lambda + q = 0$ 的单特征根

此时, $\lambda^2 + p\lambda + q = 0, 2\lambda + p \neq 0$, 从而 $Q(x)$ 为 $n + 1$ 次多项式, 设 $Q(x) = xQ_n(x)$, 则特解 $y^* = xQ_n(x)\mathrm{e}^{\lambda x}$.

(3) λ 是特征方程 $\lambda^2 + p\lambda + q = 0$ 的重特征根

此时, $\lambda^2 + p\lambda + q = 0$ 且 $2\lambda + p = 0$, 从而 $Q(x)$ 为 $n + 2$ 次多项式, 设 $Q(x) = x^2 Q_n(x)$, 则特解 $y^* = x^2 Q_n(x)\mathrm{e}^{\lambda x}$

例 9.15 求微分方程 $y'' - 2y' - 3y = \mathrm{e}^{-x}$ 的通解

解 特征方程为

$$\lambda^2 - 2\lambda - 3 = 0,$$

有两个互异的特征根 $\lambda_1 = -1, \lambda_2 = 3$. 于是对应的齐次方程的通解为

$$y_0 = C_1 \mathrm{e}^{-x} + C_2 \mathrm{e}^{3x}.$$

由 $f(x) = \mathrm{e}^{-x}$ 知 $\lambda = -1$ 为特征方程的单根，所以设原方程的

特解 $y^* = ax\mathrm{e}^{-x}$，代入方程得

$$-2a\mathrm{e}^{-x} + ax\mathrm{e}^{-x} - 2(a\mathrm{e}^{-x} - ax\mathrm{e}^{-x}) - 3ax\mathrm{e}^{-x} = \mathrm{e}^{-x},$$

从而 $a = -\dfrac{1}{4}$，所以特解为 $y^* = -\dfrac{1}{4}x\mathrm{e}^{-x}$.

因此，原方程的通解为　$y = y_0 + y^* = C_1\mathrm{e}^{-x} + C_2\mathrm{e}^{3x} - \dfrac{1}{4}x\mathrm{e}^{-x}$

（C_1, C_2 为任意常数）.

情形 3　$f(x) = \mathrm{e}^{\mu x}[P_n(x)\cos\omega x + P_m(x)\sin\omega x]$

设方程

$$y'' + py' + qy = \mathrm{e}^{\mu x}[P_n(x)\cos\omega x + P_m(x)\sin\omega x] \quad (9\text{-}11)$$

其中，$P_n(x)$ 和 $P_m(x)$ 分别为 n 次，m 次多项式函数.

方程特解为

$$y^* = x^\alpha \mathrm{e}^{\mu x}[Q_k(x)\cos\omega x + \widetilde{Q}_k(x)\sin\omega x]$$

其中 α 是 $\mu \pm \mathrm{i}\omega$ 作为特征方程 $\lambda^2 + p\lambda + q = 0$ 的特征根的重数，$k = \max\{m, n\}$.

求方程 $y'' + y = \cos x$ 的通解

解　特征方程为 $\lambda^2 + 1 = 0$，解得两个特征根为 $\lambda_{1,2} = \pm\mathrm{i}$. 因此，对应的齐次方程的通解

$$y_0 = C_1\cos x + C_2\sin x,$$

由方程知 $\alpha = 1, \mu = 0, \omega = 1, k = 0$，故可设特解为

$$y^* = x(a\cos x + b\sin x).$$

将其代入原方程得

$$2b\cos x - 2a\sin x = \cos x,$$

因此

$$a = 0, b = \dfrac{1}{2}.$$

于是，特解 $y^* = \dfrac{1}{2}x\sin x$. 从而，原方程的通解为

$$y = C_1\cos x + C_2\sin x + \dfrac{1}{2}x\sin x \quad （C_1, C_2 \text{ 为任意常数}）.$$

练习9.3

1. 求下列齐次微分方程的通解：

（1）$y'' + 6y' - 7y = 0$；　　　　（2）$y'' + 4y' = 0$；

（3）$4y'' - 4y' + y = 0$；　　　　（4）$y'' + y' + 2y = 0$.

2. 求下列非齐次微分方程的通解

（1）$y'' + 2y' = 2x$；

（2）$y'' - 5y' + 6y = x\mathrm{e}^{2x}$；

$(3) y'' + y = 4x\sin x.$

3. 求下列微分方程满足所给初始条件的特解

$(1) y'' - 2y' - 3y = 0, y(0) = 1, y'(0) = 0;$

$(2) y'' - y = 0, y(0) = 3, y'(0) = 0;$

$(3) y'' + 4y = 8x, y(0) = 0, y'(0) = 4;$

$(4) y'' - y = 4xe^x, y(0) = 0, y'(0) = 1.$

9.4 差分方程

在许多实际问题中，大多数变量是以定义在整数集上的数列形式变化的，这类变量称为离散型变量。描述各离散变量之间关系的模型称为离散型模型. 本节，我们简单介绍描述离散型变量之间规律的方程——差分方程.

9.4.1 差分方程的概念

首先，我们介绍差分的基本概念.

定义 9.5 设函数 $y_t = f(t)$, $t = 0, 1, 2, \cdots$ 称

$$\Delta y_t = f(t+1) - f(t) = y_{t+1} - y_t$$

为函数 y_t 的**差分**，也称为函数 y_t 的**一阶差分**.

进一步地，一阶差分的差分 $\Delta^2 y_t$ 称为 y_t 的**二阶差分**，并且有

$$\Delta^2 y_t = \Delta(\Delta y_t) = \Delta y_{t+1} - \Delta y_t = (y_{t+2} - y_{t+1}) - (y_{t+1} - y_t)$$
$$= y_{t+2} - 2y_{t+1} + y_t.$$

类似地，可定义三阶差分及其他更高阶差分。一般地，函数 y_t 的 $n-1$ 阶差分的差分称为函数 y_t 的 **n 阶差分**，记为 $\Delta^n y_t$，即

$$\Delta^n y_t = \Delta(\Delta^{n-1} y_t) = \Delta^{n-1} y_{t+1} - \Delta^{n-1} y_t.$$

二阶及二阶以上的差分统称为**高阶差分**.

由差分的定义可知，差分满足如下基本运算性质：

$(1) \Delta(Cy_t) = C\Delta y_t$（$C$ 为常数）；

$(2) \Delta(y_t \pm z_t) = \Delta y_t \pm \Delta z_t;$

$(3) \Delta(y_t \cdot z_t) = z_t \Delta y_t + y_{t+1} \Delta z_t;$

$(4) \Delta\left(\dfrac{y_t}{z_t}\right) = \dfrac{z_t \Delta y_t - y_t \Delta z_t}{z_{t+1} \cdot z_t} (z_t \neq 0)$

定义 9.6 含有未知函数及其差分的方程称为**差分方程**. 使差分方程成为恒等式的函数称为差分方程的**解**. 差分方程中出现的最大下标与最小下标之差称为**差分方程的阶**. 如果差分方程的解含有相互独立的任意常数的个数等于差分方程的阶数，则称这样的解为差分方程的**通解**. 如果解中不含任意常数，则这样的解为差分方程的**特解**.

例如, $\Delta y_t = 2t + 1$ 是一阶差分方程, 即 $y_{t+1} - y_t = (t + 1 - t)$
$(t + 1 + t)$, 从而 $y_t = t^2 + C$ 是该差分方程的通解. 若已知 $y_2 = 5$, 解
得 $C = 1$, 从而 $y_t = t^2 + 1$ 是该方程在条件 $y_2 = 5$ 下的特解
形如:

$$y_{t+n} + a_1(t)y_{t+n-1} + \cdots + a_{n-1}(t)y_{t+1} + a_n(t)y_t = f(t), \quad (9\text{-}12)$$

称为 n 阶线性差分方程, 其中 $y_{t+n}, y_{t+n-1}, \cdots, y_t$ 的次数均为一次.

9.4.2　一阶常系数线性差分方程

一阶常系数线性差分方程的一般形式为

$$y_{t+1} - ay_t = f(t). \quad (9\text{-}13)$$

其中 $a \neq 0$, $f(t)$ 为已知函数.

如果 $f(t) = 0$, 则

$$y_{t+1} - ay_t = 0, \quad (9\text{-}14)$$

称为一阶常系数齐次线性差分方程.

如果 $f(t) \neq 0$, 则方程 $y_{t+1} - ay_t = f(t)$ 称为一阶常系数非齐次
线性差分方程.

容易验证: 一阶常系数非齐次线性差分方程 (9-13) 的通解等
于一阶常系数齐次线性差分方程 (9-14) 的通解加上方程 (9-13) 的
一个特解.

方程 (9-14) 的通解可用**迭代法**求得.

设 y_0 已知, 将 $t = 0, 1, 2, \cdots$ 代入方程 (9-14) 中, 得

$y_1 = ay_0, y_2 = ay_1 = a^2 y_0, y_3 = ay_2 = a^3 y_0, \cdots, y_t = ay_{t-1} = a^t y_0$,
所以 $y_t = a^t y_0$ 为方程 (9-14) 的解.

对任意常数 C, $y_t = Ca^t$ 是方程 (9-14) 的解, 因此方程 (9-14) 的
通解为

$$y_t = Ca^t \quad (C \text{ 为任意常数}).$$

对于 $f(t)$ 的几种特殊形式给出求方程 (9-13) 特解的方法.

(1) $\cdot f(t) = P_n(t)$ ($P_n(t)$ 为 t 的 n 次多项式):

对于方程

$$y_{t+1} - ay_t = P_n(t). \quad (9\text{-}15)$$

当 $a \neq 1$ 时, 可以设特解为

$$y_t^* = a_0 t^n + a_1 t^{n-1} + \cdots + a_{n-1}t + a_n$$

其中 $a_0, a_1; \cdots, a_n$ 为特定系数.

当 $a = 1$ 时, 可设特解为

$$y_t^* = t(a_0 t^n + a_1 t^{n-1} + \cdots + a_{n-1}t + a_n).$$

(2) $\cdot f(t) = kb^t$ (k, b 为非零常数, $b > 0$ 且 $b \neq 1$):

对于方程

$$y_{t+1} - ay_t = kb^t. \quad (9\text{-}16)$$

当 $a \neq b$ 时,可设它的特解为
$$y_t^* = \mu b^t$$
代入方程后,求得 $\mu = \dfrac{k}{b-a}$,从而方程(9-16)的特解为
$$y_t^* = \frac{k}{b-a} b^t.$$

当 $a = b$ 时,可设它的特解为
$$y_t^* = \mu t b^t.$$
代入方程后,求得 $\mu = \dfrac{k}{a}$,从而方程(9-16)的特解为
$$y_t^* = \frac{k}{a} t b^t = k t b^{t-1}$$

例 9.17 求差分方程 $y_{t+1} - 2y_t = t^2$ 的通解.

解 对应的齐次方程为 $y_{t+1} - 2y_t = 0$,其通解为 $y_t = C2^t$(C 为任意常数).

设原方程的特解为 $y_t^* = a_0 t^2 + a_1 t + a_2$,代入原方程得
$$-a_0 t^2 + (2a_0 - a_1)t + (a_0 + a_1 - a_2) = t^2$$
$$a_0 = -1, a_1 = -2, a_2 = -3$$

所以原差分方程的通解为 $y_t = C2^t - t^2 - 2t - 3$

例 9.18 求方程 $y_{t+1} - 2y_t = 3 \cdot 4^t$ 满足初始条件 $y_0 = 3$ 的特解

解 对应的齐次方程为 $y_{t+1} - 2y_t = 0$,其通解为 $y_t = C \cdot 2^t$.

由于 $a = 2, b = 4$,从而设原方程的特解为 $y_t^* = \mu \cdot 4^t$,代入方程得 $\mu = \dfrac{3}{2}$,则原方程的通解为
$$y_t = C \cdot 2^t + \frac{3}{2} \cdot 4^t.$$

由初始条件 $y_0 = 3$,知 $C = \dfrac{3}{2}$,所以在初始条件下原方程的特解为
$$y_t = 3 \cdot 2^{t-1} + 3 \cdot 2^{2t-1} = 3 \cdot 2^{t-1}(1 + 2^t).$$

练习9.4

1. 求下列一阶差分方程的通解:
(1) $y_{t+1} - 2y_t = 0$;   (2) $y_{t+1} + y_t = 6t^2$;
(3) $y_{t+1} - 8y_t = 2$;   (4) $y_{t+1} - 3y_t = 3^t$.

2. 求下列差分方程在给定初始条件下的特解
(1) $y_{t+1} + 2y_t = 6, y_0 = 4$;
(2) $2y_{t+1} - y_t = 4 + 2t, y_0 = 1$;

(3) $2y_{t+1} - 4y_t = -t^2 + 2t, y_0 = 1$；

(4) $y_{t+1} - \dfrac{1}{2}y_t = 3 \cdot \left(\dfrac{1}{2}\right)^t, y_0 = 5$；

9.5　微分方程与差分方程在经济中的简单应用

微分方程与差分方程在动态经济模型中经常用到. 例如对于经济增长、产品供给、国民收入等经济系统的动态分析, 往往可以用微分或差分方程来表述.

本节通过几个例子简单介绍微分方程与差分方程在经济学中如何应用.

某商品的销售量 $x(t)$ 是时间 t 的函数, 并且 $x(t)$ 与商品销售的增长率 $\dfrac{\mathrm{d}x(t)}{\mathrm{d}t}$ 和销售接近饱和水平的程度 $N - x(t)$ 之积成正比, 其中 N 为饱和水平, 设 k 为比例系数 ($k > 0$), 求销售量 $x(t)$ 的表达式.

解　由题意可知

$$\frac{\mathrm{d}x(t)}{\mathrm{d}t} = kx(t)[N - x(t)], \tag{9-17}$$

分离变量得

$$\frac{\mathrm{d}x(t)}{x(t)[N - x(t)]} = k\mathrm{d}t,$$

两边积分可得

$$\ln \frac{x(t)}{N - x(t)} = Nkt + C_1,$$

从而通解为

$$x(t) = \frac{N}{1 + Ce^{-Nkt}} (C \text{ 为任意常数}). \tag{9-18}$$

方程 (9-17) 称为 Logistic 方程.

（均衡价格模型）设某商品的需求和供给函数分别为

$$Q_s = a + bP, Q_d = c - dP$$

其中, a, b, c, d 为正常数. 又假设商品价格 P 随时间 t 的变化率与超额需求 $Q_d - Q_s$ 成正比, 求均衡价格 P_e 及价格函数 $P(t)$.

解　当供给与需求相等时, 可得均衡价格, 由 $Q_s = Q_d$, 即 $a + bP = C - dP$.

从而

$$P_e = \frac{c - a}{d + b},$$

由题意知

$$\frac{\mathrm{d}P}{\mathrm{d}t} = k(Q_d - Q_s) = k(c-a) - k(b+d)P,$$

$$P'(t) + k(b+d)P = k(c-a).$$

上述一阶线性非齐次微分方程的通解为

$$P(t) = C\mathrm{e}^{-k(b+d)t} + P_e$$

进一步地,假设初始价格 $P(0) = P_0$,代入上式可得 $C = P_0 - P_e$,从而

$$P(t) = P_e + (P_0 - P_e)\mathrm{e}^{-k(b+d)t}$$

由于 $k(b+d) > 0$,因此 $t \to +\infty$ 时,有 $\lim\limits_{t \to +\infty} \mathrm{e}^{-k(b+d)t} = 0$,即 $\lim\limits_{t \to +\infty} P(t) = P_e$,也就是随着时间的推移,价格将逐渐趋近均衡价格 P_e.

例 9.21 （**存款模型**）某人银行现有存款 5 万元,从当前开始,他打算每月定额存入银行一笔钱,希望 10 年后账户存款达到 60 万元。假设月利率为 0.4%,要实现这一目标,他需要每月存入银行多少元?

解 设从当前开始第 n 个月账户存款为 y_n,每月存入银行 x 元. 则差分方程为

$$y_{n+1} = (1 + 0.4\%)y_n + x$$

上述差分方程的通解

$$y_n = C \cdot (1.004)^n + \frac{x}{1 - 1.004}$$

$$= C(1.004)^n - 250x$$

由于 $y_0 = 5, y_{120} = 60$,从而 $C = 89.43, x = 0.338$.

因此,要使 10 年后账户存款达到 60 万元,他需要每月存入银行 3380 元.

练习 9.5

1. 已知某商品的需求收入弹性为 0.5,w 为收入,且当 $w = 4$ 时,需求量 $D = 1$,求该商品的需求函数 $D = f(w)$.

2. 一个牧场最大饲养量为 5000 只羊,已知饲养量的变化速度 $\frac{\mathrm{d}y}{\mathrm{d}t}$ 与当前饲养量 y 和饲养饱和水平程度 $5000 - y$ 之积成正比,已知现有($t = 0$ 时)饲养量 $y(D) = 1000$,第二个月的饲养量为 $y(2) = 2000$,求饲养量函数 $y(t)$.

3. 已知某公司的利润 R 与宣传费用 x 有如下关系

$$R' = 2x + xR$$

又当 $x = 0$ 时,$R(0) = 100$(万元),求利润函数 $R(x)$.

4. 某家庭子女的教育储蓄金在每年递增 10% 的基础上再追加 2 万元. 设 y_t 表示第 t 年的储备额,求 y_t 满足的方程,若当前储蓄金

为 10 万元,那么 10 年后的储蓄金为多少万元?

综合习题 9

1. 求下列一阶微分方程的通解或给定初始条件下的特解

（1）$y' - y\cos x = \cos x$；

（2）$xy' = y + \dfrac{x^2}{\sqrt{x^2 - y^2}}$　（$x > 0$）

（3）$\left(x\mathrm{e}^{\frac{y}{x}} + y\right)\mathrm{d}x = x\mathrm{d}y, y(1) = -1$；

（4）$(x^2 - 1)y' + 2xy + \sin x = 0, y(0) = -1$.

2. 求下列二阶线性微分方程的通解或在给定初始条件下的特解

（1）$y'' - 4y' + 8y = 6$；

（2）$y'' - y' - 2y = x^2\mathrm{e}^x$；

（3）$y'' + y = \mathrm{e}^x \cdot \sin x\ y(0) = 0, y'(0) = \dfrac{4}{5}$

（4）$y'' - 2y' - 3y = 2\mathrm{e}^x, y(0) = 0, y'(0) = 1$

3. 求下列差分方程的通解或在给定初始条件下的特解.

（1）$y_{t+1} - 2y_t = 2^t$；

（2）$y_{t+1} + 2y_t = t$；

（3）$y_{t+1} - y_t = 2^t - 1, y_0 = 0$

（4）$y_{t+1} - \dfrac{1}{2}y_t = 2 + t^2, y_0 = 10$.

4. 若 $y'' + ay' + by = 4\mathrm{e}^x$ 的通解为 $y = (C_1 + C_2 x)\mathrm{e}^{-x} + \mathrm{e}^x$ 求 a 和 b 的值.

5. 设 $y = y(x)$ 为方程 $y'' - y' - 2y = 0$ 的解,并且函数在 $x = 0$ 处取得极小值 6,求函数 $y(x)$ 的表达式.

参考文献

[1] 范周田,张汉林. 微积分[M]. 2版. 北京:机械工业出版社,2018.

[2] 彭红军,张伟,李媛. 微积分(经济管理)[M]. 2版. 北京:机械工业出版社,2018.

[3] 张伦传,张倩伟. 经济管理类数学分析:上册[M]. 北京:清华大学出版社,2015.

[4] 张倩伟,张伦传. 经济管理类数学分析:下册[M]. 北京:清华大学出版社,2017.

[5] 同济大学数学系. 高等数学[M]. 北京:高等教育出版社,2007.

[6] 韩云瑞,扈志明,张广远. 微积分教程[M]. 北京:清华大学出版社,2006.

[7] FINNEY,WEIR,GIORDANO. 托马斯微积分[M]. 叶其孝,王耀东,唐兢,译. 10版. 北京:高等教育出版社,2003.

[8] 朱来义. 微积分[M]. 3版. 北京:高等教育出版社,2009.